BAUPFUSCH

Erkennen – Reklamieren – Sanieren

Christian Eigner

LIEBE LESERIN, LIEBER LESER.

„Ein Haus zu bauen liegt in der Natur des Menschen – Miete zahlen nicht."
Mit diesem Slogan warb vor einigen Jahren ein Baufinanzierer um Kunden.
Schon aufgrund der Tatsache, dass unsere Vorfahren halbe Ewigkeiten als
Nomaden umherstreiften, lässt sich diese Behauptung kaum halten. Den-
noch würde ein Großteil der Deutschen ihr zustimmen. Für die meisten von
uns rangieren die eigenen vier Wände ganz oben auf der Wunschliste.

Turbulenzen an den Finanzmärkten und das niedrige Zinsniveau besche-
ren Verbrauchern derzeit nicht nur mickrige Sparzinsen, sondern auch billi-
ges Baugeld. Dieses Umfeld ermutigt viele Menschen, ihren Traum in die
Tat umzusetzen und sich in das Abenteuer Hausbau zu stürzen.

Wer jedoch davon ausgeht, dass Bau- und Handwerkerfirmen stets einwandfreie Arbeit leisten, wird schnell auf dem harten Boden der Realität
landen. Der Zweite Dekra-Bericht zu Baumängeln aus dem Jahr 2008 kon-
statierte im Durchschnitt 32 Mängel pro Neubau – Tendenz steigend. Der
Gesamtschaden lag schon damals bei 1,4 Milliarden Euro pro Jahr! Eines
der Hauptübel: Viele Hausanbieter arbeiten aus Kostengründen mit Billig-
firmen, die nicht selten mangelhaft ausgebildete Handwerker beschäftigen.

Immerhin 56 Prozent der Mängel konnten vor der Schlussbegehung
entdeckt werden. Ihre Beseitigung schlug im Schnitt mit 10 300 Euro zu
Buche – von Gerichtsgebühren, Gutachterkosten und dem Wertverlust der
Immobilie gar nicht zu reden. Das bedeutet, dass die Mängelbeseitigung in
aller Regel zu unvorhergesehenen Ausgaben führt, die bei knapp kalkulier-
ten Finanzierungen das ganze Bauprojekt gefährden können.

Doch das Dilemma beginnt oft weit früher: mit der Unterschrift unter
mangelhafte Bau- und Leistungsbeschreibungen sowie schlechte Planungen. Fehlt dann noch ein Sachverständiger, der die Arbeiten auf der Baustelle kontrolliert, ist das Dilemma programmiert. Umso wichtiger ist die
baubegleitende Qualitätskontrolle durch einen unabhängigen Experten.
Wer daran spart, spart am falschen Ende. Im Verhältnis zu den Kosten für
die Mängelbeseitigung ist ein Bausachverständiger geradezu billig!

Mit diesem Buch gibt die Stiftung Warentest privaten Bauherren einen
praktischen Leitfaden an die Hand. Dieser informiert über die verschiedenen Wege, ein Haus zu bauen, die rechtlichen Grundlagen des Hausbaus
sowie Möglichkeiten der Qualitätskontrolle. Darüber hinaus haben wir für
Sie eine detaillierte Übersicht der häufigsten Mängel, ihrer Ursachen sowie
Möglichkeiten der Beseitigung zusammengestellt und geben Tipps zur
Abnahme des fertigen Hauses sowie zum Vorgehen in Streitfällen.

6

INHALT

VIELE WEGE FÜHREN INS EIGENE HEIM

Wir bauen ein Haus! Jetzt ist ein Baupartner gefragt, der etwas von Planung und Ausführung versteht oder zumindest weiß, wo er diese Leistungen „einkaufen" kann. Mit der Wahl des Vertragspartners geht die Entscheidung einher, sich sein Haus auf den Leib schneidern zu lassen oder eines von der Stange zu kaufen. So sicher, wie nicht jeder Bauherr einen Architekten braucht, riskieren all jene ein böses Erwachen, die blind dem günstigsten Bauträger vertrauen.

MÖGLICHE VERTRAGSPARTNER

Wer bauen will, braucht Geld, gute Nerven – vor allem aber kompetente Partner. Ob das Haus später einmal den eigenen Träumen, Hoffnungen und Erwartungen entspricht, entscheidet sich lange vor dem ersten Spatenstich. Der Weichen in Richtung Erfolg werden nicht erst während der Bauphase gestellt – sondern schon, wenn die eigenen vier Wände geplant, die für den Bau benötigten Genehmigungen eingeholt und die Gewerke vergeben werden. Es kommt darauf an, schon im Vorfeld des Hausbaus die richtigen Entscheidungen zu treffen. Dafür gilt es, zunächst seine eigenen Wünsche so konkret wie möglich zu artikulieren – und anschließend den oder die geeigneten Vertragspartner zu finden. Dem Häuslebauer stehen für den Start ins Abenteuer Hausbau

verschiedene Modelle zur Wahl – und damit Experten, die jeweils unterschiedliche Ziele verfolgen.

Bauen mit dem Architekten

Klassische Vertragspartner sind zum einen freischaffende Architekten oder Bauingenieure, speziell Statiker. Architekt darf sich in Deutschland nur nennen, wer ein Fachstudium absolviert und praktische Erfahrungen gesammelt hat. Mit beidem ausgerüstet kann er die Mitgliedschaft in der Architektenkammer beantragen und – deren Zulassung vorausgesetzt – die geschützte Berufsbezeichnung tragen. Ferner muss ein Architekt unabhängig und eigenverantwortlich tätig sein und als „freischaffender Architekt" in der Architektenliste geführt sein.

Entsprechendes gilt für Bauingenieure, die in der Regel als „beratende Ingenieure" bezeichnet werden. Die Kammern kontrollieren die Planer und sorgen für deren Fortbildung. Freischaffende Architekten wie auch beratende Ingenieure müssen sich haftpflichtversichern.

Einen Architekten zu beauftragen, ist eine Option für alle, die in eigener Regie bauen wollen. Der Architekt wird vor, während und – je nach Vertrag – auch nach der Bauphase zum verlängerten Arm des Bauherren, berät ihn und sorgt dafür, dass dessen Wünsche technisch korrekt, nach der geltenden Rechtslage und in der veranschlagten Zeit umgesetzt werden.

Im klassischen Fall entwirft und plant der Architekt das Haus, ermittelt die Kosten und stellt den Antrag auf eine Baugenehmigung. Außerdem übernimmt er die Ausschreibungen für Handwerker und Bauunternehmer – mit denen der Bauherr anschließend eigene Verträge abschließt – und überwacht die Arbeiten auf der Baustelle. Zu seinen Aufgaben zählt es, kleine und große Baumängel zu entdecken und dafür zu sorgen, dass sie umgehend behoben werden. Kurz gesagt: Der Architekt wird dafür bezahlt, die Interessen des Bauherren zu vertreten! Sein Honorar wird nach der Honorarordnung für Architekten und Ingenieure (HOAI) ermittelt.

 LEISTUNGSPHASEN DES ARCHITEKTEN

Für die Arbeit eines Architekten unterscheidet §33 der Honorarordnung für Architekten und Ingenieure (HOAI) neun aufeinander aufbauende Leistungsphasen. Dies sind im Einzelnen:

- LP1: Grundlagenermittlung
- LP2: Vorplanung
- LP3: Entwurfsplanung
- LP4: Genehmigungsplanung
- LP5: Ausführungsplanung
- LP6: Vorbereitung der Vergabe
- LP7: Mitwirkung bei der Vergabe
- LP8: Objektüberwachung
- LP9: Objektbetreuung und Dokumentation

Die einzelnen Leistungen zu jeder Phase sind in Anlage 11 der Honorarordnung geregelt. Deren Volltext ist unter anderem auf der Website der Bundesarchitektenkammer unter www.bak.de abrufbar.

Tipp: Um bei Bedarf über die gesamte Bauzeit denselben Ansprechpartner zu haben, sollten private Bauherren einen Architekten beauftragen, der alle Leistungsphasen anbietet.

Eine Frage des Preises

Mit einem Architekten zu bauen, ist teuer – diese Weisheit hat jeder schon einmal gehört, der mit dem Gedanken spielt, ein Haus zu bauen. Richtig ist: Ein Architekt verlangt für seine Arbeit ein nicht unerhebliches Honorar. Richtig ist auch: Viele Häuser werden am Ende teurer als geplant. Daneben sollte man jedoch nicht vergessen: Es nicht zwangsläufig die Schuld des Architekten, wenn der Bauherr sich im Bauverlauf hier noch ein Extra gönnt und da noch eine gehobene Aus-

INFO Bauen in der Gemeinschaft

Sich seinen Traum von den eigenen vier Wänden mit Gleichgesinnten zu verwirklichen, liegt im Trend – und lohnt sich auch finanziell: Nach Angaben des Verbandes privater Bauherren e. V. in Berlin bleiben Baugemeinschaften, die oft als Gesellschaft bürgerlichen Rechts (GbR) organisiert sind, in der Regel um zehn bis 20 Prozent unter den ortsüblichen Baukosten. Dabei machen sich vor allem die gemeinsame Planung und Organisation sowie der gemeinsame Einkauf von Materialien und Leistungen bezahlt.

Ein gängiges Modell ist das der „freien privaten Baugemeinschaft". Dabei erwerben mehrere Privatpersonen ein Grundstück und beauftragen einen Architekten mit der Planung des Hauses. Die Bauleistungen werden anschließend von der Gemeinschaft ausgeschrieben und individuell abgerechnet. Die Mitglieder übernehmen sämtliche organisatorischen Aufgaben selbst. Probleme drohen, wenn Mitglieder

unterschiedliche Vorstellungen haben. In solchen Fällen ist der Architekt als Moderator gefragt.

Demgegenüber wird eine „betreute private Baugemeinschaft" von einem Projektsteuerer, in der Regel einem Architekten, initiiert und betreut. Dieser übernimmt sämtliche Aufgaben der Projektentwicklung und schließt einen Vertrag mit den Mitgliedern der Baugemeinschaft ab. Er kümmert sich um die finanzielle Koordination sowie die Verträge. Kommunen, die unter anderem ehemalige Gewerbeflächen gern auf die Bedürfnisse von Baugemeinschaften zuschneiden, bevorzugen die betreute Variante, weil bei ihr alles in einer Hand liegt und der Projektsteuerer in der Regel klare Vorstellungen mitbringt. Konflikte können jedoch auch hier entstehen, da der Projektsteuerer in der Regel gleichzeitig planender Architekt ist und sich praktisch nicht selbst kontrollieren kann. (Quelle: Verband privater Bauherren e. V.)

stattung wählt. Ganz zu schweigen von gravierenden Baumängeln, die der Architekt möglicherweise gerade noch rechtzeitig entdeckt und deren Sanierung den Bauherren vor Folgekosten bewahrt. Fest steht: Wer Wert auf einen unabhängigen Partner legt und sich spezielle Wünsche erfüllen will, für den ist ein Architekt eine

ernstzunehmende Alternative. Dem gegenüber steht für den Auftraggeber die Notwendigkeit, Zeit zu investieren, um sich über die eigenen Wünsche klarzuwerden, finanzielle Spielräume auszuloten – und dann Entscheidungen zu treffen.

Der Anteil an Bauherren, die ihr Haus mit Hilfe eines Architekten bauen, liegt

laut einer Umfrage des Bauherrenschutzbunds e. V. derzeit bei 10,3 Prozent.

Bauen mit dem Generalunternehmer

„Schlüsselfertig", „Festpreis", „alles aus
einer Hand" – der bloße Klang dieser Wor-
te lässt Bauherrenaugen leuchten. Schlag-
wörter wie diese suggerieren Kompetenz,
Planungssicherheit – und Sorgenfreiheit.
Abgesehen davon, dass sich derart hoch-
trabende Formulierungen in der Praxis all-
zu oft als leere Werbeversprechen entpup-
pen, empfinden es die allermeisten Bauherren zu Recht als Vorteil, sich nicht
selbst um die Vergabe von Aufträgen an
Handwerkerfirmen und das Koordinieren
der Arbeiten kümmern zu müssen. Sie
empfinden es als immense Erleichterung,
all das an einen Dienstleister zu delegieren. Vor diesem Hintergrund entscheiden
sich fast 90 Prozent von ihnen für das
„schlüsselfertige Bauen" beziehungsweise den Erwerb eines Fertighauses.

Leistungen weiter vergeben

Schlüsselfertige Häuser werden unter anderem von sogenannten Generalunterneh-
mern (GU) angeboten. Darunter versteht
man Baufirmen, die sich vertraglich verpflichten, sämtliche Leistungen beim Bau
des Hauses zu übernehmen.
Allerdings kann ein Generalunternehmer
einen Teil der Gewerke an Nachunternehmer vergeben. In vielen Fällen errichtet er
den Rohbau in Eigenregie und beauftragt
für die Tiefbau-, Putz- und Estricharbeiten,

die Eindeckung des Daches sowie die Installation der Haustechnik andere Firmen.
Die Angebote von Generalunterneh-
mern beziehen sich in der Regel auf fertig
geplante, standardisierte Häuser. Das hat
für Bauherren auf den ersten Blick den
Charme, dass sie sich nicht mehr um die
Planung kümmern müssen. Die Kehrseite
der Medaille ist jedoch, dass der Bauherr
jetzt keinen Experten mehr an seiner Seite
hat, der in seinem Auftrag das Projekt
Hausbau überwacht. Statt der kritischen
Baubegleitung durch einen Architekten
übt jetzt der Generalunternehmer in Person seines Bauleiters eine Art freiwillige
Selbstkontrolle aus.
Wichtig für den Bauherren: Sein Vertragspartner ist allein der Generalunternehmer. Er allein haftet ihm gegenüber
für Mängel – auch wenn sie von anderen
Firmen verschuldet wurden. Der Bauherr
muss pfuschenden Nachunternehmern
also nicht selbst hinterherlaufen, sondern
kann sich diesbezüglich an den Generalunternehmer halten.

Abtretung von Ansprüchen bei Konkurs

Geht allerdings der Generalunternehmer
in Konkurs, kann der Bauherr nicht ohne
Weiteres Ansprüche bei den Subunternehmern geltend machen. Dazu muss
ihm der Generalunternehmer bei Vertragsabschluss die Erfüllungs- und Gewährleistungsrechte gegen seine Unterfirmen für
diesen Fall abtreten. Der Bauherr sollte
mit dem Generalunternehmer außerdem
schriftlich vereinbaren, dass dieser ihm

eine Liste mit Namen und Adressen sämtlicher Subunternehmen aushändigt.

Bauen mit dem Generalübernehmer

Im Unterschied dazu übernimmt ein Generalübernehmer (GÜ) im Rahmen eines Bauvertrags neben der Ausführung der Arbeiten, der Koordination der Gewerke und der Bauüberwachung sämtliche Planungs- und Ingenieurleistungen.

Da der GÜ jedoch selbst in der Regel keine Handwerker beschäftigt, vergibt er sämtliche Gewerke an Subunternehmer beziehungsweise beauftragt damit einen Generalunternehmer. Folglich hat er lediglich der Aufgabe nachzukommen, deren Arbeiten zu kontrollieren. Auch der Generalübernehmer ist alleiniger Vertragspartner des Bauherren, diesem gegenüber verpflichtet, die vereinbarten Leistungen zu erbringen und bei Mängeln zu haften.

Fertighaus nach Wunsch

Auch Bauherren, die auf ihrem Grundstück ein Typen- oder Fertighaus errichten wollen, schließen häufig einen Vertrag mit einem Generalübernehmer ab. Anbieter von Fertighäusern bieten diese sowohl schlüsselfertig als auch in verschiedenen Ausbaustufen an. Details sind in der Bau- und Leistungsbeschreibung geregelt.

Bauen mit dem Bauträger

Knapp 37 Prozent der Bauherren entscheiden sich dafür, ihr Haus von einem Bauträger errichten zu lassen (Quelle: Bauherrenschutzbund e. V.). Im Unterschied zu

---

INFO Kostenfalle Fertighaus

Kurze Bauzeit, Festpreis, schlüsselfertige Übergabe – damit werben Anbieter für Fertighäuser, oft auch als „Häuser in Fertigbauweise" bezeichnet. Sie werden in unterschiedlichen Konstruktionsweisen angeboten, und auch ihr „Vorfertigungsgrad" kann stark variieren. Insbesondere bei den Kosten heißt es jedoch aufzupassen: Häufig gilt der Festpreis erst ab der Oberkante des Kellers oder der Bodenplatte. Die Kosten für deren Bau muss der Bauherr extra einkalkulieren – genauso wie Ausgaben für die Erschließung des Grundstücks, Erdarbeiten, Hausanschlüsse, Außenanlagen, Genehmigungs- und Prüfgebühren sowie Notarkosten. Zudem sollte geklärt sein, dass der Festpreis bis zur Abnahme des Hauses gilt, dass Bauleistungen klar geregelt werden, die den Anschluss von Keller und Obergeschossen betreffen, und dass eine Aufstellung der gewünschten Ausstattung inklusive Preise in den Vertrag aufgenommen wird. (Quelle: VZ Nordrhein-Westfalen)

den bisher geschilderten Modellen kommt dieser Weg für Menschen in Frage, die nicht über ein eigenes Baugrundstück verfügen. Beim Vertrag mit einem Bauträger handelt es sich folgerichtig um einen Kaufvertrag in Kombination mit einem Bauvertrag: Der Kunde erwirbt vom Bauträger das Grundstück und beauftragt ihn gleichzeitig, darauf ein Haus zu errichten.

Kein Bauherr, sondern „Erwerber"

Aus diesem Grund ist auch sein rechtlicher Status nicht der eines Bauherren, sondern der eines Käufers beziehungsweise – im Juristenjargon – der eines „Erwerbers". Das hat unter anderem zur Folge, dass der Auftraggeber bei Mängeln auf der Baustelle nicht unmittelbar die Handwerker anweisen darf, diese zu beheben. Er muss in solchen Fällen den Umweg über den Bauträger nehmen. Dieser darf ihm streng genommen sogar verbieten, die Baustelle vor dem Ende der Arbeiten beziehungsweise dem Tag der Abnahme zu betreten. Anders gesagt: Vertragspartner der Baufirmen ist nicht der Käufer, sondern der Bauträger. Dieser tritt darüber hinaus bei Behörden als Bauherr auf.

Der Bauträger übernimmt sämtliche Arbeiten von der Planung des Hauses über das Einholen von behördlichen Genehmigungen bis zur Ausschreibung der Gewerke und der Vergabe der Bauarbeiten an Handwerkerfirmen. Der Käufer zahlt im Gegenzug für das Grundstück sowie für die Planung und Errichtung des Hauses. In der Regel handelt es sich dabei um regelmäßige Abschläge nach einem vertraglich vereinbarten Zahlungsplan. Der Käufer wird erst Eigentümer des Hauses, wenn dieses endgültig fertiggestellt und die letzte Rate bezahlt ist.

Festpreis oft trügerisch

Die Erfahrung zeigt, dass der vom Bauträger zugesicherte Festpreis vor allem dazu dient, um Kunden anzulocken. In der Regel ist darin nicht die Ausstattung enthalten, die der Kunde sich vorstellt – sondern eher eine Art Basismodell. Addiert der Käufer am Ende die extra zu bezahlenden Sonderleistungen zum Festpreis, hätte er für dasselbe Geld möglicherweise auch ein Architektenhaus bekommen.

Bauträger unterliegen der Makler- und Bauträgerverordnung (MaBV). Verträge

mit Bauträgern müssen zudem notariell beurkundet werden, da nicht nur der Auftrag zum Hausbau erteilt, sondern gleichzeitig ein Grundstück übertragen wird. Bauträger müssen in Deutschland keinerlei fachliche Qualifikationen nachweisen, so dass Käufer vor ihrer Unterschrift unter einen Vertrag detaillierte und neutrale Informationen einholen sollten.

Baubetreuer und Projektsteuerer

Zunehmend werben auch Dienstleister, die bislang eher als Partner von Großinvestoren in Erscheinung traten, mit schlüsselfertigen Angeboten um Bauwillige. Sogenannte Baubetreuer beziehungsweise Projektsteuerer offerieren dem Bauherren in der Regel eine Leistungsbeschreibung und einen Bauleistungsvertrag, der die verschiedenen Gewerke enthält. Auf den ersten Blick unterscheiden sich solche Angebote nicht wesentlich von jenen, wie sie klassische Bauträger oder Generalübernehmer unterbreiten.

Undurchsichtige Vertragswerke

Zum Vertragspartner des Bauherren wird hier kein „Schlüsselfertig-Anbieter", sondern zum einen der Baubetreuer/Projektsteuerer selbst – zum anderen jedoch auch eine Vielzahl einzelner Handwerkerfirmen, die der Bauherr jedoch nicht selbst aussucht und beauftragt. Dies übernimmt der Baubetreuer – genauso wie die Verhandlungen über den jeweiligen Preis. Das ist nicht ohne Risiko: Fühlt sich eine Handwerkerfirma aus irgendeinem Grund später nicht mehr an den vereinbarten „Festpreis" gebunden, droht dem Bauherren Ungemach in Form von Verzögerungen – zumal sein alleiniger Ansprechpartner in allen Fragen der Baubetreuer ist. Zwar kann der Bauherr von Handwerkern unter Umständen Schadenersatz fordern, doch lässt sich zu diesem Zeitpunkt oft gar nicht mehr zuordnen, welche Firma welche Arbeiten ausgeführt hat. Auch das spätere Durchsetzen von Gewährleistungsansprüchen kann so zu einer schier unlösbaren Aufgabe werden.

Diese Art des Bauens kann in der Praxis zu Verwicklungen führen, nicht zuletzt aufgrund der komplexen Vertragswerke. Deshalb raten Verbraucherverbände dringend, vor einem Vertragsabschluss sämtliche Modalitäten juristisch prüfen zu lassen.

DER RICHTIGE VERTRAGSPARTNER

Wen ein Häuslebauer beauftragt, hängt davon ab, ob er eigenen Grund und Boden besitzt oder ob er Grundstück und Haus aus einer Hand kaufen will. Ist er Eigentümer eines Baugrundstücks, wird er einen Architekten beauftragen oder sich an einen Generalunter- bzw. -übernehmer wenden. Damit einher geht eine weitere Entscheidung – die zwischen einem individuell geplanten Haus (Architektenhaus) und einem standardisierten Haus (zum Beispiel Typen- oder Fertighaus). Solche Gedanken erübrigen sich von vornherein für all jene Eigentümer in spe, die kein Grundstück besitzen. Für sie ist es naheliegend, sich unter den zahllosen Angeboten von Bauträgern umzusehen.

Ist die grundsätzliche Richtung klar, geht es im nächsten Schritt darum, den richtigen Weg einzuschlagen – sprich: einen passenden Vertragspartner zu finden.

Um es gleich vorwegzunehmen: Diese Suche kann künftigen Hausbesitzern niemand abnehmen. Sich über den richtigen Weg klar zu werden, bedarf einiger Mühe – und erfordert gute Nerven.

Um eine fundierte Entscheidung zu treffen, ist es auf jeden Fall hilfreich, Messen und Musterhäuser zu besuchen. Wertvolle Orientierung gewinnen Bauherren in spe auch, indem sie Angebote im Internet oder in Tageszeitungen vergleichen und sich bei Kommunen und Geldinstituten nach der Erschließung von Neubaugebieten erkundigen. Außerdem heißt es, auch im näheren Umfeld die Ohren zu spitzen: Da beim Hausbau die berühmte „Mund-zu-Mund-Propaganda" eine genauso wichtige Rolle spielt wie in anderen Lebensbereichen, kann es sich lohnen, auch Freunde und Kollege nach Empfehlungen zu fragen.

Vorüberlegungen treffen

Wer ein Haus bauen will, sollte vorher zudem einige grundsätzliche Überlegungen anstellen und daraus die richtigen Schlussfolgerungen ziehen.

So ist es – ohne gesonderte Vereinbarung – nicht die Aufgabe eines Architekten oder einer Baufirma zu klären, ob das Grundstück, auf dem ein Haus gebaut werden soll, dafür auch geeignet ist. Ebenso wenig hat eine Baufirma ohne besonderen Auftrag die Pflicht zu kontrollieren, ob die Planungen für das zu errichtende Haus korrekt sind.

Leistungsumfang checken

Bietet dagegen eine Firma (zum Beispiel ein Generalübernehmer) ein standardisiertes Haus samt Planung an, muss sie selbstverständlich auch die Verantwortung für die Planungsleistungen übernehmen. In diesem Fall ist es jedoch immer noch die Sache des Bauherren, sich um sein Grundstück zu kümmern, zum Beispiel darum, dessen Erschließung zu beauftragen beziehungsweise eine fachmännische Untersuchung des Baugrunds in die Wege zu leiten.

Nur ein Bauträger, der nicht nur ein Gebäude errichtet, sondern seinen Kunden gleichzeitig den zugehörigen Grund und Boden verkauft, muss dafür Sorge tragen, dass Haus und Grundstück zueinander passen – oder sich darum kümmern, dass die dazu erforderlichen Maßnahmen getroffen werden.

Angebote vergleichen

Hat sich der Auftraggeber für ein Modell entschieden, wäre es unklug, sich an den erstbesten Anbieter zu binden. In aller Regel ist es von Vorteil, mehrere Architekten beziehungsweise Baufirmen anzusprechen und sich von ihnen Angebote unterbreiten zu lassen. Die Kompetenz der Beratung und die Qualität des Ange-

WAS EIN HAUSANGEBOT ENTHALTEN SOLL

☐ Detailliertes Preisangebot unter Berücksichtigung gewünschter Sonderleistungen und Gutschriften für Eigenleistungen

☐ Grundrissvorschläge mit Angaben zu Maßen und Wohnfläche

☐ Eventuell Alternativangebot eines Typenhauses

☐ Komplette Bau- und Leistungsbeschreibung

☐ Mustervertrag mit allen Zusatzvereinbarungen

☐ Zahlungsplan

☐ Referenzliste mit konkreten Referenzobjekten

☐ Information zur Firma

☐ Information zum Serviceangebot

☐ Bindefrist des Angebots

(Quelle: Bauherrenschutzbund e. V.)

FALSCHE SPARSAMKEIT KANN SICH RÄCHEN

Ein Großteil aller Bauwilligen legt das Projekt Hausbau in die Hände eines Bauträgers. Wer aber glaubt, damit ein Rundum-sorglos-Paket zu erwerben, erlebt unter Umständen ein böses Erwachen. Dipl.-Ing. Ulrich Volk, zertifizierter Sachverständiger für Immobilienbewertung bei der DEKRA Automobil GmbH in Saarbrücken, erläutert die Hintergründe und gibt praktische Tipps.

Können sich potenzielle Käufer eines Hauses auf Begriffe wie „Festpreis" und „schlüsselfertig" denn tatsächlich verlassen?
Jein. Grundsätzlich sollte der Erwerber im Vorfeld mit dem Hausanbieter ausführlich und grundlegend über den Vertrag beziehungsweise die Bauleistungsbeschreibung diskutieren. Er sollte keineswegs alles, was der Anbieter offeriert, als unverrückbar betrachten. Im Gegenteil: Bereits zu diesem frühen Zeitpunkt ist ganz klar auch der Bauherr aufgefordert, seine Wünsche und Vorstellungen detailliert einzubringen. Während der Bauphase kann es immer noch passieren, dass plötzlich Sonderwünsche aufkommen oder etwa Besonderheiten des Grundstücks zu Tage treten. Besonders hoch ist diese Gefahr, wenn der Bauherr zu Beginn zum Beispiel das Geld für die Untersuchung des Baugrunds einspart, die ich jedem nur ans Herz legen kann. Erst mit deren Hilfe lässt sich beurteilen, welche Auswirkungen die Beschaffenheit des Bodens etwa auf den Keller oder die Statik hat. Die Untersuchung kostet zwar zusätzlich Geld, bietet aber eine wichtige Grundlage, wenn es darum geht, mögliche Folgekosten realistisch abzuschätzen. Ganz generell lässt sich sagen: Falsche Sparsamkeit am Anfang rächt sich oft in der Folge!

Worauf muss der Erwerber eines Bauträgerhauses vor Vertragsabschluss unbedingt achten?
Er sollte sich vorher möglichst detailliert bewusst machen, was er will und seine Wünsche schriftlich zusammenfassen. Falls er Eigenleistungen zum Vertragsbestandteil machen will, sollte er dieses Thema frühzeitig ansprechen und Einzelheiten klar regeln. Auf jeden Fall sinnvoll ist eine Prüfung des Vertrags durch einen unabhängigen Fachmann. Wichtig ist es außerdem, im Voraus die Rahmenbedingungen des gesamten Bauvorhabens zu klären – also Punkte wie das bereits erwähnte Baugrundgutachten.

Können Käufer Zusatzleistungen selbst beauftragen beziehungsweise Sonderwünsche äußern oder kaufen sie die „Katze im Sack"?
Grundsätzlich rate ich Käufern und Bauherren, sich im Vorfeld gut zu informieren.

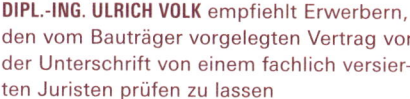

DIPL.-ING. ULRICH VOLK empfiehlt Erwerbern, den vom Bauträger vorgelegten Vertrag vor der Unterschrift von einem fachlich versierten Juristen prüfen zu lassen

Aus meiner Erfahrung heraus leistet – unabhängig vom Vertragspartner – ein Beratungsgespräch mit einem Fachmann unschätzbare Dienste. Bei dieser Gelegenheit lassen sich viele Punkte klären, die der Bauherr beziehungsweise Erwerber aufgrund mangelnder Erfahrung von sich aus gar nicht berücksichtigt hätte. Darüber hinaus ist es bei den meisten Anbietern möglich, Zusatzleistungen und Sonderwünsche anzumelden. Doch auch hier kommt es darauf an, diese rechtzeitig zu formulieren. Fällt dem Käufer erst zum Zeitpunkt der Fertigstellung ein, dass er zusätzliche Wasseranschlüsse oder Steckdosen haben will, lassen sich diese Wünsche nur noch mit hohem Aufwand realisieren – und das wird dann eben teuer. Darüber hinaus lege ich jedem Kaufinteressenten nahe, sich bereits im Vorfeld mehrere Immobilien des Bauträgers anzuschauen und zusätzlich andere Bauträger oder Baufirmen zu prüfen. In der Regel kauft man sich ja auch nicht das erstbeste Auto, sondern fährt vorher verschiedene zur Probe.

Wo lauern Kostenfallen für Erwerber von Bauträgerhäusern?

Der vom Bauträger angegebene Preis bezieht sich immer auf ein Standardhaus. Ob dieses jedoch unter den konkreten Umständen gebaut werden kann, ist unter anderem stark vom Grundstück abhängig. Die speziellen Eigenschaften von Grund und Boden erfordern oft massive Maßnah-

men, die Auswirkungen auf den gesamten Bau haben können. Auch im Bauablauf selbst können spezielle Wünsche des Bauherren, etwa Wandverschiebungen oder der Einbau zusätzlicher Fenster und Türen, einschneidende Änderungen und steigende Kosten verursachen. So verändern beispielsweise zusätzliche Fenster den kompletten Wärmeschutznachweis.

Wie vermeidet der Käufer, dass er dem Vertragspartner Geld für noch nicht erbrachte Leistungen zahlt?

Indem er den Vertragsentwurf einem Fachjuristen vorlegt und sich von diesem beraten lässt. Hinzu kommen sollte die Betreuung durch einen Baufachmann, der während der Bauphase prüft, ob die im Vertrag festgelegten Meilensteine zum einen erreicht und zum anderen fachgerecht ausgeführt sind. Ratsam ist es in jedem Fall, den Zahlungsplan in Abhängigkeit vom Baufortschritt aufzustellen und auch nur Leistungen zu bezahlen, die bereits erbracht wurden.

Gibt es typische Mängel an Bauträgerhäusern?

Grundsätzlich gibt es keine mängelfreien Häuser. Ob und welche Mängel im Einzelfall auftreten, hängt jedoch im Bauträgerbereich entscheidend von der Qualität der Projektierung sowie der professionellen Steuerung der einzelnen Gewerke durch den Bauleiter ab.

bots verraten bereits eine ganze Menge über die jeweilige Firma. Außerdem händigen seriöse Anbieter Interessenten bereitwillig eine Liste mit Referenzen aus. Der Bauherr in spe erhält auf diese Weise die Möglichkeit, frühere Kunden des Anbieters detailliert nach ihren Erfahrungen zu fragen beziehungsweise darf sogar deren Häuser besichtigen.

Damit der Kunde verschiedene Angebote vergleichen kann, müssen diese bestimmte Kriterien erfüllen und unter anderem ein detailliertes Preisangebot mit den Mehrkosten für Sonderleistungen sowie Gutschriften für Eigenleistungen enthalten (siehe Checkliste „Was ein Hausangebot enthalten soll", S. 17)

Erfolgreich verhandeln

Auch wenn manch Bauunternehmer oder Vertriebsmitarbeiter auf einem sehr hohen Ross zu sitzen scheint – der Bauherr/Erwerber ist kein Bittsteller, sondern potenzieller Geschäftspartner. Dass man ihm auf Augenhöhe begegnet, ist das Mindeste, was er erwarten kann. Wer sich ein Haus bauen lässt, ist im Begriff, die größte Investition seines Lebens zu tätigen – egal

ob es sich um sein eigenes oder das Geld der Bank handelt. Dafür kann er nicht nur einwandfreie Arbeit und Termintreue erwarten, sondern auch ein korrektes und freundliches Verhalten.

Vorbereitung ist alles

Um jedoch mit potenziellen Vertragspartnern erfolgreich verhandeln zu können, ist es nicht nur erforderlich, dass der Auftraggeber den Bauvertrag, vor allem die Bau- und Leistungsbeschreibung sowie die Preiskalkulation gründlich prüft – es gilt auch, für weitere Verhandlungen konkrete Wünsche und Forderungen daraus abzuleiten (siehe auch Interview „Falsche Sparsamkeit kann sich rächen", Seite 18/19).

Es hat sich bewährt, wenn der Auftraggeber seinem künftigen Vertragspartner vor dem Termin in schriftlicher Form Fragen und Wünsche zukommen lässt, damit dieser im Gespräch verbindliche Stellungnahmen dazu abgeben kann. Besonderes Augenmerk sollte den Preisangeboten gelten – damit am Ende wirklich alle vereinbarten Leistungen so konkret wie möglich in der Leistungsbeschreibung stehen und damit zu Bestandteilen des Vertrags

INFO So prüfen Bauherren die Bonität ihres Vertragspartners

Als Faustregel gilt: Der billigste Anbieter ist nicht zwangsläufig der beste. Schludern die Handwerker oder meldet das Unternehmen sogar Insolvenz an, verzögert sich oft nicht nur die Fertigstellung: Der Bauherr muss in solchen Fällen mit Mehrkosten rechnen oder kann keine Gewährleistungsansprüche mehr geltend machen. Er sollte sich deshalb vor Vertragsabschluss über seinen Baupartner in spe informieren und detaillierte Auskünfte einholen. Die Firma Bürgel Wirtschaftsinformationen stellt Verbrauchern Daten zur Bonität bei Vorliegen eines „berechtigten Interesses" laut § 29, Abs. 2 Bundesdatenschutzgesetz bereit, während Creditreform für Bonitätsauskünfte das Portal www.firmenwissen.de betreibt. Relativ bequem sind Informationen auch bei der Schufa über die „Unternehmens-

auskunft für Privatpersonen" erhältlich – für alle Firmen, die im Handelsregister stehen. Hier erlaubt eine zehnstufige Bonitätsskala Rückschlüsse auf deren Zahlungsfähigkeit. Darüber hinaus enthält die Auskunft Bilanz- und Insolvenzinformationen sowie Angaben zu Umsatz, Mitarbeiterzahl und Stammkapital. Schließlich werden wichtige interne Ereignisse wie Wechsel in der Geschäftsführung bis 24 Monate rückwirkend angezeigt. Die Registrierung unter www.meineschufa.de kostet 18,50 Euro, für jede Unternehmensauskunft werden 28,50 Euro fällig (Stand: März 2013). Einen „Firmen-Check" für Unternehmen bietet schließlich auch der Bauherrenschutzbund e. V. seinen Mitgliedern an. Kosten: ab 52 Euro – inklusive Wirtschaftsauskunft von Creditreform und Nachträgen für ein Jahr.

werden. Dabei lautet das oberste Gebot: Der Bauvertrag wird erst dann unterschrieben, wenn sämtliche Fragen geklärt sind und auch die Finanzierung des gesamten Vorhabens sichergestellt ist.

Vertrag prüfen lassen

Da kaum ein Laie sämtliche Feinheiten und Fallstricke der Vertragsgestaltung durchblicken kann, empfiehlt sich zur Vertragsprüfung der Gang zu einem Fachanwalt für Bau- und Architektenrecht. Dieser prüft den Vertragsentwurf und kann bei Unklarheiten oder für den Bauherren nachteiligen Regelungen noch Änderungen vorschlagen. Wertvolle Aufschlüsse in Sachen Vertragsgestaltung kann auch eine unabhängige Beratung geben, wie sie Verbraucherverbände in Kooperation mit beauftragten Anwälten für ihre Mitglieder anbieten (Adressen siehe Service ab Seite 220).

KLARTEXT STATT WERBEGEKLINGEL

Ist der richtige Baupartner gefunden, geht es darum, einen Vertrag mit ihm abzuschließen. Dieser bildet die Grundlage für alle folgenden Arbeiten. Nur das, was vertraglich fixiert ist, kann der Auftraggeber später einfordern! Deshalb kommt es entscheidend darauf an, den Vertrag erst zu unterschreiben, wenn die zu erbringenden Leistungen möglichst vollständig und detailliert aufgeführt sind. Am besten lässt man das Ganze vorher von einem Profi checken.

CHARAKTER VON VERTRÄGEN AM BAU

Bei der überwiegenden Zahl der Verträge am Bau – je nach Vertragspartner mit Architekten, Generalunter- beziehungsweise -übernehmern, Bauträgern oder einzelnen Planungsbüros beziehungsweise Handwerkerfirmen – handelt es sich um Werkverträge, wie sie in §§ 631ff. des Bürgerlichen Gesetzbuchs (BGB) geregelt sind. Laut BGB-Werkvertragsrecht gilt ein Vertrag als erfüllt, wenn das geschuldete „Werk" vollständig und „frei von Sach- und Rechtsmängeln" erbracht wurde. Aufgrund der in der Baupraxis weitaus überwiegenden Zahl von Sachmängeln konzentrieren sich die folgenden Darstellungen im Wesentlichen darauf. Wichtig: Die Vorschriften des BGB lassen sich durch Allgemeine Vertragsbedingungen (AGB) ergänzen beziehungsweise modifizieren.

Grundsätzlich unterliegt ein Werkvertrag keinerlei Formvorschriften, er kann also rein juristisch betrachtet auch mündlich oder durch konkludentes Verhalten – das heißt, wenn beide Vertragspartner sich so verhalten, als ob sie einen Vertrag abgeschlossen hätten – zustande kommen und wirksam sein. Ausnahme: Verträge mit Bauträgern („Bauträgerverträge") bedürfen der notariellen Beurkundung, da sie den Kauf einer Immobilie beinhalten. Daneben bedürfen auch die Honorarvereinbarungen in Architekten- oder Ingenieurverträgen zwingend der Schriftform.

Dennoch empfiehlt es sich schon aus Gründen der späteren Beweisführung dringend, sämtliche Verträge am Bau sowie spätere Ergänzungen und Zusatzaufträge schriftlich abzufassen.

NOTAR MUSS NEUTRAL BLEIBEN

Zu den Aufgaben des Notars beim Grundstückskauf gehört es unter anderem, die Vertragsparteien über Möglichkeiten der Vertragsgestaltung zu beraten und über eventuelle Risiken aufzuklären. Der Notar hat ferner den Auftrag, auf eine sachgerechte Gestaltung des Vertrags hinzuwirken und diesen schließlich zu beurkunden.

Dennoch wird die Rolle des Notars häufig überschätzt. Es gehört nicht zu seinen Aufgaben zu prüfen, ob der Vertrag die Rechte des Bauherren ausreichend berücksichtigt. Der Notar darf diesen auch nicht darauf hinweisen, dass der Vertrag eventuell nachteilige bautechnische oder juristische Folgen hat.

Wenn es um die Wahrung seiner eigenen Rechte geht, ist der Bauherr beziehungsweise Erwerber selbst in der Pflicht und sollte den von Verkäufer oder Notar vorgelegten Vertragsentwurf von einem unabhängigen Experten prüfen lassen!

Werkverträge nach BGB

Nach deutschem Recht ist die Voraussetzung für einen gültigen Vertrag das wirksame Abgeben eines Angebots und dessen wirksame Annahme durch die Gegenseite. Ist einer der Vertragspartner mit dem ihm unterbreiteten Angebot nicht einverstanden, so kann er der Gegenseite einen veränderten Vorschlag unterbreiten. In der Praxis kommt es deshalb vor, dass beide Seiten einander mit immer neuen Ergänzungen und Änderungswünschen überziehen, so dass juristisch gesehen gar kein Vertrag zustande kommt. Dies gilt es zu vermeiden.

BGB gilt automatisch

Das Bürgerliche Gesetzbuch (BGB) ist ein Gesetz und gilt, ohne dass es explizit in einen Vertrag einbezogen werden müsste. Da das BGB jedoch keinen eigenständigen Vertragstyp „Bauvertrag" kennt und nur wenige Regelungen speziell dazu enthält, wird der Bauvertrag als Untertyp des Werkvertrags behandelt. Näheres dazu ist in §§ 631ff. BGB geregelt.

Ein Werkvertrag ist allgemein dadurch gekennzeichnet, dass der Auftragnehmer (zum Beispiel die Baufirma) dem Auftraggeber nicht nur Arbeitsleistungen an sich, sondern ein fertiges „Werk" schuldet, in diesem Fall ein mängelfreies Haus. Insofern wird der Werkvertrag auch als „erfolgsorientiert" bezeichnet.

Auch der Architekt schuldet Erfolg

Dies gilt übrigens auch für Verträge mit Architekten. Wird der Architekt in vollem Umfang (Leistungsphasen 1 bis 9) beauftragt, schuldet er laut Werkvertragsrecht nicht nur die Planung und seinen Arbeitseinsatz, sondern ebenfalls das mängelfreie Haus. Dies ergibt sich schon aus der Tatsache, dass er in der Phase, in der sich der Hausbau vollzieht, laut LP 8 zur „Objektüberwachung" verpflichtet ist. Zu seinen Pflichten gehört das Überwachen der Bauarbeiten im Hinblick auf ihre Übereinstimmung mit der Baugenehmigung, den

Ausführungsplänen sowie der Leistungsbeschreibung beziehungsweise den anerkannten Regeln der Technik.

Einbeziehung der VOB/B

Bis vor wenigen Jahren wurden Bauverträgen in der Mehrzahl der Fälle die Regelungen von Teil B der Vergabe- und Vertragsordnung für Bauleistungen (VOB/B) zugrunde gelegt. Diese haben im privaten Wohnungsbau rapide an Bedeutung verloren, seit der Bundesgerichtshof (BGH) im Jahr 2008 die VOB/B der AGB-Kontrolle unterwarf. Da die VOB/B jedoch nach wie vor vereinzelt in Verträge einbezogen wird und für Altverträge weiterhin gilt, sollen ihre Grundzüge an dieser Stelle kurz erläutert werden.

Bei der VOB/B handelt es sich nicht um ein Gesetz, sondern um ein Klauselwerk, das vorformulierte Vertragsbedingungen enthält. Die VOB/B können damit als Allgemeine Geschäftsbedingungen (AGB) gelten, die das Werkvertragsrecht nach BGB ergänzen beziehungsweise modifizieren. Für nicht erfasste Bereiche eines Vertrags gilt weiterhin das BGB-Werkvertragsrecht.

Bauspezifische Regelungen

Die Bestimmungen der VOB/B beziehen sich speziell auf Bauarbeiten, wurden ursprünglich jedoch für Bauvorhaben der öffentlichen Hand konzipiert – also für Fälle, in denen dem Bauunternehmer ein Vertragspartner gegenübersteht, der ihm in technischer, kaufmännischer und juristischer Hinsicht ebenbürtig ist. Beim Übertragen der VOB/B auf private Bauvorhaben kann es deshalb in der Praxis zu einem Ungleichgewicht zu Lasten des Bauherren kommen, was die Vertragsprüfung durch einen im Baurecht versierten Juristen umso sinnvoller macht.

Die VOB/B muss – wenn sie gelten soll – in einen Vertrag wirksam einbezogen werden. Dabei reicht es nicht, sie lediglich explizit zu vereinbaren. Sie ist dem Auftraggeber (Bauherren) auch in der vereinbarten Fassung auszuhändigen, so dass dieser sie in geeigneter Form zur Kenntnis nehmen kann. So reicht etwa der Hinweis, die VOB/B könne im Büro der Baufirma eingesehen werden, nicht aus.

NEUE FASSUNG DER VOB/B

Die Vergabe- und Vertragsordnung für Bauleistungen (VOB) besteht aus drei Teilen.
Teil A regelt die Vergabe öffentlicher Bauaufträge,
Teil B die Abwicklung solcher Aufträge, und **Teil C** enthält bei der Ausführung von Bauleistungen zu beachtende technische Bestimmungen.
Die für private Bauherren wichtige VOB/B trägt den offiziellen Namen „Allgemeine Vertragsbedingungen für die Ausführung von Bauleistungen".
Die neueste Fassung der VOB/B gilt seit 2012. Während für öffentliche Bauvorhaben die jeweils neueste veröffentlichte Fassung bindend ist, können private Vertragsparteien auch eine ältere Version in

den Vertrag einbeziehen. Bauherren, die die VOB/B vereinbaren, sollten daher genau darauf achten, um welche Fassung es sich handelt.

Verbraucherschutz per Urteil

Traditionell unterwarf die Rechtsprechung die VOB/B nicht der AGB-Kontrolle nach §§ 307 ff. BGB, wenn sie als Ganzes in den Vertrag einbezogen wurde. Ihre Regelungen durften also nicht durch zusätzliche Vereinbarungen einer Partei abgeändert werden. Dies galt, obwohl einzelne Regelungen der VOB/B – isoliert betrachtet – einer Inhaltskontrolle nicht standhalten, weil sie zum Nachteil eines Vertragspartners vom Gesetz abweichen. Insgesamt jedoch, so die damalige Argumentation, handele es sich bei der VOB/B um ein ausgewogenes Klauselwerk, das unterm Strich einen Interessenausgleich gewährleiste.

Im Anschluss an die Schuldrechtsreform 2002 wurde jedoch zunehmend bezweifelt, ob man weiterhin von einer derartigen „Privilegierung" der VOB/B ausgehen könne. Deshalb entschied der Bundesgerichtshof (BGH) in einem Urteil vom 22. Januar 2004, dass jede vertragliche Abweichung von der VOB/B bedeute, dass diese nicht als Ganzes vereinbart sei und damit der inhaltlichen Kontrolle durch §§ 307 ff. BGB unterliege (BGH, Az. VII ZR 419/02). Mit Urteil vom 24. Juli 2008 ging der BGH noch einen Schritt weiter und entschied, dass bei Verwendung der VOB/B gegenüber Verbrauchern jede

einzelne Klausel der AGB-Kontrolle unterliege, selbst wenn die VOB/B als Ganzes vereinbart wurde (Az. VII ZR 55/07).

Gesetzgeber zog nach

Dieser Rechtsprechung des BGH folgte der Gesetzgeber im seit 1. Januar 2009 geltenden „Forderungssicherungsgesetz". Damit gelten nur noch die für Verbraucher vorteilhaften Regelungen der VOB/B, während die ungünstigen Klauseln unwirksam sind. Dies betrifft unter anderem Formulierungen, die beispielsweise kürzere Gewährleistungsfristen von vier oder sogar nur zwei Jahren vorsehen. Für VOB-Verträge mit Verbrauchern gilt stattdessen eine gesetzliche Verjährungsfrist von fünf Jahren, wenn nicht ein individueller Vertrag etwas anderes vorsieht.

Auf dieser Grundlage hat kaum noch ein Bauunternehmer Interesse daran, die VOB/B einzubeziehen. Bauherren beziehungsweise Erwerber sollten sich im Gegenzug davor hüten, aus eigenem Antrieb darauf zu bestehen. Hintergrund: Wird die VOB/B auf ihr Betreiben einbezogen, erlangen sämtliche Klauseln Wirksamkeit – auch die nachteiligen!

Bauträgerverträge

Bauträgerverträge sind eine Mischung aus Kauf- und Werkvertrag. Rechtsgrundlage des den Grundstückkauf betreffenden Teils sind die Vorschriften des BGB.

Dies gilt ganz überwiegend auch für den werkvertraglichen Teil, für den die VOB/B traditionell kaum eine Rolle spielt.

Überwiegend wird davon ausgegangen, dass die VOB/B auf Bauträgerverträge nicht anwendbar sind. Dafür sind zusätzlich einige Vorschriften der Makler- und Bauträgerverordnung (MaBV) zwingend zu beachten. Sie betreffen die Frage, wann ein Bauträger Geld vom Erwerber verlangen kann und enthalten einen regulierten Zahlungsplan für den Fall, dass beide Seiten eine Zahlung des Baupreises in Bauabschnittsraten vereinbaren.

Allgemeine Geschäftsbedingungen (AGB)

Nicht zuletzt durch den Bedeutungsverlust der VOB/B im privaten Wohnungsbau legen Anbieter schlüsselfertiger Häuser ihren Kunden in aller Regel Verträge vor, die von ihnen selbst formulierte Vertragsklauseln enthalten. Diese basieren weder auf dem BGB noch der VOB/B. Diese Allgemeinen Geschäftsbedingungen (AGB), im Volksmund auch „Kleingedrucktes" genannt, weichen bewusst von bestehenden gesetzlichen Vorschriften ab und stellen für Baufirmen ein beliebtes Mittel dar, um sich Vorteile gegenüber ihren Kunden zu verschaffen. Ihr Inhalt reicht in vielen Fällen bis an die Grenze der Sittenwidrigkeit – und geht oft sogar darüber hinaus!

Dank existierender Kontrollvorschriften – seit 2002 als Teil des BGB – sind Bauherren dieser Praxis jedoch nicht ausgeliefert.

AGB-KONTROLLE

Die Allgemeinen Geschäftsbedingungen (AGB) von Firmen sind allgemein dadurch definiert, dass sie für eine Vielzahl von Verträgen gelten. AGB sind jedoch nicht uneingeschränkt wirksam. Sie unterliegen einer inhaltlichen Kontrolle insbesondere dort, wo sie gegen den Leitgedanken des Gesetzes verstoßen. Geregelt ist das in den Paragraphen ab § 305 BGB. Ist eine AGB-Klausel nach BGB unwirksam, tritt an ihre Stelle die entsprechende gesetzliche Regelung (§ 306 Abs. 2 BGB). Die anderen Regelungen des Vertrags bleiben in der Regel unberührt (§ 306 Abs. 1 BGB).

Für den Bauherren/Erwerber stellt sich die Frage, ob er unwirksame AGB, etwa einen unwirksamen Zahlungsplan, einfach hinnimmt, vor Vertragsabschluss moniert oder stattdessen wartet, bis die erste Rate fällig wird und sich erst dann auf die Unwirksamkeit der zugrundeliegenden Vertragsklausel beruft.

Bauexperten geben zu bedenken, dass bei letzterem Vorgehen Verzögerungen im Bauablauf praktisch unvermeidlich sind. Deshalb sollte der Bauherr/Erwerber den ihm vorgelegten Vertrag in einem ersten Schritt juristisch prüfen lassen, kritische Punkte anschließend mit dem potenziellen Vertragspartner diskutieren, jedoch dabei auch seine begrenzte Marktmacht einkalkulieren. Merke: Wer auf eigenen Vorstellungen beharrt, ohne seinerseits Kompromisse zu machen, muss damit rechnen, dass sein Gegenüber im Fall des Falles vom gemeinsamen Bauvorhaben kurzerhand wieder Abstand nimmt.

LEISTUNGSUMFANG VON BAUVERTRÄGEN

Im Bauvertrag vereinbaren Bauherr oder Erwerber mit dem Vertragspartner den Gegenstand des Vertrags sowie die Leistungen, die der Auftragnehmer zu erbringen hat. Die wichtigste Grundlage für die Planung und den Bau des Hauses bildet dabei die Bau- und Leistungsbeschreibung. Ihr Inhalt und Detaillierungsgrad sind von größter Wichtigkeit für den Bauherren/Erwerber, um den genauen Leistungsumfang, das Preis-Leistungsverhältnis, die Bauqualität und den Ausstattungsgrad beurteilen zu können.

Doch auch für Planer und Bauausführende sind die Inhalte der Bau- und Leistungsbeschreibung von höchster Relevanz. Je detaillierter die zu erbringenden Leistungen formuliert sind, desto genauer lassen sich Planung und Ausführung kalkulieren und organisieren.

Standardisierte Vorlage

Wer mit einem Schlüsselfertig- beziehungsweise Fertighausanbieter „baut", bekommt von diesem mit dem Vertragsentwurf eine Bau- und Leistungsbeschreibung vorgelegt. Diese bildet das Herzstück des Bauvertrags. In ihr sollten sämtliche Bauweisen, Materialien, Oberflächen und Ausbaustandards zusammengefasst sein. Darüber hinaus sollte die Baubeschreibung Angaben über die technischen Eigenschaften enthalten, die sanitäre und elektrische Ausstattung auflisten und die wichtigsten Eigenschaften der Bauteile

verzeichnen, darunter U-Werte von Wänden, Dach und Fenstern sowie den Energiestandard des gesamten Hauses.

Besonders wichtig: Details der zu verwendenden Materialien wie Hersteller, Fabrikate, Typen und Farben sollten möglichst exakt festgehalten werden. Allgemeine Formulierungen wie „handelsübliche Qualität", „deutsche Markenware" sowie das beliebte „oder gleichwertig" sollten die Alarmglocken schrillen lassen.

So detailliert wie möglich

Mit Hilfe dieser Angaben kann der Bauherr die Frage klären, ob ihm der Bauunternehmer tatsächlich ein mängelfreies Werk erstellt. Aus diesem Grund ist es so wichtig, dass die Bau- und Leistungsbeschreibung die zu erbringenden Leistungen und deren Beschaffenheit so detailliert wie möglich festlegt. Je konkreter und verständlicher dies geschieht, umso geringer ist das Vertragsrisiko.

In Ruhe prüfen

Nach Angaben des Bauherrenschutzbunds e. V. ist jede zweite Bau- und Leistungsbeschreibung unvollständig. Für jeden Häuslebauer ist es deshalb unerlässlich, ihren Inhalt in Ruhe zu prüfen oder einen Experten damit zu beauftragen. Faustregel: Was nicht vollständig oder verständlich festgelegt wird beziehungsweise gar nicht auftaucht, darauf hat der Auftraggeber auch keinen Anspruch!

WAS EINE BAUBESCHREIBUNG ENTHALTEN SOLL

1. Allgemeines

☐ Art, Funktion und Dimension des geplanten Gebäudes
☐ Konzept der angebotenen Bauleistung

2. Örtliche Gegebenheiten und Voraussetzungen

☐ Standort und Umgebung
☐ Angaben zum Grundstück (Topographie, Baugrund, Grundwasserverhältnisse)
☐ Angaben zu Risiken und Belastungen
☐ Erforderliche Vorarbeiten, die durch den Auftraggeber oder/und andere Unternehmer erbracht werden müssen
☐ Angaben zu zeitgleich laufenden weiteren Baumaßnahmen, soweit bekannt

3. Festlegungen zur Ausführung

☐ Vorgesehener Bauablauf
☐ Bauliche und ausführungstechnische Vorgaben
☐ Besonderheiten des Bauvorhabens

4. Konstruktive und sonstige Merkmale der Bauleistung

☐ Konstruktiver Aufbau wichtiger Bauelemente
☐ Energiestandard des gesamten Gebäudes
☐ Energiekenndaten der einzelnen Bauteile
☐ Ausstattungsmerkmale (vor allem in den Bereichen Ausbau und Haustechnik)

5. Verwendete Produkte und Materialien

☐ Hersteller, Fabrikate, Preise je Quadratmeter, Oberflächen, Farben

6. Anlagen

☐ Unterlagen zum Grundstück (Katasterauszug oder Amtlicher Lageplan, Schnitte, sofern vorhanden)
☐ Entwurfs- oder Ausführungspläne (je nach Planungsstand zum Zeitpunkt der Baubeschreibung)
☐ Entwurfs- oder Ausführungspläne der Fachplaner (vor allem Heizung, Lüftung, Sanitär und Elektro)
☐ Wärmeschutznachweis
☐ Nachweise zum Schallschutz, sofern erforderlich
☐ Auszüge aus Katalogen der Hersteller von verwendeten Produkten (z. B. für Beschläge, Ausstattungsgegenstände Sanitär und Elektro)
☐ Kosten- und Flächenberechnungen
☐ Terminpläne, insbesondere Bauzeitenplanung

Die beschriebenen Leistungen können vertraglich geändert werden – allerdings nur im beiderseitigen Einverständnis!

Wer erst nach seiner Unterschrift unter den Vertrag Änderungen vornehmen lassen will, zahlt in aller Regel drauf! Das ist oft durchaus im Sinne des Anbieters: Schlüsselfertige Bauten werden oft zum Festpreis angeboten. Da die „Festpreise" von Baufirmen und Bauträgern in der Regel äußerst knapp kalkuliert sind, haben die Anbieter ein Interesse daran, ihre Gewinnspanne durch den Verkauf von kostenpflichtigen Extras zu vergrößern. Dem lässt sich nur entgegensteuern, indem der Kunde versucht, alle Leistungen möglichst detailliert im Vertrag festzuhalten.

KLEINSTER NENNER

Damit bei der Vertragsgestaltung nichts vergessen wird, sollten sich Käufer und Bauherren an den „Mindestanforderungen an Bau- und Leistungsbeschreibungen für Ein- und Zweifamilienhäuser" orientieren, die 2003 im Rahmen der „Initiative kostengünstig qualitätsbewusst bauen" vom Bundesministerium für Verkehr, Bau und Stadtentwicklung herausgegeben, 2007/2008 überarbeitet und erweitert wurden.
Diese Mindestanforderungen dienen als Checkliste und werden von Fachleuten als Basis jedes Bauvertrags empfohlen. Sie lassen sich kostenlos aus dem Internet laden, unter anderem auf der Seite des Bauherrenschutzbunds unter www.bsb-ev.de (Suchbegriff „Mindestanforderungen").

Individuelle Vereinbarung

Wer mit einem Architekten baut, bekommt kein fertiges Leistungsverzeichnis vorgelegt. Gefragt sind auch die Kreativität und Mitbestimmung des Bauherren. Beide Vertragsparteien fangen sozusagen bei Null an und können zu Beginn viele Dinge noch gar nicht genau festlegen. Das eigentliche Vertragsziel, die konkrete Beschaffenheit des fertigen Hauses, kristallisiert sich erst während der Planungsphase heraus.

In der Praxis werden viele Verträge mit Architekten mündlich abgeschlossen beziehungsweise sind in Bezug auf die zu erbringenden Leistungen wenig konkret. In vielen Fällen reicht es dem Architekten zunächst auch, wenn ihm der Bauherr das Ziel des Vertrags benennt. Dies ist laut Werkvertragsrecht zwar ausreichend für einen Vertragsschluss, kann aber zu Konflikten führen, wenn sich Bauherr und Architekt in der Planungsphase entzweien. Dann kann es passieren, dass der Architekt bereits in größerem Umfang tätig geworden ist, aber keine Vergütung erhält. Die Rechtsprechung kann bei Leistungen bis inklusive Leistungsphase 4 der HOAI davon ausgehen, dass es sich um reine Kundenakquise handelte, die nicht vergütet werden muss.

HOAI als Orientierung

Deshalb ist es für den Architekten sinnvoll, bestimmte Arbeitsschritte vertraglich zu vereinbaren. Bezug genommen wird üblicherweise auf die in §3, Abs. 4 der

Honorarordnung für Architekten und Ingenieure (HOAI) genannten „Leistungsbilder", die den neun Leistungsphasen entsprechen. Kann der Architekt nachweisen, dass er die jeweils erforderlichen Teilleistungen erbracht hat, steht ihm die Vergütung dafür zu.

Änderungen

Haben die Vertragsparteien die zu erbringenden Leistungen vereinbart, kann sich keine der Parteien einseitig davon lösen. Änderungen und Zusatzleistungen sind auch hier nur im gegenseitigen Einvernehmen möglich. Sind diese so weitreichend, dass eine vollständige Neuplanung erforderlich ist, kommen beide Parteien nicht umhin, sich auf einen neuen Vertrag zu einigen. Dagegen kann der Bauherr vom Architekten nicht einfach verlangen, dass dieser bereits erbrachte Leistungen ohne zusätzliches Honorar wiederholt.

Auch bei Architektenverträgen gilt deshalb: Änderungswünsche sollten Bauherren so früh wie möglich äußern, sonst kann es teuer werden!

VERGÜTUNG FÜR LEISTUNGEN DES VERTRAGSPARTNERS

Das Werkvertragsrecht schreibt zwar grundsätzlich vor, dass der Auftragnehmer in Vorleistung tritt, indem er nur für bereits erbrachte Leistungen Geld verlangen darf. Das heißt jedoch nicht, dass ein Bauunternehmer bis zum Abschluss der Arbeiten wartet, bevor er die erste Rechnung schreibt. Er muss wirtschaftlich kalkulieren und hat deshalb ein Interesse daran, sein Geld schnell zu bekommen.

Fälligkeit der Vergütung

Ist nichts anderes vereinbart, muss der Bauherr/Erwerber erst nach Abnahme zahlen. Allerdings gibt § 632a, Abs. 1 BGB Unternehmern die Möglichkeit, bereits während der Bauphase Abschlagszahlungen zu verlangen. Diese darf der Auftrag-geber nur bei Vorliegen wesentlicher Mängel verweigern.

Einschränkend regelt § 632a, Abs. 2 BGB jedoch, dass bei Verträgen im Baubereich, die im Zusammenhang mit einem Grundstückskauf geschlossen werden, Abschlagszahlungen nur auf Basis einer Rechtsverordnung zulässig sind. Aus diesem Grund ist für Zahlungen an Bauträger die Makler- und Bauträgerverordnung (MaBV) maßgeblich.

Auch bei VOB/B-Verträgen bestimmt sich die Vergütung in erster Linie nach den vertraglichen Vereinbarungen. Existiert kein Zahlungsplan, sind Abschlagszahlungen in Höhe des Wertes der erbrachten Leistungen zu entrichten. Der Leistungsstand muss mittels prüffähiger

Nachweise dargestellt und der Abschlagsrechnung beigegeben werden. Abschlagszahlungen werden 18 Werktage nach Zugang der Rechnung fällig, die Schlusszahlung spätestens nach zwei Monaten.

Die Vergütung von Architekten ist in der HOAI geregelt und erfolgt nach erbrachten Leistungen.

Zahlungspläne

Im Bereich des schlüsselfertigen Bauens und der Fertighäuser stellen die Anbieter zur Organisation der Abschlagszahlungen Zahlungspläne auf. Je nachdem, ob diese den Mindestanforderungen der Makler- und Bauträgerverordnung (MaBV) genügen müssen oder frei gestaltet werden können, sehen sie Abschlagszahlungen vor, die sich – mehr oder weniger – am Baufortschritt orientieren. Die Gewichtung der Raten im Verhältnis zum Baupreis spiegelt in aller Regel das Interesse des Unternehmers wider, möglichst schnell an sein Geld zu kommen.

Tipp: In der Praxis sind Auftragnehmer oft nicht bereit, größere Änderungen am Zahlungsplan vorzunehmen, da dieser ihre Kalkulationsbasis darstellt. Wer in einer solchen Situation nicht riskieren will, dass der Vertragsabschluss „platzt", sollte zumindest versuchen, die Gewichtung der Raten in Richtung Schlussrate zu verschieben, um Druckmittel zu behalten.

Bauträger

Die Makler- und Bauträgerverordnung (MaBV) verpflichtet den Bauträger grundsätzlich zur Vorleistung. Der Erwerber schuldet die Vergütung nur unter bestimmten Voraussetzungen. Dazu gehören neben einem wirksamen Vertrag und der im Grundbuch eingetragenen Auflassungsvormerkung die Sicherung der Lastenfreiheit und das Vorliegen entsprechender Baugenehmigungen.

LASTENFREISTELLUNG

Der Bauträger hat in der Regel das Grundstück selbst erst erworben und finanziert Grundstück und Bauträgerobjekt über eine Bank. Die finanzierende Bank lässt zur Besicherung des Darlehens eine Grundschuld in das Grundbuch eintragen – auch Globalgrundschuld genannt. Im Zuge der Vertragsabwicklung muss die Bank des Bauträgers sich bereit erklären, das Kaufobjekt aus der Gesamthaftung zu entlassen und dies durch eine Lastenfreistellung zu Gunsten des Erwerbers sicherzustellen. Dieses Prozedere muss im Bauträgervertrag vereinbart werden. Der Erwerber sollte sich die entsprechende Bestätigung der Bank vor der Beurkundung vorlegen lassen.

Um den Auftraggeber für den Fall abzusichern, dass der Bauträger das Haus nicht fertigstellt, sieht die MaBV Abschlagszahlungen nach Baufortschritt vor. Dieses Vorgehen gibt dem Erwerber zudem die Möglichkeit, bei Mängeln die Zahlung zu verweigern beziehungsweise einen Teil der Rate einzubehalten und gegebenenfalls mit mängelbedingten Schadenersatz-

ZAHLUNGSPLAN

Bauschritt	Zahlung nach MaBV in %	Anteil am Gesamtpreis in %	Erreichte Zahlung im Verhältnis zum Gesamtpreis in %
Nach Beginn der Erdarbeiten (für das Grundstück)	30	30	30
Für die weiteren Arbeiten (Bau) insgesamt	70		
Davon (70=100)			
nach Fertigstellung des Rohbaus einschließlich Zimmererarbeiten	4	2,8	58
für die Herstellung der Dachflächen und Dachrinnen	8	5,6	63,6
für die Rohinstallation der Heizungsanlagen	3	2,1	65,7
für die Rohinstallation der Sanitäranlagen	3	2,1	67,8
für die Rohinstallation der Elektroanlagen	3	2,1	69,9
für den Fenstereinbau einschließlich Verglasung	10	7	76,9
für den Innenputz, ausgenommen Beiputzarbeiten	6	4,2	81,1
für den Estrich	3	2,1	83,2
für die Fliesenarbeiten im Sanitärbereich	4	2,8	86
nach Bezugsfertigkeit und Zug um Zug gegen Besitzübergabe	12	8,4	94,4
für die Fassadenarbeiten	3	2,1	96,5
Nach vollständiger Fertigstellung	5	3,5	100

Quelle: www.baufoerderer.de

ansprüchen aufzurechnen. Der Bundesgerichtshof (BGH) hat bestätigt, dass eine Regelung unwirksam ist, nach der eine Zahlung bereits mit Vertragsschluss fällig wird. Darüber hinaus sind laut BGH vertragliche Regelungen, nach denen Abschlagszahlungen früher zu leisten sind, als es die MaBV vorsieht, ebenfalls nichtig. An ihre Stelle treten in diesem Fall die Regeln des BGB (BGH, Az. VII ZR 310/99 und VII ZR 311/99).

Die MaBV listet insgesamt 13 Bauabschnitte auf sowie deren prozentualen Anteil an den Gesamtkosten, der jeweils vom

Bauträger veranschlagt werden kann. Allerdings darf dieser nicht für jeden einzelnen Schritt eine Rechnung schreiben, sondern muss diese zu maximal sieben Teilzahlungen zusammenfassen.

Alternativ zur Ratenzahlung nach Baufortschritt kann der Bauträger auch vorzeitige Zahlungen verlangen. Allerdings muss er dann eine Bürgschaft stellen. Als Erwerber sollten Sie eine diesbezügliche Vereinbarung auf keinen Fall akzeptieren, ohne vorher anwaltlichen Rat einzuholen!

Schlussrate als Druckmittel wichtig

Hält sich der Bauträger nicht an die Vorgaben der MaBV beziehungsweise gehen die Abschlagszahlungen einseitig zu Lasten des Erwerbers, ist rein juristisch der gesamte Zahlungsplan nichtig. Der Bauherr müsste die gesamte Summe dann theoretisch erst nach Fertigstellung und Abnahme zahlen. In der Praxis kommt es jedoch vor allem darauf an, dass der Erwerber zum Zeitpunkt der Abnahme noch eine ausreichend große Schlussrate als Druckmittel in der Hand hat. Obendrein sollte er vertraglich vereinbaren, mindestens fünf Prozent der Bausumme als Sicherheit für Mängel einzubehalten, die in

der Gewährleistungsfrist auftreten. Stehen noch Zahlungen aus, ist die Baufirma erfahrungsgemäß viel eher zur Beseitigung von Mängeln bereit (siehe dazu auch Interview „Druckmittel können für Sicherheit sorgen", Seiten 40/41).

Zahlungsplan laut MaBV

Die MaBV enthält einen Zahlungsplan, der Höchstgrenzen dafür angibt, welchen Prozentanteil des Preises ein Bauträger für welche erbrachten Teilleistungen maximal fordern darf.

Diese Beschränkungen sollen Auftraggeber davor schützen, mehr zu zahlen als es dem Wert der Teilleistungen entspricht – und gleichzeitig verhindern, dass sie durch derartige Vorleistungen zum Beispiel bei einem Unternehmenskonkurs Geld verlieren.

Die Zahlungsvorgaben der MaBV sehen im Einzelnen aus wie im Zahlungsplan auf Seite 33 dargestellt.

Generalunternehmer/Generalübernehmer

Zahlungspläne mit Generalunter- und -übernehmern lassen sich grundsätzlich frei vereinbaren. Die Anforderungen der MaBV müssen in diesen Fällen nicht zwingend berücksichtigt werden – obwohl dies zu empfehlen ist.

Im Fertighausbereich gilt es als angemessen, fünf bis zehn Prozent des Kaufpreises nach Vorlage der Baugenehmigung zu zahlen, 55 bis 60 Prozent nach Montage des Hauses und 30 Prozent nach Fertigstellung des Innenausbaus. Fünf bis zehn Prozent sollte der Bauherr auch hier zurückbehalten und erst nach Vorlage der Schlussrechnung und Abnahme des Hauses zahlen. So hat er im Fall von Baumängeln die Möglichkeit, deren Beseitigung zu beschleunigen.

Um ihre Raten möglichst „phantasievoll" gestalten zu können, lassen sich insbesondere Generalübernehmer so gut wie nie auf die Regelungen der MaBV ein. Dies führt in der Praxis häufig dazu, dass der Bauherr nach Fertigstellung des Rohbaus bereits einen Großteil der Gesamtsumme bezahlt hat. Die letzte Rate ist dann oft nicht mehr als ein „Feigenblatt", so dass der Bauherr, wenn er bei der Abnahme Mängel entdeckt, kaum noch Druckmittel hat. Hintergrund: Da der Generalübernehmer alle Arbeiten an Subunternehmer vergeben hat und auch Mängelrügen an diese weiterreichen muss, will er sein Geld möglichst schon vorher auf der sicheren Seite haben.

VORSICHT, FESTPREIS!
Schlüsselfertige Häuser werden meist zum Festpreis angeboten. Das soll Bauherren die Befürchtung nehmen, das Projekt Hausbau könnte am Ende doch teurer werden als gedacht. Doch das vermeintliche Rundum-sorglos-Paket hat Tücken: Da sich der Festpreis nur auf die vereinbarten Leistungen bezieht, ist er nur sicher, sofern die Leistung ausreichend klar beschrieben ist. Änderungen und Ergänzungen kosten extra!

Zudem taucht in Bauverträgen häufig die Formulierung auf, dass der Festpreis nur für sechs oder zwölf Monate ab Vertragsabschluss garantiert ist. Danach wird es teurer. Dieses Vorgehen ist zwar nicht verboten – allerdings müssen sich Preiserhöhungen an den tatsächlichen Kostensteigerungen orientieren. Die Baufirma darf später keinen pauschalen Mehrpreis erheben. Findet sich im Vertrag etwa die Formulierung, dass nach der Preisbindung für jeden weiteren Monat der Bauzeit 0,5 Prozent der Bausumme fällig werden, ist diese Klausel unwirksam.

Vergütung des Architekten

Honorare für Architekten sind durch die Honorarordnung für Architekten und Ingenieure (HOAI) geregelt. Das Honorar lässt sich aus den Honorartafeln der HOAI ermitteln. Diese basieren auf den im konkreten Fall anrechenbaren Baukosten – nicht anrechenbar sind dagegen etwa Kosten für den Grundstückserwerb, Erschließungs- sowie Baunebenkosten – und berücksichtigen ferner die Komplexität der Planung, die sich in Form von einer von fünf „Honorarzonen" niederschlägt, sowie den Umfang der erbrachten Leistungen (Leistungsphasen).

HERAUSGABE VON UNTERLAGEN

Jeder Hausbau bedarf korrekter Planungen und fachgerechter Ausführung. Die beteiligten Unternehmen sind dabei verpflichtet, ihre Leistungen mängelfrei zu erbringen. Dem Bauherren beziehungsweise Erwerber muss die Möglichkeit eingeräumt werden, dies zu überprüfen. Objektbezogene Planungsunterlagen sowie technische Nachweise sind dabei unerlässlich. Doch die Frage, welche Unterlagen der Vertragspartner herauszugeben hat, führt häufig zu Streit.

Anspruch auf Herausgabe

Bauherren/Erwerber gehen in der Regel ganz selbstverständlich davon aus, dass sie das Recht haben, alle Unterlagen ausgehändigt zu bekommen. Dass dies zu bösen Überraschungen führen kann, zeigt ein Urteil des Landgerichts Krefeld (Az. 2 O 56/08). Nach Auffassung des Gerichts ist ein Bauträger nur dann verpflichtet, diesem Verlangen stattzugeben, wenn der Erwerber ein besonderes Interesse nachweisen kann. Damit bestätigte das Gericht die Rechtsprechung des OLG München, wonach kein allgemeiner Rechtsanspruch auf die Herausgabe von Unterlagen besteht (Az. 9 U 2958/91).

Experten und Verbraucherschützer raten deshalb dringend, in den Bau- beziehungsweise Bauträgervertrag einen Passus aufzunehmen, der die Herausgabe notwendiger Unterlagen an den Bauherren regelt – und diese Unterlagen vor allem eindeutig benennt. Wer eine vertragliche Regelung versäumt, dem fehlen unter Umständen die schriftlichen Beweismittel, um die vereinbarte Beschaffenheit des Werkes prüfen beziehungsweise seine Ansprüche (zum Beispiel auf Nachbesserung beziehungsweise Gewährleistung) durchsetzen zu können.

Herausgabe vor Baubeginn

Folgende Dokumente sollten Bauherren beziehungsweise Erwerber bereits vor Beginn der Bauarbeiten einfordern (Quelle: Bauherrenschutzbund e. V.):

Baugenehmigungsunterlagen mit Genehmigungsplanung

Die genehmigten Bauantragszeichnungen vermitteln beispielsweise Informationen über die Abmessungen der Räume und des gesamten Hauses, über die Lage auf dem Baugrundstück und zum Nachbargrundstück, über die Höhe des Gebäudes und die Abstandsflächen. Sie bilden die Grundlage für die weitere Ausführungsplanung.

Außerdem gehen diese Unterlagen in die Dokumentation des Bestands ein und sind der Nachweis, dass es sich um ein vom Bauamt genehmigtes Bauvorhaben handelt.

Ausführungspläne

Die Ausführungszeichnungen geben einen guten Überblick über alle Bauteile und räumlichen Gegebenheiten – so zum Beispiel über die Lage von Wänden, Tür- und Fensteröffnungen, Anschlagrichtungen von Türen und Fenstern, über Fußbodenaufbauten, Trockenbauverkleidungen, Einschränkungen in Räumen durch Unterzüge, Rohrverkleidungen, Vorwandinstallationen in Badezimmern und die Lage von Schächten. Bei Umbau oder Sanierung lässt sich daraus ablesen, wo Leitungen verlegt wurden, welche Bauteile statisch tragend sind und mit welchem Material man es zu tun hat.

Statik (auch: geprüfte Statik nach Landesbauordnung)

Der Standsicherheitsnachweis ist eine entscheidende Grundlage für die Anfertigung der Ausführungszeichnungen und den Rohbau des Gebäudes. Mit seiner Hilfe lässt sich die fachgerechte Ausführung der statischen Konstruktion stichprobenartig prüfen.

Energetischer Wärmeschutznachweis

Die jeweils gültige Energieeinsparverordnung (EnEV) stellt Mindestanforderungen an den Wärmebedarf des Gebäudes und den Einsatz der Energieträger. Der auf dieser Grundlage errechnete Wärmeschutznachweis ist notwendiger Vertragsbestandteil, die darin genannten Werte sind Planungsgrundlage und zugleich Maßstab für die Überprüfung der Ausführung von Bauteilen und technischer Ausstattung sowie für die Einstufung bei der Gewährung von KfW-Fördermitteln. Außerdem wird

auf der Grundlage des Wärmeschutznachweises der Energieausweis erstellt, wenn das Gebäude fertig ist.

Schallschutz- beziehungsweise Brandschutznachweis (falls erforderlich)

Zum Schutz der Wohnung oder des Hauses gegen Fremdeinwirkung durch Schall und zur Sicherheit des Gebäudes im Brandfall sind diese Nachweise bei den meisten Gebäudearten zwingend vorgeschrieben. Der Schallschutznachweis ist sozusagen die Sollvorgabe, deren Einhaltung durch Messungen überprüft werden kann.

Baugrundgutachten

Tragfähigkeit und hydrologische Bedingungen des Baugrunds spielen bei der Planung von Fundamentierungsart und Abdichtung des Gebäudes gegen Feuchtigkeit eine entscheidende Rolle. Der höchste anzunehmende Grundwasserstand (Höchster Gemessener Wasserstand, HGW) ist darüber hinaus planerische Grundlage für die Gestaltung von Öffnungen in den Kelleraußenwänden unterhalb der Geländeoberkante. Treten Schäden am Gebäude aufgrund von Setzungserscheinungen auf, ist das Bodengutachten bei der Ursachenforschung unverzichtbar.

Herausgabe bis zur Abnahme

Nicht nur Baubehörden, sondern auch der Bauherr sollten nach dem Erbringen der vertragsgemäßen Bauleistungen von ihrem Vertragspartner die folgenden technischen Nachweise verlangen (Quelle: Bauherrenschutzbund e.V.):

Gewährsbescheinigung für jedes Gewerk

Mit der Gewährsbescheinigung bestätigt jeder einzelne ausführende Unternehmer seine fachgerechte Arbeit nach den allgemein anerkannten Regeln der Technik sowie die ausschließliche Verwendung zugelassener Baustoffe und Materialien. Die Gewährsbescheinigung kann im Einzelfall wichtig werden, wenn zu einem späteren Zeitpunkt ein verborgener Mangel zu Tage tritt und der Unternehmer wissentlich eine falsche Bescheinigung erteilt hat.

Energiebedarfsausweis

Mit diesem Ausweis, in dem die wichtigsten energetischen Eckdaten des Hauses enthalten sind, bestätigt der Aussteller die Ausführung der Gebäudehülle und der Wärmeerzeugungs- und -verteilungsanlage nach den Planungsvorgaben der EnEV-Berechnung.

Nachweis bei Solaranlagen und Wärmepumpen

Damit kommt der Bauherr oder Erwerber als Rechtsnachfolger seiner Pflicht zum Nachweis der Einhaltung gesetzlicher Bestimmungen oder zusätzlicher Förderrichtlinien über den Einsatz erneuerbarer Energien nach.

Holzschutzmittelnachweis

Im Holzschutzmittelnachweis sind die bei der chemischen Behandlung eingebauter Hölzer verwendeten Mittel und Wirkstoffe genau benannt. Damit können in einem Schadenfall, insbesondere bei gesundheitlichen Schäden, wirksame Gegenmaßnahmen ergriffen werden und gegebenenfalls Haftungsansprüche gegen den Verursacher geltend gemacht werden.

Gewährleistungsbescheinigung über die Gebäudeabdichtung (Ausführungsprotokoll)

Sie bescheinigt die Planung der Abdichtungsart im erdberührten Bereich auf der Basis des im Baugrundgutachten ermittelten hydrologischen Lastfalls und die Ausführung der Arbeiten nach den allgemein anerkannten Regeln der Technik. Tritt beispielsweise Feuchtigkeit im Keller auf, begründet die Bescheinigung den Gewährleistungsanspruch.

Wärmebedarfsberechnung / Gebäudebeheizung

Aus der Bedarfsberechnung können Haustechnik-Sachverständige oder Installateure ersehen, ob die eingebauten Heizkörper für den jeweiligen Raum richtig ausgelegt wurden und ausreichend Wärme zur Verfügung steht. Damit ist eine Überprüfung der Wärmeverteilungsanlage möglich.

Nachweis der Betriebsfähigkeit der Elektroanlage

Mit dem Übergabebericht/Prüfprotokoll wird im Detail die Funktionsfähigkeit, fachgerechte Ausführung und Absicherung der einzelnen Sicherungskreise dokumentiert.

Nachweis des hydraulischen Abgleichs der Heizungsanlage

Durch den hydraulischen Abgleich der Wärmeverteilungsanlage wird dafür gesorgt, dass jeder einzelne Raum unabhängig davon, wie weit er von der Wärmeerzeugungsanlage entfernt ist, gleichberechtigt mit Wärme versorgt wird (setzt Heizlastberechnung voraus).

Luftdichtheitsnachweis der Gebäudehülle (falls erforderlich beziehungsweise vertraglich vereinbart)

Das Messprotokoll dient als Nachweis und dokumentiert die Einhaltung des Wertes maximal zulässiger Luftdurchlässigkeit. Andererseits werden während der Messung vorhandene Leckagen im Messprotokoll als Mängel erfasst. Die Mängelbeseitigung muss spätestens bis zur Schlussabnahme erfolgen und im Abnahmeprotokoll des Gebäudes / der Eigentumswohnung dokumentiert werden.

Schornsteinfeger-Abnahmeprotokoll

Darin wird baurechtlich die Erlaubnis zum Betrieb der Feuerungsstätte erteilt, zugleich wird damit den Forderungen aus

§ 26 b EnEV 2009 zur Prüfung und Dokumentation der Einhaltung dort festgelegter zwingender Eigenschaften der Wärmeerzeugungsanlage entsprochen.

Bestandszeichnungen der technischen Gebäudeausrüstung

Generell sollten zur Übergabe des Gebäudes sämtliche Bestandszeichnungen vorliegen. Die Dokumentation von Lage und Funktion der Elektro-, Sanitär-, Heizungs- und Lüftungsinstallationen ist für Revisionszwecke und spätere Umbaumaßnahmen unverzichtbar.

Garantieurkunden und Bedienungsanleitungen / Haustechnik

Sie sind im Garantiefall zur Vorlage bei Hersteller / Verkäufer beziehungsweise zur Einstellung und Wartung der Anlagen und Anlagenteile notwendig und sollten gleichfalls abgefordert werden.

DRUCKMITTEL KÖNNEN FÜR SICHERHEIT SORGEN

Für den Fall, dass der Bauunternehmer pfuscht, bummelt oder sogar insolvent wird, kann der Auftraggeber Sicherheiten vereinbaren. Holger Freitag, Rechtsanwalt in Berlin und Vertrauensanwalt des Verbands privater Bauherren e. V., erläutert Sicherungsleistungen und deren sinnvollen Einsatz.

Wie kann der Bauherr sicherstellen, dass sein Haus rechtzeitig fertig wird und Mängel sowohl in der Bau- als auch in der Gewährleistungsphase beseitigt werden ?
Das Gesetz sieht als Fertigstellungssicherheit fünf Prozent des Werklohns vor, empfehlenswert sind jedoch zehn bis 20 Prozent. In Sachen Mängel absolut zentral sind ein ausgewogener Zahlungsplan und die Höhe der letzten Rate, die bei der Abnahme fällig wird: Sie sollte bei zehn Prozent liegen, wenn möglich noch höher. So hat der Bauherr im Fall des Falles ein Druckmittel in der Hand. Zusätzlich sollte er für etwaige Mängelansprüche während der Gewährleistungsphase fünf Prozent des Werklohns als Sicherheit vereinbaren.

Was ist der Unterschied zwischen einem Zurückbehaltungsrecht und einer Vertragsstrafe?
Zurückbehaltungsrechte stehen Bauherren per Gesetz zu. Sie lassen sich vom Hausanbieter über Allgemeine Geschäftsbedingungen (AGB) auch nicht ausschließen und sollen in erster Linie sicherstellen, dass während der Bauphase das Gleichgewicht von Werklohn und Bauleistung zu

jedem Zeitpunkt gewahrt bleibt. Vertragsstrafen müssen dagegen vertraglich vereinbart werden. Sie dienen zur Abschreckung der Gegenseite. Bauherren können sich damit einen Zugriff auf Geld sichern, um ihnen entstehende Schäden schnell beheben zu können.

Wie sieht das korrekte Vorgehen aus, wenn man von seinen Sanktionsmöglichkeiten Gebrauch machen will?
Vorab so viel: Der BGH versteht einen Werkvertrag als Kooperationsverhältnis. Auch der Bauherr sollte also nicht auf Konfrontation setzen, sondern den Dialog pflegen, um Eskalationen wie zum Beispiel Baustopps zu vermeiden. Will er von seinem Zurückbehaltungsrecht Gebrauch machen, sollte er zuvor tunlichst prüfen, ob die Voraussetzungen tatsächlich vorliegen und diese beweissicher dokumentieren. So kann er etwa einen Bausachverständigen klären lassen, ob der vom Generalunternehmer verlangten Abschlagszahlung tatsächlich die dafür geforderte Bauleistung gegenüber steht. Dieser kann zudem, etwa bei fehlenden Kleinarbeiten und geringeren Unzulänglichkeiten, die Höhe der Kosten für die vertragsgemäße

RECHTSANWALT HOLGER FREITAG warnt Bauherren davor, in größerem Ausmaß für noch nicht erbrachte Leistungen zu zahlen und damit Druckmittel aus der Hand zu geben.

Fertigstellung angeben. Das ist die Grundvoraussetzung, wenn es darum geht, die Höhe des Einbehalts sowie des sogenannten Druckzuschlags festzulegen. Letzterer soll dafür sorgen, dass die Mängel zügig beseitigt werden. In der Regel werden dafür die Beseitigungskosten verdoppelt.

Was, wenn der Vertragspartner daraufhin die Arbeiten einstellt?

Dann braucht der Bauherr ein ganz breites Kreuz und Nerven wie Hanfstricke. Gerade bei einem Stillstand der Bauarbeiten laufen schnell hohe Kosten auf. Selbst bei einem Sieg vor Gericht müssen diese erst einmal eingetrieben werden. Je länger das dauert und je höher der Schaden ist, desto größer das Ausfallrisiko. Viele Bauherren haben gar nicht den finanziellen Spielraum, einen Prozess womöglich bis zur letzten Instanz durchzufechten. Eskalationen können andererseits schnell dazu führen, dass ein Fortführen des Vertrags nicht mehr in Frage kommt. Dann ist eine „Kündigung aus wichtigem Grund" denkbar, doch auch dies will gut überlegt sein und führt fast immer zu Streit. Beim Bauträgervertrag ist es sogar so, dass ein Rücktritt vom Vertrag fast in jedem Fall ruinös ist. Doch selbst wenn sich in Einzelfällen der Vertrag auflösen lässt – nahezu ein Ding der Unmöglichkeit stellt die Suche nach einem neuen Unternehmer dar, der das Haus zum ursprünglichen Preis fertig baut.

SICHERUNGSLEISTUNGEN AM BAU

Zusätzlich zu ihrem gesetzlichen Zurückbehaltungsrecht bei Mängeln während der Bauzeit kommen für Bauherren/Erwerber weitere „Sicherheiten" in Frage.

Da diese Sicherungsleistungen – mit Ausnahme der Fertigstellungssicherheit – nicht gesetzlich geregelt sind, empfiehlt es sich für den Auftraggeber, gleich zu Beginn entsprechende vertragliche Regelungen zu treffen. So lässt sich späterer Streit über den Umfang der zu sichernden Ansprüche weitgehend vermeiden.

 BAUHERR MUSS BÜRGSCHAFT VORLEGEN

Auch Bauunternehmer haben ein Interesse an Sicherheiten auf Seiten des Kunden – insbesondere, was deren Zahlungsfähigkeit betrifft. Ihnen stärkt ein Urteil des Bundesgerichtshofs (BGH) vom 27. Mai 2010 den Rücken. Demnach darf ein Fertighausanbieter von einem Bauherren kurz vor Baubeginn eine unbefristete, selbstschuldnerische Bürgschaft eines Kreditinstituts in Höhe der Gesamtvergütung verlangen, um damit alle sich aus dem Vertrag ergebenden Zahlungsverpflichtungen abzusichern (Az. VII ZR 165/09).

Fertigstellungssicherheit

Seit Inkrafttreten des Forderungssicherungsgesetzes Anfang 2009 muss der Auftragnehmer für den Fall, dass er das Haus seines Vertragspartners nicht rechtzeitig fertigstellt, fünf Prozent der Kaufsumme als Sicherheit hinterlegen – und zwar bereits zum Zeitpunkt der ersten Abschlagszahlung durch den Auftraggeber. Wie der Unternehmer dies gewährleistet, ist ihm überlassen. Er kann die Summe entweder auf ein Sperrkonto einzahlen, auf das Bauherr und Unternehmer separat oder gemeinsam zugreifen können („Und"- beziehungsweise „Oder-Konto"). Alternativ kann er über eine Bank oder Versicherung eine Zahlungsgarantie stellen. Drittens schließlich kann er es dem Bauherren gestatten, den jeweiligen Betrag von der oder den ersten Abschlagszahlung(en) einzubehalten.

Ist der Übergabezeitpunkt des Hauses im Vertrag klar geregelt, und wird der Bauunternehmer dennoch nicht pünktlich fertig, muss er – neben der Fertigstellungssicherheit – beispielsweise auch für Mietkosten des Käufers geradestehen, weil dieser dann länger als geplant in seiner bisherigen Mietwohnung bleiben muss. Extra-Tipp: Falls möglich, sollten Bauherren und Erwerber statt einer fünf- eine zehnprozentige Fertigstellungssicherheit vereinbaren!

VERTRAGSSTRAFE VEREINBAREN

Laut Bauherrenschutzbund e. V. wird bei mehr als einem Viertel der untersuchten Bauvorhaben die Bauzeit überschritten. Die Mehrkosten für Bauherren liegen zwischen 2 500 und 5 000 Euro, können im Einzelfall jedoch auch weit darüber hinausgehen. Bei Leistungsverzug kann der Bauherr gemäß § 286 BGB Ersatz des Verzögerungsschadens und unter bestimmten Voraussetzungen Schadenersatz wegen Nichterfüllung verlangen. Mitunter bereitet dies jedoch Schwierigkeiten. Ratsam ist es deshalb, explizit Vertragsstrafen zu vereinbaren. Das kann entweder im Individualvertrag geschehen oder über Allgemeine Geschäftsbedingungen (AGB), die Bestandteil eines Bauvertrags geworden sind. Dabei gilt: Das Vereinbaren einer Vertragsstrafe ist untrennbar mit dem Vereinbaren einer konkreten Bauzeit inklusive Fertigstellungstermin verknüpft.

Gewährleistungssicherheit

Für Bauherren beziehungsweise Erwerber ist es zudem wichtig sich abzusichern, falls nach Fertigstellung des Hauses, doch vor Ablauf der Gewährleistungsfrist, Mängel auftauchen, die vom Vertragspartner zu beseitigen sind. Hintergrund: Hat der Vertragspartner inzwischen Insolvenz angemeldet, geht der Anspruch des Bauherren unter Umständen ins Leere. Ausweg ist das rechtzeitige Vereinbaren einer Gewährleistungssicherheit – etwa in Form eines Einbehalts oder einer unbefristeten

Bürgschaft durch eine Bank oder Versicherung. Ist der Vertragspartner pleite, würde diese dann die Kosten für die Mängelbeseitigung tragen. Alternativ kann der Auftragnehmer eine sogenannte Gewährleistungsversicherung abschließen.

Untersuchungen zufolge enthalten rund drei Viertel aller Bauverträge keine Gewährleistungsbürgschaft. Manche Hausanbieter bieten Modelle an, bei denen der Auftraggeber selbst für seine Sicherheit bezahlen soll. So werden beispielsweise für 1 000 Euro Bürgschaftssumme 35 Euro fällig – bei einer Auftragssumme von 200 000 Euro also insgesamt 7 000 Euro!

WIDERRUF UND KOSTENLOSER RÜCKTRITT

Um ihr Risiko zu verringern, können Bauherren/Erwerber versuchen, sich ein Widerrufs- oder Rücktrittsrecht zu sichern.

Widerruf

Während sich bei einem Ratenkauf der Vertragsabschluss zwei Wochen lang widerrufen lässt, gibt es für Bauherren meist kein Zurück. Für Werkverträge existiert kein gesetzliches Widerrufsrecht – und nur in Ausnahmefällen räumt der Auftragnehmer ein befristetes Widerrufsrecht ein.

Ausnahme: Ein Bauvertrag kann als „Haustürgeschäft" gemäß § 312 BGB gelten, so dass der Bauherr ihn mit einer Frist von zwei Wochen widerrufen kann. Diese beginnt grundsätzlich mit dem Zeitpunkt, zu dem der Verbraucher schriftlich über sein Widerrufsrecht und die Rechtsfolgen belehrt wurde. Erfolgte keine Belehrung, kann dieser innerhalb eines Jahres nach Vertragsabschluss zurücktreten. Laut Urteil des Bundesgerichtshofs (BGH) vom 22. März 2007 ist die Voraussetzung, dass der Vertrag in einer privaten Situation – etwa in der Wohnung oder am Arbeitsplatz des künftigen Bauherren – ausgehandelt wurde (Az. VII ZR 268/05). Das Widerrufsrecht kann in solchen Fällen selbst dann bestehen, wenn der Bauvertrag im Anschluss zusammen mit einem Grundstückskauf notariell beurkundet wurde.

Kostenloser Rücktritt

Der Bauvertrag sollte grundsätzlich erst unterschrieben werden, wenn alle Voraussetzungen geschaffen sind. Dazu gehören das Erteilen der Baugenehmigung, der Kauf des Grundstücks inklusive notarieller Beurkundung, das Eintragen einer Auflassungsvormerkung ins Grundbuch sowie die Absicherung der Baufinanzierung.

Zuweilen lassen sich Verträge unter Vorbehalt abschließen. Scheitert dann etwa die Finanzierung, kann der Bauherr noch kostenlos vom Vertrag zurücktreten.

SO VIEL SCHUTZ BRAUCHEN SIE

Die Verantwortung für die Sicherheit auf der Baustelle trägt grundsätzlich der Bauherr, denn er hat das Bauvorhaben veranlasst. Seine Haftung beginnt in dem Moment, in dem er einen Vertrag mit einem Architekten abschließt beziehungsweise die Planung in Auftrag gibt. Sie umfasst sämtliche Schäden, die von Baugrundstück und Haus bis zur Fertigstellung ausgehen. Mit den richtigen Versicherungen lässt sich das finanzielle Risiko in Schach halten.

RICHTIG VERSICHERN – RISIKEN BEGRENZEN

Passiert auf der Baustelle ein Unfall, kann der Bauherr zur Verantwortung gezogen werden. Zwar hat er in aller Regel einen Bauunternehmer, Handwerker und/oder einen Architekten mit der Planung, Leitung und Ausführung des Bauvorhabens beauftragt, so dass er einen Großteil der Verantwortung auf diese übertragen kann. Dies sollte er im Übrigen rechtzeitig – also zu Beginn der Planungsphase – und in schriftlicher Form tun. Doch das befreit ihn nicht von der Wahrnehmung bestimmter Pflichten. Diese leiten sich aus der Verordnung über Sicherheit und Gesundheitsschutz auf Baustellen ("Baustellenverordnung") ab. Die Verordnung lässt sich unter anderem auf der Website des Bundesministeriums für Arbeit und Soziales (BMAS) im Volltext einsehen: www.bmas.de/DE/Service/Gesetze/baustellv.html.

So dürfen Bauherren nur ausreichend qualifizierte Firmen und Handwerker beschäftigen. Ferner müssen sie sich persönlich davon überzeugen, dass die Baustelle gesichert ist und Baumaterialien ordnungsgemäß gelagert sind. Schließlich müssen Bauherren die Arbeit der Baufirmen im Rahmen des Zumutbaren überwachen und sind zum Eingreifen verpflichtet, wenn sie Gefahren an der Baustelle erkennen.

Geschädigte können sich immer auch an den Bauherren halten und Ansprüche an ihn stellen (siehe auch Interview „Für die Sicherheit ist der Bauherr zuständig", Seite 52–55). Geht es darum, diese zu befriedigen oder aber wirksam abzuwehren, können Versicherungen wertvolle Dienste leisten. Kümmert sich kein Architekt oder Bauträger um den Schutz, muss der Bauherr diesbezüglich selbst tätig werden.

Die Bauherren-Haftpflichtversicherung

Die Bauherren-Haftpflichtversicherung zahlt Schadenersatz oder wehrt unberechtigte Ansprüche ab, wenn durch das Bauvorhaben Dritte zu Schaden kommen. Sie tritt ein, wenn etwa ein Kind in die unbeleuchtete Baugrube stürzt oder ein Passant durch herabfallende Bauteile getroffen wird. Die Ansprüche können im schlimmsten Fall in die Millionen gehen und reichen von der Erstattung der Krankenhaus- und Pflegekosten über den Ausgleich des Verdienstausfalls bis zur Zahlung von Schmerzensgeld oder einer lebenslangen Rente für das Opfer oder dessen Hinterbliebene. Deshalb sollte jeder Bauherr diese Versicherung abschließen. Wer dagegen Haus und Grundstück „schlüsselfertig" von einem Bauträger erwirbt, braucht die Police nicht.

Geltungsdauer begrenzt

Da die Versicherung auch für Schäden aufkommt, die allein aus dem Besitz eines Grundstücks resultieren, sollte sie nicht erst bei Baubeginn abgeschlossen werden, sondern bereits beim Kauf von Grund und Boden. Der Abschluss einer gesonderten Haus- und Grundbesitzer-Haftpflichtversicherung ist in solchen Fällen überflüssig.

Eine Bauherren-Haftpflichtversicherung gilt in der Regel nicht unbefristet, sondern für maximal zwei Jahre. Sie sollte pauschal Personen- und Sachschäden von mindestens drei Millionen Euro abdecken. Die vom Bauherren zu leistende Prämie richtet sich nach der Bausumme. Laut einer Untersuchung von Finanztest aus dem Jahr 2011 verlangen Versicherungen bei einer Bausumme von 250 000 Euro einmalig zwischen 98 und 220 Euro. Für den Bau von Fertighäusern gibt es günstigere Sondertarife.

Auch Bauhelfer haften

Versichert sind nicht nur Ansprüche Geschädigter gegen den Bauherren selbst, sondern auch gegen Bauhelfer (zum Beispiel Freunde oder Nachbarn). Kommt dagegen ein Bauhelfer selbst zu Schaden, ist nicht die Bauherren-Haftpflichtversicherung zuständig – das ist ein Fall für die gesetzliche Unfallversicherung.

Noch ein Tipp für die Zukunft: Wer seine bestehende Immobilie irgendwann um- oder ausbaut, benötigt meist keine separate Bauherren-Haftpflichtversicherung. Viele Privathaftpflichtversicherungen decken Schäden durch kleinere Bauvorhaben ab – je nach Vertrag bis zu einer Bausumme von 25 000 bis 100 000 Euro oder sogar unbegrenzt. Hier hilft ein Blick in die eigene Police. Doch aufpassen: Ist die Deckungssumme niedriger als die Bausumme, besteht nicht einmal anteiliger Schutz! In diesem Fall ist eine Bauherren-Haftpflichtversicherung erforderlich.

WIE ERRECHNET SICH DIE BAUSUMME?

Unter der Bausumme versteht man die Summe der Kosten für Bauleistungen, für Baustoffe, Bauteile sowie aller Baunebenkosten (jeweils inklusive Mehrwertsteuer). Nicht in die Bausumme fließen die Kosten für Erwerb und Erschließung des Grundstücks ein.

Die Bauleistungsversicherung

Was für Autohalter die Kasko-, ist für den Bauherren die Bauleistungsversicherung, auch als Bauwesenversicherung bezeichnet. Sie versichert alle Bauleistungen, Baustoffe und Bauteile gegen unvorhersehbar eintretende Schäden. Sie tritt zum Beispiel ein, wenn ein Sturm das Mauerwerk einreißt, Unbekannte mutwillig Installationen zertrümmern oder Bauarbeiter fahrlässig handeln. Je nach Anbieter können zusätzlich etwa Schäden durch Diebstahl von fest eingebautem Material (zum Beispiel bereits eingebauter Heizkörper oder Türen), Glasbruch, Sturm und Leitungswasser mitversichert sein. Falls nicht, lässt sich die Deckung gegen Aufpreis erweitern.

Wetterschäden ausgenommen

Nicht mitversichert sind dagegen der Diebstahl von Baumaterialien oder Werkzeugen sowie Schäden durch normale Witterungseinflüsse. Dies gilt etwa für Risse im Beton durch Frosteinwirkung.

Die Höhe der Prämie richtet sich auch hier nach der Bausumme. Im Regelfall wird ein Selbstbehalt von zehn Prozent, jedoch mindestens 250 Euro pro Schadenfall vereinbart. Bei einer Bausumme von 25 000 Euro kostet der Versicherungsschutz laut Finanztest-Untersuchung im günstigsten Fall einmalig 214 Euro. Der teuerste Anbieter im Test verlangte dagegen 1 071 Euro – bei vergleichbaren Leistungen!

Da die Bauleistungsversicherung auch für Schäden aufkommt, die Baufirma oder Handwerker betreffen, sollte der Bauherr mit diesen rechtzeitig klären, ob sie sich an der Prämie beteiligen.

Abrechnung nach Einzug

Die Versicherung läuft wie die Bauherren-Haftpflicht meist über zwei Jahre. Die Haftung des Versicherers endet, wenn das Haus bezugsfertig ist beziehungsweise behördlich abgenommen wurde – spätestens jedoch sechs Tage nach dessen Ingebrauchnahme. Anschließend nimmt die Versicherung eine Schlussabrechnung vor. Stellt sich dabei heraus, dass das Bauvorhaben teurer geworden ist als geplant, muss der Bauherr einen zusätzlichen Betrag zahlen. Ist die endgültige Bausumme dagegen niedriger, bekommt er zu viel gezahltes Geld zurück.

Wer auf die Bauleistungsversicherung verzichtet, geht ein hohes Risiko ein: Im Schadensfall kommen hohe Kosten auf den Bauherren zu. Hat dieser seine Finanzierung ohne Rücklagen kalkuliert, gerät unter Umständen das gesamte Bauvorhaben ins Wanken.

Die Feuerrohbauversicherung

Schäden am Rohbau durch Brand, Blitzschlag und Explosion sind ebenfalls nicht durch die Bauleistungsversicherung gedeckt. Um sich für solche Fälle gegen das drohende Kostenrisiko zu wappnen, benötigen Bauherren eine Extra-Police: die Feuerrohbauversicherung. Es gibt sie als Einzelversicherung oder als Ergänzung zur Bauleistungsversicherung. Am Ende der Bauzeit endet der Schutz automatisch. Wichtig: Der Vertrag sollte spätestens mit Baubeginn abgeschlossen werden und der Schutz auch ohne Verzögerung ab diesem Zeitpunkt gelten!

Da eine Feuerrohbauversicherung auch im Interesse der finanzierenden Bank liegt, lassen sich immer mehr Geldhäuser eine Police vorlegen, bevor sie Darlehen gewähren.

Tipp: Eine praktikable Alternative zur Feuerrohbauversicherung ist der Abschluss einer Wohngebäudeversicherung bereits zu Baubeginn. Diese schließt in aller Regel eine Feuerversicherung für den Rohbau ein.

EIGENLEISTUNGEN REALISTISCH PLANEN

Wer baut, der versucht, wo immer möglich zu sparen. Die meisten Bauherren wollen mit Eigenleistungen das Budget entlasten und die Baukosten senken. Sie sind bereit, nach Feierabend und an Wochenenden kräftig anzupacken und trauen sich auch handwerklich oft eine ganze Menge zu. Sie sollten ihre Kräfte und Fähigkeiten jedoch nicht überschätzen. Wer selbst baut, der braucht Know-how und sehr viel Zeit. Eigenleistungen müssen außerdem exakt in den Bauablauf integriert werden, damit es nicht zu Zeitverzögerungen kommt. Dies gilt besonders dann, wenn der Bauherr mit einem Generalunternehmer oder Bauträger baut. Übrigens: Kunden von Bauträgern haben – ohne besondere vertragliche Regelung – vor der Abnahme keinerlei Anspruch auf Eigenleistungen, weil bis dahin der Bauträger Eigentümer ist.

Bei einem Reihenhaus mit Baukosten von rund 275 000 Euro lassen sich nach Angaben des Verbands privater Bauherren e. V. durch Eigenleistungen höchstens 25 000 Euro einsparen. Dafür muss der Bauherr allerdings auch fast 850 Stunden schuften – ein halbes Jahr. Grundsätzlich sollten auch versierte Handwerker nicht mehr als zehn Prozent der Baukosten für Eigenleistungen veranschlagen.

Vereinbarung

Bereits mit dem Hausangebot sollte sich jeder Bauherr ein Angebot unterbreiten lassen, das konkrete Gutschriften für gewünschte Eigenleistungen enthält – aufgeschlüsselt in Lohn- und Materialkosten. Um die nötige Vertragssicherheit zu gewährleisten und Kostenrisiken zu vermeiden, müssen die Eigenleistungen im Vertrag eindeutig definiert und eine dafür zu gewährende Gutschrift vereinbart werden.

Bank honoriert „Muskelhypothek"

Zusätzlich führen Eigenleistungen zu einem geringeren Kreditbedarf. Sie zählen innerhalb der Finanzierung zum Eigenkapital. Mit der finanzierenden Bank lassen sich dadurch oft auch günstigere Zinskonditionen aushandeln.

Art und Wert der Arbeiten

Nicht jede Arbeit eignet sich für Eigenleistungen. Laut einer aktuellen Umfrage des Bauherrenschutzbunds e. V. erledigen 94 Prozent der Bauherren Maler- und Tapezierarbeiten selbst, gefolgt von Arbeiten an den Außenanlagen (79 Prozent), dem Verlegen von Fußbodenbelägen (68 Prozent), Fliesenarbeiten (32 Prozent), Trockenbauarbeiten (30 Prozent) und dem Einbau von Sanitärobjekten (15 Prozent).

Nicht jede Tätigkeit geeignet

Schwierig wird es dagegen bei Arbeiten, die die Kenntnis von Bauvorschriften und Regelwerken beziehungsweise spezielles Fachwissen verlangen. Das betrifft Gründungs- und Abdichtungsarbeiten, aber auch Zimmerer-, Dachdecker- und Klempnerarbeiten sowie nicht zuletzt die Sanitär-, Heizungs- und Elektroinstallation.

Grundsätzlich sollten Bauherren vor allem solche Arbeiten selbst ausführen, die einen hohen Anteil an Lohnkosten, aber nur relativ geringe Materialkosten beinhalten. Hintergrund: Die ersparten Lohnkosten schlagen bei der vereinbarten Gutschrift in vollem Umfang – mit dem Wert der Handwerkerstunden – zu Buche, während das Material ohnehin zu bezahlen ist. Beim Einkauf im Fachhandel erhält jedoch der Unternehmer als Großabnehmer in aller Regel mehr Prozente als der Bauherr im Baumarkt.

Unterm Strich ist die Gutschrift für Eigenleistungen häufig geringer als der Wert der erbrachten Leistungen. Deshalb lohnt es sich, im Vorfeld zu prüfen, ob sich die Eigenleistung wirklich lohnt.

Haftung/Gewährleistung

Hinzu kommt: Eigenleistungen können Haftungsprobleme verschiedener Art auslösen – etwa, wenn der Bauherr oder ein Helfer dabei Bauschäden verursacht oder sogar Menschen verletzt werden.

Für Eigenleistungen stehen dem engagierten Häuslebauer obendrein keinerlei Ansprüche auf Mängelbeseitigung und Gewährleistung zu. Lässt sich ein Mangel nicht eindeutig zuordnen, besteht die Gefahr, dass der Bauherr seine Gewährleistungsansprüche verliert. Bei mangelhafter Arbeit drohen ihm obendrein Forderungen nach Schadenersatz – wenn es etwa im Doppelhaus aufgrund unsachgemäß verlegter Fliesen zur Schallübertragung zum Nachbarn kommt.

EIGENLEISTUNGEN: BAUHERR HAFTET SELBST

Eigenleistungen des Bauherren sind von der Gewährleistung ausgeschlossen, auch wenn sie vom Bauleiter abgenommen werden. Die Baufirma haftet nicht für Fehler, die sie nicht selbst verursacht hat. Bauherren sollten deshalb grundsätzlich nur Eigenleistungen übernehmen, die sich exakt von den Leistungen des Vertragspartners beziehungsweise der von diesem beauftragten Handwerkerfirmen abgrenzen lassen. Fehlen solche eindeutige Grenzen, besteht die Gefahr, dass dem Bauherren auch für vorangegangene oder folgende Gewerke das Recht auf Gewährleistung verloren geht.

Probleme drohen auch, wenn der Bauherr vertraglich vereinbarte Fertigstellungsfristen überschreitet oder die Qualität der Leistungen nicht stimmt. Zeitverzögerungen, die der Bauherr zu vertreten hat, lassen sich die Firmen teuer bezahlen. Nicht fachkundig ausgeführte Eigenleistungen können zudem erhebliche finanzielle Risiken nach sich ziehen. Müssen plötzlich wider Erwarten doch Handwerker mit den Arbeiten beauftragt werden, bringt das Kalkulation und Zeitplan meist gehörig durcheinander.

Nicht jede Tätigkeit geeignet

Bevor der nachfolgende Handwerker seinen Part übernimmt, wird er in aller Regel auf einem Gutachten bestehen, um die fachgerechte Ausführung der Eigenleistung überprüfen zu lassen. Hintergrund: Tut er dies nicht, kann er für Folgemängel in seinem Gewerk die Verantwortung nicht ablehnen. Deshalb bietet es sich an, dass die Vertragspartner in solchen Fällen zur Abgrenzung etwaiger Mängel Teilabnahmen vereinbaren.

Versicherungen für Bauhelfer

Ob Nachbarn, Freunde oder Verwandte – Bauherren freuen sich über jede helfende Hand. Ganz gleich, ob sie unentgeltlich oder gegen Bezahlung mit anpacken: Der Bauherr ist per Gesetz (§ 2 Abs. 2 Sozialgesetzbuch VII) verpflichtet, sämtliche Helfer bei der regional zuständigen Bau-Berufsgenossenschaft (BG Bau) anzumelden – selbst wenn sie über eigene private Unfall- oder Haftpflichtversicherungen verfügen. Die Anmeldung bei der BG Bau muss spätestens eine Woche nach Baubeginn erfolgen. Dies ist auch im Internet möglich unter www.bgbau.de.

Hintergrund: Die BG Bau ist Träger der gesetzlichen Unfallversicherung. Kommt ein Helfer auf der Baustelle oder dem Weg dahin zu Schaden, übernimmt sie die Kosten für Arzt und Krankenhaus, falls nötig auch Kosten für die berufliche Wiedereingliederung, oder sie zahlt dem Unfallopfer eine Rente.

Keine Anmeldung – Bußgeld droht

Die Helfer sind zwar auch dann durch die Unfallversicherung geschützt, wenn sie vom Bauherren nicht angemeldet wurden – doch der Bauherr muss in solchen

Fällen mit einem Bußgeld von bis zu 2 500 Euro rechnen!

Der Versicherungsbeitrag für die Bauhelfer bemisst sich nach der Anzahl der geleisteten Arbeitsstunden: Im Westen werden derzeit pro Stunde 2,07 Euro fällig, im Osten 1,76 Euro. Der Mindestbeitrag für sämtliche geleisteten Helferstunden beträgt 100 Euro.

Gefälligkeiten nicht versichert

Handelt es sich dagegen um eine reine Gefälligkeit, etwa wenn der Vater des Bauherren diesem beim Abladen von Baumaterial hilft, besteht kein Versicherungsschutz. Die BG Bau geht hier davon aus, dass es sich nicht um eine „arbeitnehmerähnliche" Tätigkeit handelt.

Dagegen gilt die mehrtägige Hilfe eines Freundes beim Eindecken der Dachflächen in aller Regel als versicherte – und damit beitragspflichtige – Tätigkeit. Achtung: Ist der Freund des Bauherren jedoch Dachdeckermeister und bringt vielleicht noch zwei weitere Helfer mit, wird wiederum von einer „unternehmerähnlichen" Tätigkeit ausgegangen, für die kein Versicherungsschutz besteht!

Um derartige Fälle voneinander abzugrenzen, ist im Einzelfall die Beziehung zwischen Bauherr und Helfer sowie das Ausmaß der Tätigkeit von Belang. Faustregel: Je enger die soziale Bindung des Helfers zum Bauherren und je kürzer die Dauer der Hilfe, desto mehr spricht dafür, dass es sich um eine reine Gefälligkeitsleistung handelt.

ERLAUBTE HILFE ODER SCHWARZARBEIT?

Der Grat zwischen zulässiger Nachbarschaftshilfe und unerlaubter Schwarzarbeit ist schmal. Als Faustregel für Nachbarschaftshilfe gilt das Auftragsvolumen. Es darf den Umfang der Eigenleistungen nicht übersteigen. Wer für Handwerkerleistungen keinen ortsüblichen Lohn bezahlt, muss wissen, dass es sich dann um Schwarzarbeit handelt und eine falsche Auslegung von Nachbarschaftshilfe ist. Um schwarze Schafe zu erkennen, sollte man sich auch von Handwerkern den Gewerbeschein zeigen lassen.

Bauherr außen vor

Grundsätzlich nicht gesetzlich unfallversichert sind Bauherren und ihre Ehegatten beziehungsweise Lebenspartner, da sie als Unternehmer gelten. Falls sie keine private Unfall- oder Berufsunfähigkeitsversicherung besitzen, haben sie die Möglichkeit, sich freiwillig bei der BG Bau zu versichern. Allerdings kostet dies pro Person rund 500 Euro im Monat!

FÜR DIE SICHERHEIT IST DER BAUHERR ZUSTÄNDIG

Wer ein Grundstück besitzt, muss dafür sorgen, dass darauf niemand zu Schaden kommt. Das gilt erst recht, wenn es bebaut wird. Passiert doch ein Unfall, muss der Bauherr geradestehen. Dipl.-Ing. Heiko Püttcher, Leiter des Arbeitsbereichs Bauqualität beim TÜV Nord in Hannover, erläutert die Hintergründe.

Welche Pflichten haben Besitzer unbebauter Grundstücke in Bezug auf deren Sicherheit?

Wer ein Grundstück kauft, ist ab diesem Zeitpunkt verpflichtet, für dessen Verkehrssicherheit zu sorgen. Das bedeutet, dass der Eigentümer sicherstellen muss, dass von seinem Grundstück keine Gefahren ausgehen, die zu Personen- oder Sachschäden führen können – oder dass er geeignete Maßnahmen ergreift, um Unfälle zu verhindern. Steht auf dem Grundstück etwa noch ein alter Carport und fällt dieser gerade dann zusammen, wenn ein neugieriger Spaziergänger darunter steht, ist der Eigentümer für die Folgen verantwortlich und muss Schadenersatz leisten. Das kann von den Kosten der Heilbehandlung über etwaigen Verdienstausfall bis zu einer Rente bei Arbeitsunfähigkeit reichen.

Dabei ist es zunächst einmal unerheblich, aus welchem Grund jemand das Grundstück betreten hat. Vor einiger Zeit ging sogar ein Fall durch die Presse, in dem der Eigentümer eines bebauten Grundstücks einem Einbrecher dessen Aufenthalt im Krankenhaus bezahlen sollte. Dieser war in eine ungesicherte Grube gestürzt und hatte sich verletzt, noch bevor er das Haus erreichen konnte. Das klingt unglaublich, ist aber Fakt. In der Praxis ist es leider so, dass sich ein Großteil der Eigentümer der potenziellen Gefahren gar nicht bewusst ist, so dass im Fall des Falles viele ein böses Erwachen erleben.

Für welche Gefahren muss der Eigentümer Vorsorge treffen?

Natürlich muss er nicht an jeden noch so abstrusen und unwahrscheinlichen Fall denken – insbesondere nicht, wenn dies den Rahmen des wirtschaftlich Zumutbaren sprengen würde. Laut Rechtsprechung des Bundesgerichtshofs beschränkt sich die Verantwortung des Eigentümers auf Maßnahmen, die ein verständiger, umsichtiger und in vernünftigen Grenzen vorsichtiger Mensch für notwendig und ausreichend halten würde, um andere vor Schäden zu bewahren.

Kann der Eigentümer die Haftung nicht dadurch ausschließen, indem er einfach ein Schild aufstellt, wonach das Betreten des Grundstücks auf eigene Gefahr erfolgt?

Ein solches Schild kann sicherlich helfen, ungebetene beziehungsweise unbefugte

DIPL.-ING. HEIKO PÜTTCHER weiß aus Erfahrung, dass viele Bauherren ihre Pflichten nicht kennen oder glauben, diese an Vertragspartner delegieren zu können.

Gäste fernzuhalten und ist insofern durchaus ein probates Mittel. Gerade wenn es um die Frage geht, inwiefern eine geschädigte Person eine Mitschuld trifft, können Hinweisschilder oder auch Umzäunungen eine wichtige Rolle spielen, denn sie dienen ja explizit dazu, andere vor Gefahren zu warnen. Hier haben dann Gerichte im Einzelfall zu entscheiden, ob der Schaden vorwiegend vom Eigentümer oder dem Unfallopfer verursacht wurde.

Übersteigt etwa jemand einen Zaun oder verschafft sich Zutritt, indem er ein Schloss aufbricht, muss der Eigentümer höchstwahrscheinlich nicht haften, wenn sich der Eindringling auf dem Grundstück ein Bein bricht. Er sollte sich jedoch keinesfalls darauf verlassen, dass er bereits durch das Aufstellen des berühmten Schildes „Betreten verboten! Eltern haften für ihre Kinder" seiner Verkehrssicherungspflicht Genüge getan hat. Ein solches Schild enthebt ihn nicht der Verpflichtung, eine tiefe Grube zu sichern oder Glasscherben zu entsorgen. Außerdem muss der Bauherr regelmäßig kontrollieren, ob das Schild noch lesbar – und nicht etwa stark verschmutzt oder zugewachsen ist.

Was ändert sich, wenn der Grundstückseigentümer irgendwann zum Bauherren wird?

Zunächst einmal ist der Bauherr verpflichtet, vor Baubeginn alle für den Hausbau erforderlichen Genehmigungen einzuholen,

das heißt vor allem, einen Bauantrag zu stellen. Diesem müssen alle erforderlichen Unterlagen wie Lageplan, Statik und Bauzeichnungen beigefügt werden. Welche Dokumente im Einzelnen erforderlich sind, ergibt sich aus der jeweiligen Landesbauordnung. Die Unterlagen sollten in jedem Fall von einem zugelassenen Fachmann angefertigt werden, also einem Architekten oder Bauingenieur.

Ist der Bauantrag genehmigt, werden ein Generalunternehmer oder einzelne Baufirmen mit den Arbeiten beauftragt. Nur am Rande sei bemerkt, dass der Bauherr zu diesem Zeitpunkt auch die nötigen Versicherungen abschließen sollte, um sich für etwaige Schäden zu wappnen. Der Baubeginn muss der Behörde ebenfalls mitgeteilt werden – dasselbe gilt für die Fertigstellung des Rohbaus sowie den bevorstehenden Abschluss der Arbeiten.

Was ändert sich mit dem Baubeginn?

Mit Beginn der Bauarbeiten rücken Verkehrssicherheit und Unfallschutz in den Mittelpunkt des Interesses. So stellt sich etwa die Frage, wie es der Bauherr bewerkstelligt, Unbefugten den Zutritt zur Baustelle zu verwehren. Ich kenne aus meiner Praxis kaum ein privat gebautes Einfamilienhaus, um das ein Bauzaun errichtet worden wäre. Immerhin ist der Rohbau in der Regel durch eine Bautür gesichert. Hinzu kommt, dass es in vielen Neubaugebieten noch gar keine Straßen gibt – von Einfriedungen einzelner Grundstücke ganz zu schweigen. Da spielen dann schon mal Kinder am Rand einer drei Meter tiefen Grube. Fällt ein Kind hinein und verletzt sich, stellt sich sofort die Frage, wer für den Schaden haftet. Und dann kann es wie gesagt zu äußerst unangenehmen Überraschungen kommen.

Viele Bauherren gehen also in Sachen Sicherheit ein hohes Risiko ein?
Das kann man mit Fug und Recht sagen. So lange auf der Baustelle kein Unfall passiert, fallen Versäumnisse nicht weiter auf. Wo kein Kläger, da kein Richter, wie es so schön heißt. Doch stürzt dann doch einmal ein Handwerker von einem vorschriftswidrig aufgestellten Gerüst oder verletzt sich ein Kind beim Spielen, fällt der Bauherr aus allen Wolken, weil er plötzlich für Schäden haftbar gemacht werden kann.

Ist der Bauherr auch dafür verantwortlich, dass Bauarbeiter und Handwerker nicht zu Schaden kommen?
Grundsätzlich muss der Bauherr dafür sorgen, dass das Bauvorhaben ordnungsgemäß durchgeführt wird. Dies bedeutet unter anderem, dass er dazu geeignete Fachkräfte beauftragt, die über ausreichende Kenntnisse und Erfahrungen verfügen. Ferner ist der Bauherr verpflichtet, die Unfallverhütungsvorschriften einzuhalten. So muss er etwa überprüfen, dass das Treppenloch im Rohbau einen Seitenschutz bekommt, damit niemand abstürzen kann. Er muss sich vergewissern, dass das Fassa-

dengerüst sicher aufgebaut ist und dass sich niemand unbefugt im Schwenkbereich des Kranes aufhält.

Die genauen Vorschriften stellt die Berufsgenossenschaft Bau auf ihrer Website bereit. Sie überwacht auch deren Einhaltung – übrigens auch an Wochenenden. Bei Verstößen droht Bauherren ein Bußgeld von bis zu 10 000 Euro! Schließlich sind für Bauherren auch die Grundsätze des Arbeitsschutzgesetzes relevant: Demnach sind die Arbeiten auf der Baustelle so zu gestalten, dass Gefahren für Gesundheit und Leben aller Beteiligter vermieden werden. Damit ist etwa das Tragen von Helmen und Arbeitshandschuhen gemeint. Gefahren sind darüber hinaus schon an der Quelle zu bekämpfen, das heißt, dass möglichst schadstoffarme Materialien und Arbeitsverfahren zu wählen sind. Zudem sind Stand der Technik, Hygiene und Arbeitsmedizin zu beachten. Alle diese Pflichten sollte der Bauherr bereits in die Baubeschreibung und die Ausschreibung des Bauvorhabens einfließen lassen.

Kann der Bauherr derart umfangreiche Pflichten nicht an jemand anderen delegieren?
Das Übertragen von Pflichten ist grundsätzlich möglich. So kann der Bauherr schon zu Beginn der Planungsphase den Architekten oder den Bauleiter beauftragen, dafür zu sorgen, dass auf der Baustelle niemand zu Schaden kommt. Wichtig ist dabei eindeutig zu regeln, welche Aufgaben der vom Bauherren Beauftragte zu

erfüllen hat, und diese vertraglich zu fixieren. Versäumt das der Bauherr, trägt er in der Folge eine direkte Mitverantwortung für den Arbeitsschutz auf der Baustelle. Andererseits kann der Bauherr etwa seine Verkehrssicherungspflicht nicht vollständig auf andere übertragen – er ist in jedem Fall verpflichtet zu kontrollieren und zu überwachen, ob sein Beauftragter seine Aufgaben ordnungsgemäß erledigt.

Die Baustellenverordnung kennt den Begriff des „Sicherheits- und Gesundheitsplans" – was ist das genau und muss es einen solchen Plan auf jeder Baustelle geben?

Aufgrund der hohen Unfallraten und des hohen Gesundheitsrisikos bei Bauarbeiten erließ der Gesetzgeber 1998 die Verordnung über Sicherheit und Gesundheitsschutz auf Baustellen – bekannter unter dem Namen Baustellenverordnung.

Die Baustellenverordnung schreibt unter anderem vor, dass in der Planungsphase ein „Sicherheits- und Gesundheitsplan" zu erarbeiten ist, wenn auf der Baustelle besonders gefährliche Arbeiten zu erledigen sind. Darunter fallen etwa Dachdeckerarbeiten mit einer Absturzhöhe von über sieben Metern. Ein solcher SiGe-Plan ist ebenfalls Vorschrift, wenn für das Bauvorhaben eine Vorankündigung bei der Arbeitsschutzbehörde erforderlich ist. Das ist dann der Fall, wenn der Gesamtumfang aller Arbeiten 500 Personentage überschreitet oder der Umfang der Arbeiten 30 Tage überschreitet und gleichzeitig mehr als

20 Beschäftigte auf der Baustelle tätig sind. Der Plan muss unter anderem die Arbeitsschutzbestimmungen erkennen lassen, die für die jeweilige Baustelle maßgeblich sind und besondere Maßnahmen für die gefährlichen Arbeiten enthalten. Den SiGe-Plan kann ein vom Bauherr beauftragter Koordinator erstellen.

Braucht jeder Bauherr einen solchen Koordinator?

Ein Sicherheits- und Gesundheitskoordinator ist laut Baustellenverordnung Pflicht, sobald auf der Baustelle Beschäftigte mehrerer Arbeitgeber tätig werden. Dieser sogenannte SiGeKo hat dann die Aufgabe, die Arbeit der verschiedenen Firmen zu koordinieren und sicherzustellen, dass der Arbeitsschutz eingehalten wird. Er überprüft zum Beispiel, ob Arbeiter falls erforderlich ein Sicherheitsgeschirr oder einen Gehörschutz tragen.

Der Bauherr kann – sofern er über ausreichende Sachkunde verfügt – die Funktion des SiGeKo entweder selbst übernehmen oder eine andere geeignete Person damit beauftragen, zum Beispiel einen Architekten. In der Praxis kümmern sich allerdings nur die allerwenigsten Bauherren um dieses Thema – und wollen sie dann ihren Vertragspartner beauftragen, beißen sie meist auf Granit. Die Lösung kann dann ein externer Dienstleister sein. Übrigens muss der Bauherr den Koordinator nicht selbst suchen, sondern kann auch diese Aufgabe etwa dem von ihm beauftragten Architekten übertragen.

RICHTIGER UMGANG MIT
BAUMÄNGELN

Ein Haus, das frei von Mängeln ist, muss erst noch gebaut werden, sagen Experten. Deshalb müssen Handwerker noch lange nicht jede kleine Abweichung ausbessern. Schon bei der Frage, was als Mangel zu gelten hat, geraten sich Bauherr und Vertragspartner häufig in die Haare. Der Streit setzt sich nicht selten bei der Beseitigung von Mängeln fort. Fest steht nur eines: Bauherren, die ihre Rechte und Pflichten kennen, ersparen sich Zeit, Geld und Ärger.

MÄNGEL ERKENNEN UND ANZEIGEN

Auf deutschen Baustellen haben Zeit- und Kostendruck in den vergangenen Jahren stetig zugenommen. Das bringt Bauherren und Erwerbern nicht nur Vorteile – im Gegenteil. Muss dieselbe Arbeit schneller und billiger geschehen, sind fast zwangsläufig auch Baumängel die Folge. Da dürfen die Betondecke oder der Estrich nicht immer ausreichend lange trocknen, werden Wände schon mal bei Temperaturen um den Gefrierpunkt verputzt oder die Fensterscheiben vor dem Putzen der Räume nicht abgeklebt.

Der Streit darüber, ob eine von der Baufirma erbrachte Leistung korrekt ist oder Mängel aufweist, ist einer der größten Zankäpfel. Dabei stellt sich die Frage, was ein Baumangel ist – und was etwa eine hinzunehmende Abweichung.

Was ist ein Mangel?

Grundsätzlich ist ein Baumangel ein Sachmangel. Allgemein lässt er sich als Abweichung des Ist-Zustands vom Soll-Zustand eines Bauwerks definieren.

BGB-Verträge

Für Verträge, die nach dem Bürgerlichen Gesetzbuch (BGB) geschlossen wurden, gilt: Der Unternehmer hat dem Besteller, also dem Auftraggeber, das Werk frei von Sachmängeln zu verschaffen. Ein Mangel liegt vor, wenn das von der Firma hergestellte Werk nicht mit dessen vereinbarter Beschaffenheit übereinstimmt (§ 633 BGB, Abs. 1 und 2).

Soweit die Beschaffenheit nicht vereinbart ist, ist das Werk frei von Sachmängeln, wenn es sich:

- nicht für die laut Vertrag vorausgesetzte Verwendung beziehungsweise
- nicht für die gewöhnliche Verwendung eignet.

Bei der Frage, ob eine Leistung mit deren „vereinbarter Beschaffenheit" übereinstimmt, kommt es folglich entscheidend darauf an, welche Beschaffenheit vereinbart wurde oder wie die „laut Vertrag vorausgesetzte" beziehungsweise „gewöhnliche" Verwendung aussieht.

VOB/B-Verträge

Laut § 13, Abs. 1 VOB/B ist eine Leistung zum Zeitpunkt der Abnahme frei von Sachmängeln, wenn sie

- die vereinbarte Beschaffenheit aufweist und
- den anerkannten Regeln der Technik entspricht.

Ist keine Beschaffenheit vereinbart, ist die Leistung zum Zeitpunkt der Abnahme frei von Sachmängeln, wenn sie

- sich für die nach dem Vertrag vorausgesetzte, sonst
- für die gewöhnliche Verwendung eignet und eine Beschaffenheit aufweist, die bei Werken der gleichen Art üblich ist und die der Auftraggeber nach der Art der Leistung erwarten kann.

Ein Mangel liegt demnach bereits dann vor, wenn der Auftraggeber von der vertraglich vereinbarten Beschaffenheit (zum Beispiel den Angaben im Leistungsver-

zeichnis, der Baubeschreibung, den Plänen etc.) abgewichen ist – selbst dann, wenn das Werk den anerkannten Regeln der Technik entspricht, nach Herstellerangaben erstellt wurde, und auch dann, wenn den Unternehmer kein Verschulden trifft. Der Besteller kann also seine Mängelrechte geltend machen, auch wenn gar kein materieller Schaden vorliegt!

Insbesondere der Leistungsbeschreibung kommt in diesem Zusammenhang eine große Bedeutung zu, da in ihr die zu erbringenden Leistungen detailliert beschrieben werden. Abweichungen liegen beispielsweise vor, wenn ein anderes als das vorgeschriebene Material oder eine andere Farbe verwendet wird beziehungsweise andere Abmessungen oder eine geringere Dimensionierung erfolgt.

Die anerkannten Regeln der Technik haben erhebliche Bedeutung für das Bestimmen der Soll-Eigenschaften von Sachen sowie als Haftungsmaßstab. Eine technisch anerkannte Regel liegt vor, wenn sie sich in Wissenschaft und Baupraxis als richtig bestätigt hat. Ob das zutrifft, ist im Einzelfall festzustellen. Dabei geht es weniger um anerkannte bautechnische Ausführungen, die bereits in DIN-Normen erfasst sind, sondern um solche, die sich in der Praxis als neuere, bessere Verfahrensweisen herauskristallisiert haben.

Zum Teil widersprechen sich jedoch DIN-Normen und Spezialvorschriften für einzelne Bereiche (zum Beispiel haustechnische Vorschriften). In solchen Fällen ist zu ermitteln, welche Regelung vorgeht. Zu den anerkannten Regeln der Technik gehören unter anderem

- VOB/C
- Gesetzliche oder behördliche Bestimmungen (zum Beispiel Energieeinsparverordnung/Bundesimmissionsschutzgesetz/Störfallverordnung/Gefahrstoffverordnung)
- DIN-Normen
- Einheitliche technische Baubestimmungen
- Bestimmungen des Verbands der Elektrotechnik, Elektronik, Informationstechnik (VDE-Vorschriften)
- Richtlinie des Vereins Deutscher Ingenieure (VDI)
- Bestimmungen der Deutschen Vereinigung des Gas- und Wasserfachs e. V.
- Europäische Normen (EN).

 TECHNISCHE REGELN ÄNDERN SICH

Grundsätzlich muss bei der Abnahme des Hauses sichergestellt werden, dass die zu diesem Zeitpunkt geltenden anerkannten Regeln der Technik eingehalten werden. Ändern diese sich während der Bauausführung, muss dies berücksichtigt werden. Diese Änderungen können zu Leistungsänderungen im Sinne des § 2 Nr. 5 VOB/B beziehungsweise Zusatzleistungen gem. § 2 Nr. 6 VOB/B führen und sind im Einzelfall zu beachten.

Anspruch auf Beseitigung

Der Bauherr beziehungsweise Erwerber besitzt bereits während der Bauphase einen Anspruch auf kostenlose Beseitigung von Baumängeln durch den Auftragnehmer. Dieser lässt sich unter anderem aus dem „Erfüllungsanspruch" gegenüber dem Bauunternehmer herleiten. Bis zur Beseitigung des Mangels darf der Auftraggeber per Gesetz einen Teil der Abschlagszahlung einbehalten, der dem Doppelten der geschätzten Beseitigungskosten entspricht („Druckzuschlag").

Für VOB-Verträge gilt entsprechend (§ 4, Abs. 7 VOB/B): „Leistungen, die schon während der Ausführung als mangelhaft oder vertragswidrig erkannt werden, hat der Auftragnehmer auf eigene Kosten durch mangelfreie zu ersetzen."

Nachbessern oder nicht?

Um festzustellen, ob es sich im Einzelfall um einen Baumangel handelt, ist zunächst das vertragliche geschuldete Bausoll zu ermitteln. Dabei ist zu klären, ob dieses eindeutig aus dem Vertrag hervorgeht oder ob sich Vertragsunterlagen – etwa Leistungsbeschreibung und Planung – in diesem speziellen Punkt widersprechen. Für solche Fälle wird vertraglich die Reihenfolge festgelegt, in der verschiedene Vertragsbestandteile zu gelten haben. Bei VOB/B-Verträgen regelt dies § 1.

Um sich einen Überblick zu verschaffen, ist eine Unterscheidung in drei Fallgruppen hilfreich, wie sie www.baufoerderer.de, ein Informationsportal von

Verbraucherzentrale Bundesverband und KfW-Förderbank, trifft:

1. „Abweichungen innerhalb handelsüblicher oder technischer Toleranzen" stellen demnach keinen zu beseitigenden Mangel dar und sind vom Bauherren in aller Regel hinzunehmen. Typische Probleme bereiten zum Beispiel Unterschiede in der Maserung hölzerner Materialien oder Abweichungen in der Farbe und Struktur von Fliesen. Ist davon allerdings eine größere Fläche betroffen und der optische Gesamteindruck erheblich gestört, kann der Bauherr möglicherweise doch von einem Mangel ausgehen. Hier kommt es auf eine fachkundige Bewertung des Einzelfalls an.

2. Mängel, deren Beseitigung unmöglich oder unverhältnismäßig ist, müssen häufig nicht beseitigt werden – etwa wenn es sich lediglich um geringe optische Beeinträchtigungen handelt. Dazu reicht allerdings nicht die Behauptung der Baufirma, die Mangelbeseitigungskosten würden den Wert der ursprünglichen Arbeit übersteigen. So ist es bei einem Kratzer auf einem Fensterrahmen unter Umständen nicht zumutbar, den ganzen Rahmen auszutauschen – obwohl sich der Kratzer möglicherweise nicht beseitigen lässt. Auch hier ist stets der Einzelfall zu bewerten. Wichtig: Für hinzunehmende Mängel hat der Bauherr einen Anspruch auf einen finanziellen Ausgleich („Minderwert").

3. Treffen die beiden genannten Kriterien nicht zu, handelt es sich um einen „nachzubessernden Mangel", der von der Baufirma beseitigt werden muss.

Steht im konkreten Fall fest, dass es sich um einen nachzubessernden Mangel handelt, sollte der Bauherr seinen Vertragspartner auffordern, diesen zu beseitigen. Häufig versuchen Baufirmen, sich mit dem Hinweis auf den unverhältnismäßig hohen Aufwand um eine Nachbesserung zu drücken. Doch gerade bei gravierenden Beeinträchtigungen des Wohn- und Nutzwerts sollten sich Bauherren beziehungsweise Erwerber nicht scheuen, Ansprüche notfalls auf gerichtlichem Weg durchzusetzen.

Experte gefragt

Neben den auch für Laien offensichtlichen Mängeln wie schief eingebauten Fenstern oder abplatzendem Putz kommt es immer wieder auch zu Planungs- und Ausführungsfehlern, deren Auswirkungen ein Baulaie aufgrund fehlenden Fachwissens nicht erkennen kann. Damit auch diese Mängel erkannt, gerügt und beseitigt werden können, sind Bauherren dringend auf die Hilfe unabhängiger Sachverständiger angewiesen.

Mängel sichern und dokumentieren

Stellt er einen Mangel fest, sollte der Bauherr diesen dokumentieren, indem er zur Digitalkamera greift und möglichst aussagekräftige Fotos macht. Besser ist es jedoch, einen unabhängigen Sachverständigen einzuschalten, der die Beweise für Mängel professionell sichert und so aufbereitet, dass sie im Streitfall der Gegenseite präsentiert werden können. In schwierigeren Fällen beziehungsweise bei umfangreicheren Mängeln ist es ratsam, ein gerichtliches Beweisverfahren anzustrengen. Dabei ist in jedem Fall ein auf Baurecht spezialisierter Rechtsanwalt einzubeziehen.

Auf Antrag des Rechtsanwalts ordnet das Gericht eine Beweisaufnahme durch einen bestellten Sachverständigen an. Das Ergebnis ist bei einer späteren Auseinandersetzung dann im Wesentlichen bindend.

Rundgang vor Baubeginn

Generell empfiehlt es sich, die Baustelle bereits vor Beginn der Arbeiten mit einem Experten zu begehen und Risiken – etwa im Hinblick auf die Beschaffenheit des Baugrunds – abzuschätzen, aus denen später beispielsweise Streitigkeiten mit Nachbarn entstehen könnten.

Wichtig: Nur wer Mängel dokumentiert, hat im Streitfall etwas in der Hand. Viele Bauprozesse enden mit unbefriedigenden Vergleichen, weil es der Bauherr versäumt hat, rechtzeitig die Beweise für Mängel zu sichern. Im Nachhinein einen Gutachter mit der Beweissicherung zu beauftragen, erweist sich in aller Regel als sehr aufwändig und verursacht zusätzliche Kosten.

BAUEXPERTEN FINDEN

Sachverständige, Fachanwälte und weitere Infos zum Thema finden Bauherren unter anderem

- beim Verband privater Bauherren e. V. (www.vpb.de),
- dem Bauherrenschutzbund e. V. (www.bsb-ev.de),
- dem Verband „Wohnen im Eigentum e. V." (www.wohnen-im-eigentum.de),

wobei jeweils eine kostenpflichtige Mitgliedschaft erforderlich ist.

Für die schnelle Suche eignet sich unter anderem

- die Bundesliste e. V., ein Verzeichnis für Architekten, Ingenieure, Baukoordinatoren und Sachverständige (www.bundesliste.de).

Mängel richtig anzeigen

Der nächste wichtige Schritt ist das Anzeigen des Baumangels beim Vertragspartner – etwa dem Bauträger oder Generalübernehmer. Ansprechpartner ist nicht etwa der Subunternehmer, selbst wenn dieser den Mangel verursacht hat!

Dazu ist – sowohl nach BGB als auch nach VOB/B – eine korrekte Mängelanzeige („Mängelrüge") erforderlich. Darin muss der Bauherr den Vertragspartner auffordern, den Mangel zu beseitigen beziehungsweise beseitigen zu lassen. Mängel sollten aus Beweisgründen unbedingt schriftlich angezeigt werden.

Immer eine Frist setzen

Zudem sollte der Bauherr deren Beseitigung innerhalb einer angemessenen Frist verlangen. Der Termin der Fertigstellung sollte zeitnah liegen, aber dem Unternehmer ausreichend Gelegenheit geben, den Mangel fachgerecht zu beheben. Während ein Wasserrohrbruch innerhalb von Stunden behoben werden muss, gelten bei Bagatellschäden bis zu 14 Tage als angemessen.

EINE MÄNGELRÜGE SOLLTE FOLGENDE ANGABEN ENTHALTEN:

- Datum
- Name und Adresse des Bauherren
- Adresse des betreffenden Objekts
- Beschreibung der sinnlichen Wahrnehmung beziehungsweise des äußeren Erscheinungsbilds („Mangelsymptom"), zum Beispiel „Nasse Wand im Esszimmer, Außenwand unter dem Fensterausschnitt"
- Datum, bis zu dem der Mangel beseitigt sein muss.

Wer dagegen einen Mangel feststellt und kurzerhand auf eigene Faust beseitigt beziehungsweise eine andere Firma damit beauftragt, bleibt auf den Kosten sitzen, weil er seinem Vertragspartner nicht die Möglichkeit gegeben hat, den Schaden auszubessern.

VERJÄHRUNG VON MÄNGELN

Bauherren und Erwerber können ihre Gewährleistungsansprüche gegenüber dem Auftragnehmer nur für eine bestimmte Zeit durchsetzen. Dies gilt für Nacherfüllung, Selbstvornahme oder Schadenersatz ebenso wie für einen Rücktritt vom Vertrag oder die Minderung der Vergütung. Anders gesagt: Die Ansprüche auf Gewährleistung verjähren. Damit will der Gesetzgeber ganz bewusst verhindern, dass Unternehmer unbegrenzt für ihr Werk geradestehen müssen. Im Gegenteil: Sie sollen nach einer gewissen Zeit darauf vertrauen können, nicht mehr haften zu müssen. Auf der anderen Seite fällt Bauherren im Lauf der Zeit der Nachweis immer schwieriger, dass ein Mangel bereits vor der Abnahme vorlag.

Eintreten der Verjährung

Fünf Jahre nach der Abnahme des Hauses ändert sich laut § 634a BGB die rechtliche Position des Bauherren/Erwerbers erneut grundlegend: Dann läuft die Verjährungsfrist für Mängelansprüche am Bauwerk (auch als „Gewährleistungsfrist" bezeichnet) aus. Nach Ablauf dieser Frist kann sich der Auftragnehmer auf die eingetretene Verjährung berufen und die Beseitigung von Baumängeln ablehnen. Dafür ist dann der Hauseigentümer selbst verantwortlich.

Selbstverständlich steht es den Vertragsparteien frei, für das ganze Gebäude oder zumindest Teile davon längere Verjährungsfristen zu vereinbaren (§ 638, Abs. 2 BGB).

SCHLUSS-CHECK

Vor Ablauf der Verjährungsfrist sollte der Bauherr beziehungsweise Käufer mit einem Sachverständigen Grundstück und Haus abschließend unter die Lupe nehmen. Diese Begehung sollte mehrere Monate vor Eintreten der Verjährung stattfinden, so dass genügend Zeit bleibt, um den zuständigen Unternehmer zur Beseitigung etwaiger Baumängel aufzufordern.

Hemmung und Neubeginn der Verjährungsfrist

Laut BGB läuft eine einmal begonnene Verjährungsfrist für Mängelansprüche nicht zwangsläufig ohne Unterbrechung bis zu ihrem Ende. Sie kann unter bestimmten Voraussetzungen unterbrochen („gehemmt") werden oder sogar in voller Länge von vorn beginnen.

Hemmung der Verjährung

Um die Verjährungsfrist zu unterbrechen, reicht es nach dem Willen des BGB allerdings nicht aus, dem Vertragspartner eine schriftliche Mängelanzeige zu schicken beziehungsweise ihm eine Frist zur Beseitigung von Mängeln zu setzen. Der Ablauf der Frist kann unter anderem dann gehemmt werden, wenn:

- Auftraggeber und Auftragnehmer über den Anspruch auf Mängelbeseitigung beziehungsweise die den Anspruch begründenden Umstände verhandeln (§ 203 BGB) – und zwar so lange, bis eine der beiden Parteien weitere Verhandlungen verweigert,

- der Auftraggeber die Durchsetzung seine Gewährleistungsansprüche gerichtlich bestätigen lassen will und beispielsweise Klage erhebt. Hier ist die Verjährungsfrist bis zum Ende der Verhandlungen unterbrochen, zudem darf die Verjährung frühestens drei Monate später eintreten.
- der Auftraggeber die Durchsetzung seine Gewährleistungsansprüche gerichtlich bestätigen lassen will und ein selbstständiges Beweissicherungsverfahren beantragt (§ 204 BGB). Dann endet die Unterbrechung sechs Monate nach einer rechtskräftigen Entscheidung beziehungsweise einer anderweitigen Beendigung des Verfahrens.

Insbesondere der Begriff der „Verhandlungen" zwischen Vertragsparteien sorgt in der Baupraxis für Probleme, weil diese teilweise mündlich stattfinden und sich das Ende nur schwer fassen lässt (vgl. Rechtsprechung zum „Einschlafenlassen" von Verhandlungen, unter anderem OLG Naumburg, Az. 9 U 19/08).

Bauherren können ihre Ansprüche ebenfalls wahren, indem sie sich vom Bauunternehmer ausdrücklich erklären lassen, dass dieser auf die „Einrede der Verjährung" verzichtet, sich also nicht auf die Verjährung beruft.

Neubeginn der Verjährung

Darüber hinaus kennt das BGB Fälle, in denen die Verjährung von Gewährleistungsansprüchen nicht nur gehemmt wird, sondern die Frist in voller Länge von vorn zu laufen beginnt. Ein solcher Neubeginn der Verjährungsfrist tritt unter anderem ein, wenn

- der Auftragnehmer gegenüber dem Auftraggeber Mängel ausdrücklich beziehungsweise durch schlüssiges Verhalten (beispielsweise durch die Beseitigung eines gerügten Mangels) anerkannt hat (§ 212, Abs. 1, Satz 1 BGB) – nicht jedoch, wenn er dies ausdrücklich unter Vorbehalt beziehungsweise ohne Anerkenntnis einer Verpflichtung tut (vgl. BGH, Az. VII ZR 155/10).

- der Auftraggeber aufgrund eines gerichtlichen oder behördlichen Titels Vollstreckungsmaßnahmen gegen seinen Vertragspartner ergreift beziehungsweise diese beantragt (§ 212, Abs. 1, Satz 2 BGB). Dies ist etwa dann der Fall, wenn der Bauunternehmer einen Mangel nicht beseitigt, obwohl ihn ein Gerichtsurteil dazu verpflichtet und der Bauherr deshalb bei Gericht beantragt, dies selbst zu übernehmen.

Spezialfall VOB/B

Bei Verträgen, die nach VOB/B geschlossen wurden und in denen die Verjährung nicht auf BGB-Niveau angehoben wurde, endet die Gewährleistungsfrist laut § 13, Abs. 4 VOB/B bereits vier Jahre nach der Abnahme. Diese Regelung ist in Neuverträgen mit Verbrauchern unwirksam, da sie diese im Vergleich zu BGB-Verträgen schlechter stellt.

Auch bei Verträgen nach VOB/B beginnt die Verjährungsfrist mit dem Zeitpunkt zu laufen, zu dem der Bauherr das Haus abnimmt beziehungsweise die Abnahme zu Unrecht verweigert. Die Verjährung von Gewährleistungsansprüchen kann bei einem VOB/B-Vertrag ebenso gehemmt werden wie bei einem BGB-Vertrag. Das Gleiche gilt für den Neubeginn der Verjährung. Beseitigt der Auftragnehmer einen Mangel, ist darin in aller Regel ein Anerkenntnis zu sehen. Folglich beginnt für die betreffenden Arbeiten die vertraglich vereinbarte Gewährleistungsfrist von neuem.

Ein entscheidender Unterschied zwischen BGB und VOB/B besteht darin, dass bei Verträgen nach VOB/B bereits eine schriftliche Mängelanzeige eine erneute, zweijährige Verjährungsfrist in Gang setzt (§ 13, Abs. 5 VOB/B). Wichtig: Diese neue Frist kann nie vor Ablauf der ursprünglich vereinbarten Gewährleistungsfrist ablaufen! Geht folglich die Mängelanzeige am letzten Tag der fünfjährigen Verjährungsfrist beim Bauunternehmer ein, verlängert sich seine Gewährleistung für den konkreten Mangel beziehungsweise seine Ursachen um zwei weitere Jahre! In diesem speziellen Fall sollte der Auftraggeber allerdings besondere Sorgfalt walten lassen, um den fristgemäßen Zugang der Mängelanzeige nachweisen zu können.

Ein weiterer Unterschied betrifft maschinelle und elektrotechnische beziehungsweise elektronische Anlagen, deren Sicherheit und Funktionsfähigkeit davon abhängt, dass sie regelmäßig gewartet werden. Hier haftet der Unternehmer nur dann vier beziehungsweise fünf Jahre, wenn der Auftraggeber einen Wartungsvertrag für die komplette Gewährleistungsfrist mit ihm abschließt. Falls nicht, endet diese bereits nach zwei Jahren (§ 13, Abs. 4 VOB/B).

Verjährung bei versteckten Mängeln

Eine Verlängerung der Gewährleistungsfrist für Baumängel über die vier beziehungsweise fünf Jahre hinaus kommt in Frage, wenn der Bauunternehmer wissentlich Mängel verschweigt. Dabei genügt es bereits, wenn er einen Umstand verheimlicht, der zu einem Mangel führen kann. Darunter fallen etwa Verstöße gegen öffentliche Bauvorschriften oder die Verwendung eines vom Vertrag abweichenden, unerprobten Baumaterials.

Arglistige Täuschung

Allerdings muss grundsätzlich der Auftraggeber beweisen, dass er vorsätzlich getäuscht wurde. Probleme bereitet in der Praxis vor allem der Nachweis, dass der Bauunternehmer von einem Mangel wusste, diesen jedoch bewusst verschwiegen hat. Da der Bauherr in aller Regel nicht über die nötigen Kenntnisse verfügt und ihm obendrein auch nicht zuzumuten ist, dem Unternehmen während des Baus ständig auf die Finger zu schauen, hat die Rechtsprechung die Beweislast in gravierenden Fällen umgekehrt: Ist ein Mangel besonders leicht zu erkennen oder wiegt er besonders schwer, muss der Bauunternehmer beweisen, dass er

seinerzeit die Baustelle vorschriftsmäßig organisiert beziehungsweise das Haus vor der Abnahme gründlich geprüft hat.

Ansprüche wegen arglistig verschwiegener Mängel verjähren nach 30 Jahren – allerdings nicht vom Tag der Abnahme gerechnet, sondern von dem Zeitpunkt, an dem der Auftraggeber Kenntnis vom Schaden sowie der Person des Schädigenden erlangt. Außerdem darf die Verjährung nicht vor dem Ablauf der regulären fünfjährigen Frist enden.

„Organisationsverschulden"

Die Voraussetzung für eine „Arglist-Haftung" ist, dass der Bauunternehmer den betreffenden Mangel kannte. Um dies von vornherein zu vermeiden, könnte er nun eine arglistige Täuschung quasi „organisatorisch" ausschließen, indem er die Arbeiten Subunternehmern überlässt, ohne sie zu überwachen beziehungsweise einen qualifizierten Mitarbeiter mit der Kontrolle zu beauftragen.

Dem entgegen steht die Pflicht des Unternehmers, die organisatorischen Voraussetzungen zu schaffen, um sachgerecht beurteilen zu können, ob das Bauwerk bei Ablieferung mangelfrei ist. Unterlässt er das, verjähren Gewährleistungsansprüche des Auftraggebers ebenfalls erst nach 30 Jahren (BGH, Az. VII ZR 5/91)!

Vor Gericht kann es für den Bauherren dennoch schwierig sein, ein solches „Organisationsverschulden" nachzuweisen, weshalb Prozesse mit einem nicht unerheblichen Risiko verbunden sind.

MÄNGEL VOR DER ABNAHME

Die Rechte des Bauherren bei Mängeln vor der Abnahme hängen davon ab, ob die VOB/B in den Vertrag einbezogen wurde oder nicht. Neben vielen Gemeinsamkeiten existieren auch einige Unterschiede, die Bauherren und Käufer kennen sollten.

Verträge nach BGB

Das BGB regelt die Rechte von Auftraggebern bei Mängeln vor der Abnahme nicht ausdrücklich. Erkennt jedoch der Bauherr beziehungsweise Käufer bereits in der Bauphase, dass sein Vertragspartner seiner Pflicht zur mängelfreien Herstellung nicht oder nur ungenügend nachkommt, muss er natürlich nicht bis zur Fertigstellung beziehungsweise zur (dann zu verweigernden) Abnahme warten.

Erfüllungsanspruch

Begründen sollte er dies allerdings nicht mit Verweis auf das BGB. Ob Bauherren beziehungsweise Käufern bereits vor der Abnahme dieselben Rechte zustehen wie danach, ist juristisch umstritten. Herrschende Meinung ist, dass dies erst nach der Abnahme der Fall ist. Aus diesem Grund ist Bauherren/Käufern auch nicht zu empfehlen, dem Vertragspartner in der Bauphase eine Frist zur Beseitigung von Mängeln zu setzen. Dieser könnte sie dann ohne Rechtsfolgen einfach verstreichen lassen – und der Bauherr hätte dem gegenseitigen Verhältnis unter Umständen einen Bärendienst erwiesen!

Besser lassen sich Rechte auf Mängelbeseitigung aus dem Erfüllungsanspruch herleiten, der dem Auftraggeber eines „Werkes" zusteht. Dennoch dürfte es schwierig werden, den Unternehmer vor der Abnahme zur Beseitigung von Mängeln zu zwingen.

Davon abgesehen dürfte es im finanziellen Interesse jedes Bauunternehmers sein, wenn auftretende Mängel sofort und mit relativ geringem Aufwand behoben werden – und nicht erst nach Fertigstellung des Hauses, wenn die Beseitigung für ihn deutlich teurer wird. Steht dem Bauherren/Erwerber zudem ein unabhängiger Sachverständiger zur Seite, zeigt sich der Unternehmer erfahrungsgemäß eher einsichtig.

Mängel stets monieren

In jedem Fall ist es sinnvoll und notwendig, Mängel zu monieren und sorgfältig zu dokumentieren – schon allein, damit der jeweilige (Sub-)Unternehmer nicht den Eindruck gewinnt, er käme mit mangelhafter Arbeit durch. Kann der Bauherr zudem bei der Abnahme nachweisen, dass der Unternehmer über einen Mangel schon länger Bescheid wusste, muss dieser sich den Vorwurf der arglistigen Täuschung gefallen lassen.

Stellt er sich jedoch dauerhaft stur, sollte der Bauherr in Absprache mit dem Sachverständigen beziehungsweise einem Anwalt erwägen, die Reißleine zu ziehen und vom Vertrag zurückzutreten beziehungsweise diesen außerordentlich zu kündigen. In letzterem Fall steht dem Unternehmer die Vergütung für bisher geleistete Arbeit zu. Der Bauherr steht dann seinerseits vor der Schwierigkeit, ein neues Unternehmen zu finden, das – auf die Gefahr hin, bereits vorhandene Mängel unwissentlich zu überbauen – das Bauvorhaben weiterführt.

Verträge nach VOB/B

Auch bei VOB/B-Verträgen trägt der Bauunternehmer die Beweislast dafür, dass sein Werk keine Mängel aufweist. Im Gegensatz zum BGB regelt die VOB/B die Ansprüche des Bauherren in der Bauphase ausdrücklich, unter anderem indem sie ihm bei Mängeln Anordnungsrechte gegenüber dem Vertragspartner gewährt.

Mängelbeseitigung (§ 4 Abs. 7 VOB/B)

Liegt ein Mangel vor, kann der Bauherr verlangen, dass dieser auf Kosten des Vertragspartners beseitigt wird. Dies kann durch Nachbesserung geschehen – im Zweifelsfall auch durch Neuherstellung. Der Bauherr hat jedoch keinen Anspruch auf eine bestimmte Form oder Art der Mängelbeseitigung.

Ob ein unverhältnismäßiger Aufwand den Unternehmer auch vor der Abnahme ausnahmsweise dazu berechtigt, die Beseitigung des Mangels zu verweigern, ist nicht in der VOB/B geregelt. Das zu klären ist Aufgabe der Rechtsprechung. Wäre dies der Fall, bliebe dem Auftraggeber in solchen Fällen das Recht zur Minderung beziehungsweise auf Schadenersatz.

(Teil-)Kündigung des Vertrags (§ 8 VOB/B)

Der Auftraggeber kann bis zur Vollendung der Leistung den Vertrag jederzeit schriftlich kündigen. Dem Bauunternehmer stehen dann die vereinbarten Kosten abzüglich der durch die Kündigung ersparten Summe zu.

Der Bauherr kann den Vertrag außerdem kündigen, wenn über die Firma des Auftraggebers ein Insolvenzverfahren oder ein vergleichbares gesetzliches Verfahren beantragt, eröffnet oder die Eröffnung mangels Masse abgelehnt wird.

Drittens kann der Bauherr den Vertrag kündigen beziehungsweise dem Unternehmer den Auftrag (oder Teile davon) entziehen, wenn er erfolglos und unter Fristsetzung von seinem Vertragspartner verlangt hat, dass dieser einen Mangel beseitigt. Er muss dies in der Mängelrüge androhen. Die Teilkündigung selbst ist dann nach Ablauf der Frist gesondert auszusprechen. Dazu bedarf es zwingend der Schriftform.

Hat er dem Unternehmer den Auftrag zur Beseitigung eines Mangels entzogen, kann der Bauherr die Arbeiten bei einem anderen Unternehmen in Auftrag geben. Ergibt sich daraus eine Verteuerung, kann er die Mehrkosten dem ursprünglichen Auftragnehmer in Rechnung stellen beziehungsweise einen Kostenvorschuss verlangen, um nicht selbst in Vorleistung treten zu müssen.

Ansprechpartner für Mängel ist bei schlüsselfertigen Häusern generell der Bauträger oder Generalunternehmer. Hat der Hausbesitzer dagegen die Gewerke einzeln vergeben, kommen unter Umständen mehrere Verursacher in Frage. Deshalb ist in diesem Fall als erstes zu klären, welche Firma zuständig ist. Nur diese ist verpflichtet, den Schaden zu beseitigen! Hier heißt es aufzupassen: Wer den falschen Unternehmer rügt, muss diesem unter Umständen Schadenersatz leisten. Das heißt, er muss ihm sämtliche Auslagen (unter anderem Fahrt- und Arbeitskosten) erstatten, die er hatte, um festzustellen, dass er nicht zuständig ist. Schon allein deshalb ist es sinnvoll, bei der Suche nach dem Zuständigen einen unabhängigen Experten einzuschalten.

Reagiert dagegen ein zu Recht gerügter Unternehmer nicht oder behauptet, er sei nicht zuständig, darf der Bauherr ohne weitere Rücksprache einen Sachverständigen beauftragen, der Ursache und Ausmaß des Schadens feststellt. Die Kosten für dieses Gutachten sind sogenannte Mangelfolgeschäden und laut Bundesgerichtshof (BGH) als Schadenersatz vom zuständigen Unternehmer zu tragen (BGH, Az. VII ZR 392/00 und VII ZR 338/01). Achtung: Hatte der Bauherr den Sachverständigen bereits zu einem früheren Zeitpunkt mit der Kontrolle der Arbeiten beauftragt, bleibt er auf den Kosten sitzen – selbst wenn der Experte einen Mangel feststellt.

Schadenersatz (§ 4, Abs. 7 VOB/B)

Hat das beauftragte Bauunternehmen einen Mangel am zu errichtenden Haus nachweislich verschuldet – das bedeutet konkret: durch leicht fahrlässiges, grob fahrlässiges oder sogar vorsätzliches Verhalten verursacht –, hat der Bauherr zusätzlich einen Anspruch auf Ersatz des entstandenen Schadens. Diesen Anspruch auf Schadenersatz kann er auch ergänzend zu einer Kündigung des Vertrags geltend machen.

Entfernung nicht vertragsgemäßer Bauteile (§ 4, Abs. 6 VOB/B)

Stellt der Bauherr fest, dass ein Bauunternehmen nicht vertragsgemäße Bauteile oder Stoffe zu verwenden gedenkt, kann er diesem eine Frist setzen, innerhalb derer diese von der Baustelle zu entfernen sind. Verstreicht diese Frist erfolglos, kann der Bauherr die betreffenden Bauteile auf Kosten des Unternehmens von der Baustelle entfernen beziehungsweise entfernen lassen oder veräußern.

MÄNGEL NACH DER ABNAHME

Nicht wenige Mängel machen sich erst Jahre nach dem Einzug bemerkbar. Im Hinblick auf die Rechte des Auftraggebers kommt es auch nach der Abnahme darauf an, ob der Vertrag nach BGB oder VOB/B geschlossen wurde. Hintergrund: Während heute die meisten Verträge nach BGB geschlossen werden, greifen für viele „alte" Verträge noch immer die Gewährleistungsrechte der VOB/B.

Grundsätzlich dreht sich bei beiden Vertragsgrundlagen mit dem Zeitpunkt der Abnahme die Beweislast in Richtung Auftraggeber. Bauherren haben im Grundsatz die gleichen Gewährleistungsrechte – doch im Detail gibt es Unterschiede.

Verträge nach BGB

Entdeckt der Bauherr oder Käufer innerhalb der (gerechnet ab Abnahmedatum) fünfjährigen Gewährleistungsfrist einen Bauschaden, ist der Vertragspartner nicht mehr automatisch verpflichtet, diesen zu beseitigen. Vielmehr muss der Bauherr/Käufer beweisen, dass der Schaden auf einen Fehler des Bauunternehmers zurückzuführen ist. Mit anderen Worten: Dieser muss den Mangel bereits vor der Abnahme verschuldet haben. Ist dies der Fall, hat der Bauherr/Käufer einen Anspruch auf Beseitigung.

Nacherfüllung (§§ 634, Nr. 1, 635 BGB)

Liegt ein Mangel vor, hat der Auftragnehmer die Pflicht, diesen zu beseitigen. Laut BGB kann der Bauherr beziehungsweise Käufer „Nacherfüllung" verlangen. Das kann der Unternehmer tun, indem er den Mangel ausbessert oder – in gravierenden Fällen – ein neues Werk herstellt, das heißt, die monierte Leistung erneut erbringt.

Wie der Mangel im konkreten Fall behoben wird, hat jedoch nicht der Bauherr zu entscheiden. Im Gegenteil: Er besitzt in dieser Frage nicht einmal ein Mitspracherecht. So lange sie nicht offensichtlich ungeeignet ist, liegt die Art und Weise der geplanten Sanierung im Ermessen des Unternehmers. Der Bauherr muss also nicht irgendwelche Provisorien akzeptieren! Wäre eine Nachbesserung unverhältnismäßig teuer, kann der Unternehmer diese allerdings verweigern, muss sich dann jedoch seine Vergütung mindern lassen beziehungsweise – bei eigenem Verschulden – Schadenersatz leisten.

Der Unternehmer kann die Beseitigung von Mängeln jedoch mit dem Argument verweigern, diese sei unmöglich oder unverhältnismäßig. Dann jedoch darf sich der Bauherr schadlos halten, indem er den Werklohn mindert.

Selbstvornahme (§§ 634, Nr. 2, 637 BGB)

Wer einen Mangel korrekt anzeigt, indem er dem Unternehmer eine angemessene Frist zu dessen Beseitigung setzt, hat nach deren erfolglosem Verstreichen das Recht, die Sache selbst in die Hand zu nehmen. Dasselbe gilt, wenn der Mangel trotz mehrmaligen Nachbesserns nicht behoben wurde. Kommt auch ein Leistungsverweigerungsrecht des Unternehmers wegen Unverhältnismäßigkeit nicht in Betracht, darf der Bauherr den Mangel selbst beheben beziehungsweise ein anderes Unternehmen damit beauftragen und seinem Vertragspartner die Rechnung schicken.

In diesem Fall muss der Bauherr allerdings die Kosten vorstrecken, was vor allem bei größeren Reparaturen den finanziellen Rahmen sprengen kann. Um dies zu vermeiden, gibt das Gesetz dem Bauherren das Recht, vom Vertragspartner einen Kostenvorschuss zu verlangen, um damit die Beseitigungskosten zu bestreiten.

Minderung der Vergütung (§ 634, Nr. 3 BGB)

Alternativ zur Selbstvornahme steht dem Bauherren das Recht zu, die vertraglich vereinbarte Bau- beziehungsweise Kaufsumme herabzusetzen – und zwar in dem Verhältnis, wie der Mangel einen Minderwert der Bauleistungen verursacht hat. Allerdings ist auch eine Minderung erst möglich, wenn der Unternehmer zuvor erfolglos zur Beseitigung des Mangels aufgefordert wurde und eine angemessene Frist hat verstreichen lassen.

Eine Minderung ist auch angezeigt, wenn der Unternehmer sich auf Unverhältnismäßigkeit beruft und die Beseitigung des Mangels verweigert. In jedem Fall soll der Bauherr für nicht behobene Mängel entschädigt werden.

Rücktritt vom Vertrag (§ 634, Nr. 3 BGB)

Die gravierendste Konsequenz, die der Bauherr bei Mängeln ziehen kann, ist der Rücktritt vom Vertrag. Eine solche Rückabwicklung des Vertrags ist jedoch an Voraussetzungen geknüpft und sollte keinesfalls leichtfertig vorgenommen werden. Zum einen kommt ein Rücktritt in Frage, wenn der Unternehmer die Nacherfüllung verweigert, diese fehlgeschlagen oder dem Besteller nicht zuzumuten ist (§ 336 BGB). Besonders heikel ist der Verweis auf § 323, Abs. 4 BGB. Demnach darf der Besteller zurücktreten, wenn offensichtlich ist, dass „die Voraussetzungen des Rücktritts eintreten werden". Und schließlich kommt ein Rücktritt in Frage, nachdem sich der Unternehmer darauf berufen hat, dass eine Mängelbeseitigung unmöglich, unverhältnismäßig oder unzumutbar wäre (§ 326, Abs. 5).

Schadenersatz (§ 634, Nr. 4 BGB)

Ergänzend zur Mängelbeseitigung beziehungsweise zur Preisminderung kann einem Bauherren Schadenersatz zustehen. Steht außer Frage, dass der Vertragspartner beziehungsweise das Bauunternehmen einen Mangel verschuldet hat, kann der Bauherr sich sämtliche Kosten ersetzen lassen, die ihm im Zusammenhang damit entstanden sind, zum Beispiel durch das Einholen eines Sachverständigengutachtens oder wenn durch ein undichtes Dachfenster Regen eingedrungen ist und das Parkett beschädigt hat. Die Zahlung von Schadenersatz ist dabei unabhängig davon, ob das Unternehmen den Mangel inzwischen behoben hat beziehungsweise der Bauherr zur Selbstvornahme, zur Minderung oder zum Rücktritt gegriffen hat.

Verträge nach VOB/B

Die VOB/B trifft in § 13 in einigen Punkten für die Zeit nach der Abnahme abweichende Regelungen. Grundsätzlich muss jedoch auch bei VOB/B-Verträgen ab diesem Zeitpunkt der Auftraggeber nachweisen, dass der Mangel durch den Vertragspartner verursacht wurde.

Mängelbeseitigung (§ 13, Abs. 5, Nr. 1 VOB/B)

Nach der Abnahme ist das Bauunternehmen verpflichtet, alle im Rahmen der Gewährleistungsfrist anfallenden Mängel zu beseitigen. Dabei sollte der Bauherr diese nicht nur zu Beweiszwecken schriftlich rügen – die Mängelanzeige setzt darüber hinaus eine erneute Verjährungsfrist von zwei Jahren in Gang. Der Bauherr hat bei seiner Mängelanzeige dem Unternehmen eine angemessene Frist zu setzen, innerhalb derer sich der Mangel ordnungsgemäß beseitigen lässt.

Wichtig: Der Umfang der zu verrichtenden Arbeiten orientiert sich an den Erfordernissen der Mangelbeseitigung und nicht an den ursprünglichen Leistungspflichten. So kann beispielsweise ein Handwerker verpflichtet sein, umfangreiche Planungsleistungen zu erbringen, um einen vom ihm verursachten Mangel zu beheben. Gegebenenfalls hat er sich hierzu der Hilfe Dritter zu bedienen.

Selbstvornahme (§ 13, Abs. 5, Nr. 2 VOB/B)

Verstreicht die gesetzte Frist fruchtlos, stehen dem Auftraggeber entweder ein Selbsthilferecht oder ein Anspruch auf Kostenvorschuss für die durchzuführenden Arbeiten zu – gegebenenfalls auch ein Anspruch auf Schadenersatz.

Minderung der Vergütung (§ 13 Abs. 6 VOB/B)

In eng begrenzten Ausnahmefällen kann sich der Bauherr darauf berufen, dass eine Beseitigung des Mangels für ihn unzumutbar ist. Dann kann er die Vergütung entsprechend mindern beziehungsweise den Minderungsbetrag zurückfordern. Eine Verweigerung kommt jedoch nur in Betracht, wenn eine Mängelbeseitigung objektiv nicht möglich ist beziehungsweise einen unverhältnismäßigen Aufwand nach sich zöge.

Auch der Bauunternehmer hat die Möglichkeit, die Mängelbeseitigung mit dem Argument der Unmöglichkeit/Unverhältnismäßigkeit zu verweigern. Eine „Unmöglichkeit" ist etwa dann gegeben, wenn er das Haus mit einer geringeren als der geplanten Grundfläche gebaut hat. In diesem Fall kann der Auftragnehmer verlangen, dass die Vergütung entsprechend zu mindern sei. „Unverhältnismäßigkeit" liegt dann vor, wenn die Kosten für die Beseitigung des Mangels in keinem vernünftigen Verhältnis zum Erfolg stehen, der durch eine Nachbesserung erzielt würde.

Schadenersatz (§ 13, Abs. 7 VOB/B)

Anders als das Werkvertragsrecht nach BGB sieht die VOB/B grundsätzlich eine Haftungsbegrenzung vor. Hat der Bauunternehmer Mängel verschuldet, haftet er für Schäden „aus der Verletzung des Lebens, des Körpers oder der Gesundheit". Nur bei grob fahrlässig oder vorsätzlich verschuldeten Mängeln haftet er für sämtliche Schäden. Darüber hinaus sind Schäden am Haus zu ersetzen, wenn das Bauunternehmen einen „wesentlichen Mangel" verursacht hat, der „die Gebrauchsfähigkeit erheblich beeinträchtigt".

SONDEREIGENTUM ODER GEMEINSCHAFTSEIGENTUM?

Wer von einem Bauträger Eigentum in einem Mehrparteienhaus oder einer Reihenhaussiedlung erwirbt, ist Teil einer Eigentümergemeinschaft und muss sich in Sachen Baumängel an spezielle Regeln halten. Andreas Frömmel, Fachanwalt für Bau- und Architektenrecht in Kaiserslautern, erklärt, welche Rolle die Gemeinschaft spielt und wo der Einzelne gefragt ist.

Welchen speziellen Problemen sehen sich Eigentümergemeinschaften beim Thema Baumängel gegenüber?

Tritt in einer sogenannten Wohnungseigentumsanlage ein Mangel auf, stellt sich zunächst ganz allgemein die Frage, ob dieser auf einen Fehler beim Bau der Anlage zurückgeht und damit ein Gewährleistungsfall vorliegt. Außerdem ist zu klären, ob der Mangel das Gemeinschaftseigentum aller oder das Sondereigentum eines einzelnen Käufers betrifft. Schwierigkeiten bereiten insbesondere Mängel des Gemeinschaftseigentums, da sich hier Wohnungseigentums- und Werkvertragsrecht in die Quere kommen können.

Inwiefern?

Mitglieder von Eigentümergemeinschaften sind gleichzeitig Käufer, die mit dem Bauträger auch einen privatrechtlichen Kaufvertrag über die Errichtung und den Erwerb von Wohnungseigentum abgeschlossen haben. Folglich besitzt jeder Käufer gegen den Bauträger grundsätzlich einen Anspruch sowohl auf mangelfreie Herstellung des Wohnungs- als auch seines Sondereigentums.

Welche Punkte bergen diesbezüglich Konfliktpotenzial?

Aus dem Vertrag ergibt sich nicht nur ein Anspruch auf mangelfreie Herstellung, sondern auch auf die Verfolgung von Mängeln. Juristen sprechen auch von der individuellen Kompetenz des Eigentümers zur Mängelverfolgung. Doch auch die Gruppe aller Wohnungseigentümer ist als Gemeinschaft rechtsfähig. Ihre gesetzliche Aufgabe ist es sogar ausdrücklich, das gemeinschaftliche Eigentum zu verwalten. Die Gemeinschaft ist damit berechtigt, Mängel des Gemeinschaftseigentums gegenüber dem Bauträger geltend zu machen. Die Eigentümergemeinschaft wird dann durch den Verwalter gerichtlich und auch außergerichtlich vertreten.

Wie sieht das korrekte Vorgehen bei Mängeln am Gemeinschaftseigentum aus?

In solchen Fällen stehen grundsätzlich zwei Wege offen: Zum einen kann die Eigentümergemeinschaft per Beschluss die betroffenen Eigentümer beauftragen, sich um die Beseitigung der Mängel zu kümmern. Alternativ kann sie jedoch auch mehrheitlich beschließen, solche Dinge

RECHTSANWALT ANDREAS FRÖMMEL warnt Eigentümer davor, Mängel am Gemeinschaftseigentum auf eigene Faust beheben zu lassen.

grundsätzlich selbst in die Hand zu nehmen. Anders formuliert: Per Mehrheitsbeschluss kann die Gemeinschaft Mängelansprüche einzelner Käufer hinsichtlich des Gemeinschaftseigentums an sich ziehen. Ist ein solcher Beschluss einmal bestandskräftig gefasst, darf kein Käufer allein Mängelansprüche in Sachen Gemeinschaftseigentum an den Bauträger richten oder mit ihm vor Gericht streiten.

Was genau zählt zum Sonder-, was zum Gemeinschaftseigentum?

Hier wird nach dem Ausschlussverfahren vorgegangen: Alles, was nicht Bestandteil des Sondereigentums ist, gehört zum Gemeinschaftseigentum. Darunter fallen das Grundstück sowie sämtliche konstruktiven Bauteile, die für den Bestand und die Statik der Wohnungseigentumsanlage erforderlich sind, zum Beispiel Dach, tragende Wände, Treppenhaus, Aufzug sowie alle in der Anlage verlegten Versorgungsleitungen. Zum Sondereigentum zählen hingegen die Räume der Wohnung. Probleme bei der Abgrenzung gibt es beispielsweise bei Balkonen und Terrassen, auch wenn diese nach landläufiger Meinung zur Wohnung gehören. Andererseits sind sie jedoch prägend für Gestalt und optischen Charakter einer Wohnanlage – genauso wie etwa die Außenfassade. Aus diesem Grund zählen sie meist zum Gemeinschaftseigentum, obwohl sie ausschließlich über das Sondereigentum betreten

und genutzt werden. Zum Sondereigentum gehört lediglich ihr Belag.

Wie werden Baumängel korrekt geltend gemacht?

Wer einen Mangel entdeckt, sollte zunächst die Frage klären, ob sich dieser am Sondereigentum oder am Gemeinschaftseigentum befindet. Mängel am Sondereigentum darf jeder Käufer selbst geltend machen. Ich rate dringend dazu, Mängel schriftlich zu rügen und den Verkäufer beziehungsweise Bauträger aufzufordern, diese innerhalb einer angemessenen Frist zu beseitigen. Zu beachten ist, dass der Mangel noch nicht verjährt sein darf. Grundsätzlich beträgt die Verjährungsfrist fünf Jahre – dabei gilt das Datum des Abnahmeprotokolls. Wichtig ist auch, dass der Käufer das Mangelsymptom – also dessen wahrnehmbare Erscheinungsform – so konkret beschreibt, dass der Bauträger Rückschlüsse auf die Ursache ziehen kann. Dass der Käufer die Ursache selbst feststellen lässt, indem er etwa das Gutachten eines Sachverständigen einholt, ist hingegen nicht erforderlich – könnte jedoch bei einem späteren Rechtsstreit hilfreich sein.

Was, wenn der Bauträger nicht auf die Rüge reagiert?

Bleibt die schriftliche Mängelrüge erfolglos und droht die Fünfjahresfrist abzulaufen, sollte der Käufer bei Gericht ein sogenanntes selbstständiges Beweisverfahren einleiten lassen. In diesem klärt ein gerichtlich bestellter Sachverständiger die Ursache des Mangels und erläutert Maßnahmen zu dessen Beseitigung samt der damit verbundenen Kosten. Dabei handelt es sich noch nicht um einen Rechtsstreit, auch wenn ein solches Beweisverfahren dessen Vorbereitung dient. Nur auf diese Weise lässt sich die Verjährung wirksam stoppen. Bloße Mahnungen des Käufers haben dagegen keine Auswirkungen auf den Ablauf der Gewährleistungsfrist.

Wie sieht im Gegensatz dazu das richtige Vorgehen bei Mängeln am Gemeinschaftseigentum aus?

Entdeckt ein Eigentümer einen Mangel am Gemeinschaftseigentum, empfehle ich, den Verwalter informieren und zu beantragen, dass die Angelegenheit auf die Tagesordnung der nächsten Eigentümerversammlung kommt. Aufgabe des Verwalters ist es dann zu prüfen, ob in Sachen Gewährleistung die Fünfjahresfrist noch läuft. Nur wenn dies der Fall ist, ist es überhaupt sinnvoll, den Bauträger mit dem Mangel zu konfrontieren. Ist jedoch Gefahr im Verzug, kann der Verwalter auch eine außerordentliche Eigentümerversammlung einberufen. Die Eigentümergemeinschaft muss sich dann mit der Frage befassen, ob sie Ansprüche selbst verfolgen will oder per Mehrheitsbeschluss einen einzelnen Eigentümer bevollmächtigt.

Was geschieht, wenn der Mangel am Gemeinschaftseigentum lediglich das Sondereigentum eines einzigen Käufers beeinträchtigt, weil etwa Feuchtigkeit durch das Dach in seine Wohnung eindringt?

In solchen Fällen muss sich die Wohnungseigentümergemeinschaft nicht zwingend mit dem Thema befassen. Vielmehr bleibt es dem betroffenen Eigentümer selbst überlassen, ob er Ansprüche geltend machen will. Er ist jedoch nicht dazu verpflichtet! Falls er sich dafür entscheidet, kann er auch hier von der Eigentümergemeinschaft verlangen, dass diese an seiner Stelle den Mangel verfolgt.

Und wenn das eigene Sondereigentum gar nicht betroffen ist?

Auch wenn sein eigenes Sondereigentum nicht beeinträchtigt ist, hat jeder Eigentümer grundsätzlich das Recht, Mängel am Gemeinschaftseigentum zu rügen und dem Verkäufer eine Frist zur Beseitigung zu setzen. Mehr allerdings auch nicht. Wird der Schaden nicht behoben, ist der Eigentümer nicht berechtigt, vom Verkäufer auf eigene Faust Schadenersatz oder einen Kostenvorschuss zu verlangen. Dies bleibt ausschließlich der Eigentümergemeinschaft vorbehalten. Damit soll laut geltender Rechtsprechung vermieden werden, dass der Verkäufer wegen ein und desselben Mangels sowohl von einzelnen Käufern als auch von der Gemeinschaft in Anspruch genommen wird.

Anders liegen die Dinge, wenn ein Käufer durch einen Beschluss der Eigentümergemeinschaft ausdrücklich beauftragt wurde, für die Gemeinschaft Ansprüche geltend zu machen, beispielsweise auf Schadenersatz oder einen Kostenvorschuss. Auch wenn es für juristische Laien oft schwer zu verstehen ist: Ohne Beschluss der Gemeinschaft ist etwa die Zahlungsklage eines einzelnen Käufers gegenüber dem Verkäufer von vornherein unbegründet. Dasselbe gilt, wenn ein Käufer auf eigene Faust Mängelbeseitigungskosten mit einer noch offenen Rate seines Kaufpreises verrechnet. Vor derartigen Alleingängen rate ich dringend ab!

Wer muss nach Ablauf der Verjährungsfrist für die Beseitigung von Schäden am Sondereigentum aufkommen, die durch Mängel am Gemeinschaftseigentum verursacht wurden – der einzelne Eigentümer oder die Eigentümergemeinschaft?

Tritt nach Ablauf der Fünfjahresfrist ein Mangel am Gemeinschaftseigentum auf und beeinträchtigt dieser ausschließlich das Sondereigentum eines einzelnen Eigentümers, liegt kein Gewährleistungsfall mehr vor. Der betroffene Eigentümer kann allerdings die Gemeinschaft für den Schaden verantwortlich machen, wenn diese vom Mangel wusste, es aber schuldhaft unterlassen hat, diesen rechtzeitig geltend zu machen. Denkbar ist auch der Fall, dass ein Mangel dem Verwalter bereits längere Zeit bekannt war, ohne dass er die Gemeinschaft vorschriftsgemäß darüber informiert hätte. Angesichts einer solchen Konstellation kann man davon sprechen, dass der Verwalter die Verfolgung von Mängelansprüchen verschleppt hat. In solchen Fällen trägt allerdings der Käufer die alleinige Darlegungs- und Beweislast – was die Sache eher erschwert. Vor Gericht ist eine solche Beweisführung erfahrungsgemäß schwierig.

Wie verhält es sich im umgekehrten Fall – wenn Schäden aus dem Sondereigentum auf Gemeinschaftseigentum übergreifen?

Hat er den Mangel wider besseres Wissen nicht rechtzeitig beseitigen lassen, haftet der jeweilige Eigentümer. Das gleiche gilt, wenn er es unterlässt, aus dem Mangel resultierende Gewährleistungsansprüche gegen den Bauträger zu verfolgen. Auch ihn kann deshalb eine Haftung gegenüber der Eigentümergemeinschaft treffen – und zwar wegen der Verschleppung von Mängelansprüchen.

Und was geschieht, wenn der Eigentümer den Mangel zwar gerügt hat, der Verkäufer darauf jedoch nicht reagiert?

Bleibt eine schriftliche Mängelrüge gegenüber dem Verkäufer nachweislich erfolglos und besteht obendrein die Gefahr, dass sich der Schaden am Gemeinschaftseigentum vergrößert, rate ich betroffenen Käufern dringend, den Mangel durch ein anderes Unternehmen beseitigen lassen. Grundsätzlich haben Eigentümer untereinander auch einen Anspruch darauf, dass jeder sein Sondereigentum ordnungsgemäß instand hält.

VERTRAUEN IST GUT,
KONTROLLE BESSER

Wer die Qualität seines Hauses allein dem Vertragspartner überlässt, riskiert ein böses Erwachen. Schlechte Organisation sowie hoher Zeit- und Kostendruck führen immer wieder zu Fehlern bei Planung und Ausführung. Wirksam gegensteuern lässt sich, indem der Bauherr, am besten unterstützt durch einen neutralen Fachmann, auf der Baustelle Präsenz zeigt, an den richtigen Stellen genau hinschaut und sich nicht mit Ausreden abspeisen lässt.

BAUMÄNGEL: URSACHEN UND FOLGEN

Die erste böse Überraschung erleben viele Käufer schlüsselfertiger Häuser schon beim Ausheben der Baugrube: Die Kosten dafür sind nicht im „Festpreis" enthalten. Da Aushub und Abtransport des Erdreichs aber zwingend nötig sind, bezahlt sie der Bauherr notgedrungen extra. Der nächste Schrecken folgt häufig, sobald der Bagger die Grube aushebt. Dabei stoßen die Handwerker mitunter auf Fels oder wasserführende Schichten. Weil im Vorfeld kein Baugrundgutachten erstellt wurde, kommt das völlig überraschend – und treibt den Baupreis erneut in die Höhe.

Solche Missgeschicke sind zwar ärgerlich, doch meist nicht dem Bauunternehmen anzulasten – dieses ist schließlich nur verpflichtet, die im Vertrag vereinbarten Leistungen zu erbringen. Doch auch

beim Erfüllen dieser „Hausaufgaben" führen Fehler bei Planung, Ausführung und Bauleitung regelmäßig zu Baumängeln.

Steigende bautechnische Anforderungen

In den vergangenen Jahren hat der Gesetzgeber seine Anforderungen an neu zu errichtende Wohngebäude kontinuierlich erhöht. Gravierende Auswirkungen haben vor allem die Regelungen der Energieeinsparverordnung (EnEV). Letztere legt unter anderem verbindliche Obergrenzen für den jährlichen Bedarf an Primärenergie fest und enthält detaillierte Vorgaben zum Wärmeschutz eines Hauses.

Diese Vorgaben haben weitreichende Folgen, unter anderem für die Konstruktion von Fassaden und Dächern sowie die

Auswahl und Installation der für das Haus geeigneten Heiztechnik.

Gebäudehülle und Gebäudetechnik werden durch gesetzliche Vorgaben, veränderte Standards und nicht zuletzt durch neue Produkte, Materialien und innovative Techniken immer komplexer. Je höher der energetische Standard eines Hauses, desto höher auch die Anforderungen an beauftragte Planer und ausführende Handwerksfirmen – sowie Bauleiter und Bauüberwacher. So beruhigend das auch wäre: Nicht alle Beteiligten setzen Vorgaben adäquat in ihre tägliche Praxis um.

Zunehmender Zeit- und Kostendruck

Hauptgrund: Auf den Bauunternehmen lastet ein hoher Zeit- und Kostendruck. Im Bereich des schlüsselfertigen Bauens ist ein harter Verdrängungswettbewerb im Gang, den nur überlebt, wer sich auf der Kostenseite Vorteile verschafft. Um dies zu erreichen, beauftragen manche Anbieter Subunternehmer mit schlecht oder unzureichend ausgebildeten Mitarbeitern und stampfen in Rekordzeit immer neue Bauprojekte aus dem Boden. Darunter leidet fast zwangsläufig die Qualität.

Baufirmen sind oftmals gar nicht in der Lage, die Qualität der Arbeiten wirksam zu überwachen. So wählen Handwerker in der Baupraxis häufig die günstigste und schnellste Variante und setzen darauf, dass Mängel nicht entdeckt werden beziehungsweise innerhalb der Gewährleistungszeit nicht zu Schäden führen. Der Bauherr kann dem aufgrund mangelnden Fachwissens vermeintlich wenig entgegensetzen (siehe auch Interview "Wer seine Rechte kennt...", Seite 86/87).

Wachsende Gefahr von Folgeschäden

Eine Untersuchung von 100 Bauvorhaben durch den Bauherrenschutzbund e. V. und das Institut für Bauforschung (IFB) in den Jahren 2010/11 ergab im Schnitt 18 gravierende Baumängel während der Bauphase und immerhin noch 14 Mängel bei der Abnahme – darunter neu festgestellte sowie bereits vorher dokumentierte.

Betroffen waren alle Gewerke – besonders hoch war die Anzahl der festgestellten Mängel allerdings in den Bereichen Rohbau, Statik und Dachkonstruktion, gefolgt von Gebäudeabdichtung, Innenputz und Innenausbau. Hoch war die Anzahl der entdeckten Mängel auch bei Wärmedämmung, Schall- sowie Brandschutz. Keineswegs mängelfrei waren auch technische Anlagen – darunter vor allem Heizungsanlagen, Elektroinstallationen und Sanitäranlagen. Typische Schwachstellen bei Fenstern und Türen waren mangelhafte Anschlüsse von Fensterbänken und Abdichtungsfehler.

Derartige Baumängel sind nicht nur für sich genommen ärgerlich – sondern können weitere Schäden nach sich ziehen, deren Beseitigung um ein Vielfaches teurer werden kann. Das heißt im Umkehrschluss: Je früher ein Mangel entdeckt wird, desto besser.

Beispielhaft rechnet die Studie auf Basis von Baupreisdatenbanken und der Analyse von Versicherungsschäden hoch, welche Folgekosten sich durch rechtzeitiges Entdecken und Beseitigen von Mängeln vermeiden lassen können. Bei den untersuchten Bauvorhaben hätten diese demnach zwischen 12 000 und 40 000 Euro gelegen. So wurde an einem Einfamilienhaus Schimmelpilzbefall durch fehlerhaft ausgeführte Wärmedämmung sowie undichte Fenster festgestellt. Die Beseitigung von Fehlstellen in der Dämmung und das Nacharbeiten der Fenster koste-

ten 3 500 Euro. Erspart blieben 20 000 Euro Bauschadenskosten. In einem anderen Fall wurde im Dach einer Doppelhaushälfte eine stark durchnässte Zwischensparrendämmung eingebaut. Der Austausch belief sich auf 6 500 Euro, vermieden wurden geschätzte 12 500 Euro.

Neben den reinen Beseitigungskosten flossen in die jeweilige Gesamtbilanz weitere Faktoren ein, beispielsweise entgangene Fördermittel aufgrund verfehlter KfW-Auflagen, eine Wertminderung des Gebäudes beziehungsweise ein in der Folge stark erhöhter Bedarf an Heizenergie.

QUALITÄTSKONTROLLE DURCH BAUBETEILIGTE

Das Werkvertragsrecht verpflichtet Planer und Ausführende, dem Bauherren beziehungsweise Käufer ein mängelfreies, nach den anerkannten Regeln der Technik errichtetes Haus zu übergeben. Damit nicht genug: Der Vertragspartner des Bauherren hat die vertragsgemäße Herstellung zu überwachen und sicherzustellen, dass das Haus mängelfrei übergeben wird. Doch auch der Bauherr selbst kann – und sollte – dazu beitragen, dass sein Haus am Ende seinen Wünschen entspricht.

Qualitätssicherung durch den Bauherren

Zu den Rechten des Bauherren gehört es, regelmäßig auf der Baustelle zu erschei-

nen und persönlich den Fortgang der Bauarbeiten in Augenschein zu nehmen. So sollte er wissen, welches Gewerk laut Bauzeitenplan wann an der Reihe ist und Verzögerungen bemängeln. Außerdem sollte er im Blick haben, welche Nachweise und Unterlagen vertraglich vereinbart wurden und wann diese vorzuliegen haben. Dies gilt selbst dann, wenn er Dritte (zum Beispiel einen Architekten) mit der Abwicklung und Betreuung des Bauvorhabens beauftragt hat.

Schwieriger haben es in dieser Hinsicht Erwerber von Bauträgerhäusern. Sie sind streng genommen erst zuständig, wenn das Haus in ihr Eigentum übergeht – also mit der Abnahme. Dennoch sollten auch sie vertraglich regeln, dass sie die Baustelle betreten und die Arbeiten in Augenschein nehmen dürfen.

Bautagebuch

Zwar sind Architekten laut Leistungsphase 8 („Objektüberwachung") verpflichtet, ein Bautagebuch zu führen. Darüber hinaus empfehlen Sachverständige jedoch jedem Bauherren dringend, den Verlauf der Bauarbeiten in einem herkömmlichen oder auch digitalen Bautagebuch zu dokumentieren. Das dient weniger dem Zweck, sich später einmal erinnern und Kindern, Verwandten und Freunden Details des Hausbaus plastisch schildern zu können. Der Nutzen eines Bautagebuchs zeigt sich vor allem bei Streitigkeiten über die Beseitigung von Mängeln. Hier haben Bauherren die besseren Argumente in der Hand, wenn sie ihre Aussagen mit Notizen und Fotos – beziehungsweise sogar Videoaufnahmen – belegen können.

Vorschriften zum Führen eines Bautagebuchs existieren nicht, da es keine gesetzliche Pflicht ist. In jedem Fall sollte der Bauherr beziehungsweise Käufer jedoch sämtliche Bauvorgänge inklusive aller Absprachen festhalten. Dazu gehören unter anderem Angaben, welcher Handwerker wann mit welcher Tätigkeit begonnen und wann er sie beendet hat. So lässt sich bei Problemen leichter nachvollziehen, in welcher Reihenfolge Arbeiten durchgeführt und Entscheidungen getroffen wurden. Ebenfalls aufgeführt werden sollten äußere Umstände wie Temperatur, Luftfeuch-

tigkeit, Wind und Niederschläge – ferner das jeweilige Datum, anwesende Firmen und etwaige Besonderheiten oder Erschwernisse auf der Baustelle. Letztere muss der Bauunternehmer seinem Auftraggeber rechtzeitig mitteilen.

Bauüberwachung durch Beauftragte des Bauherren

Um einen reibungslosen Ablauf der Arbeiten in hoher Qualität zu gewährleisten, fordern die jeweiligen Landesbauordnungen (LBO), dass auf Baustellen ein Bauleiter eingesetzt wird. Dieser sollte in der Leistungsbeschreibung namentlich benannt werden und hat umfangreiche Aufgaben zu erfüllen. Während in den Landesbauordnungen explizit von „Bauleitern" die Rede ist, verwendet die Honorarordnung für Ingenieure und Architekten (HOAI) Begriffe wie „Objektüberwachung" und „örtliche Bauüberwachung". Damit ist im Prinzip dasselbe gemeint: die Kontrolle der Bauarbeiten durch den Vertragspartner des Bauherren.

Aufgaben des Bauleiters

Zu den Aufgaben eines Bauleiters gehören grundsätzlich die Koordination sämtlicher Beteiligter auf der Baustelle, die Planung und Überwachung von Terminen, das Überwachen der Ausführung im Hinblick auf Planungsunterlagen, behördliche Auflagen und anerkannte Regeln der Technik.

Außerdem muss der Bauleiter in kritischen Bauphasen anwesend sein und kontrollieren, dass die Arbeiten mängelfrei vonstatten gehen. Das gilt insbesondere für Leistungen, die anschließend vom Erdreich verdeckt oder überbaut werden und sich nicht mehr kontrollieren lassen. Darunter fallen etwa die Abdichtung des Hauses gegen Feuchtigkeit, die Luftdichtigkeit der Gebäudehülle sowie Wärme- und Schallschutz. Der Architekt beziehungsweise Bauleiter ist obendrein verpflichtet, ein Bautagebuch mit nummerierten Seiten zu führen und dem Bauherren auf Wunsch eine Kopie zur Verfügung zu stellen. So gewinnt dieser Erkenntnisse über Probleme sowie die Anwesenheit des Bauleiters auf der Baustelle.

Weitere wichtige Grundleistungen sind die technische Abnahme von Bauleistungen, das Feststellen und Rügen von Mängeln sowie das Überwachen von deren Beseitigung.

Rolle des Bauleiters

Auftraggeber, die sich etwa ein Architektenhaus bauen lassen, sind im rechtlichen Sinn Bauherren. Sie besitzen gegenüber den von ihnen beauftragten und bezahlten Vertragspartnern ein Weisungsrecht.

So kann der Bauherr – in der Regel neben der Ausschreibung der Gewerke – einen Architekten oder Bauingenieur seiner Wahl mit der Bauleitung beziehungsweise -überwachung beauftragen. Dieser bildet dann das „Scharnier" zwischen Bauherr und den ausführenden Firmen. In der Praxis empfiehlt es sich, diesen Weg auch einzuhalten und nicht am Bauleiter vorbei

Handwerksfirmen Anweisungen zu erteilen. Falsche Anweisungen können schnell zu falschen Tätigkeiten führen, die in diesem Fall der Bauherr zu vertreten hat.

Übrigens: Es spricht auch nichts dagegen, für die Ausschreibung der Gewerke sowie die Bauleitung einen anderen Architekten zu beauftragen als für die Planung. Größere Architekturbüros beschäftigen häufig spezialisierte Fachleute und teilen die Aufgabengebiete (Leistungsphasen) entsprechend auf.

KONTROLLE IN EIGENLEISTUNG

Grundsätzlich steht es dem Bauherren und Eigentümer des Grundstücks frei, die Arbeit der von ihm beauftragten Bau- und Handwerksfirmen selbst zu überwachen. Die Rolle des von der zuständigen Behörde für die gesamte Bauzeit geforderten Bauleiters würde dann der Bauherr in Eigenleistung übernehmen. Das will jedoch gut überlegt sein, erfordert dies doch neben detailliertem Fachwissen einen hohen Zeitaufwand – und nicht zuletzt eine Haftpflichtversicherung zu einer deutlich erhöhten Prämie.

Der vom Bauherren beauftragte Bauleiter muss zwar von diesem bezahlt werden – dafür vertritt er explizit dessen Interessen und ist keinem der anderen Beteiligten verpflichtet.

Bauleiter finden

Die Tätigkeit des Bauleiters erfordert ein hohes Maß an Fachkenntnis und Erfahrung. Bauherren, die in Eigenregie bauen und sich selbst auf die Suche nach einem Bauleiter machen, sollten deshalb bei der Auswahl sehr aufmerksam vorgehen und vor allem genau hinschauen.

Neben Nachweisen zur Qualifikation und einer Berufshaftpflichtversicherung mit ausreichender Deckungssumme empfiehlt es sich, sich von in Frage kommenden Bauleitern Referenzen von bereits fertiggestellten Häuser aus den letzten Jahren zeigen zu lassen und nach Möglichkeit mit dem jeweiligen Bauherren über dessen Erfahrungen zu sprechen. Darüber hinaus kann ein Blick in das Büro des Bauleiters in spe wichtige Aufschlüsse geben. Neben Telefon, Fax und Computer sollte dort auch Fachliteratur ihren Platz haben – denn Kenntnisse in Physik, Bauausführung sowie rechtssicherem Schriftverkehr sind unerlässlich.

Da dem Bauherren schließlich nicht damit gedient ist, wenn der Bauleiter sich nur in größeren Abständen auf der Baustelle sehen lässt, sollte er vor allem eines haben: Zeit. Bauleiter betreuen zumeist mehrere Objekte parallel – das kann in der Praxis zu Konflikten führen.

Bauüberwachung durch den Auftragnehmer

Ist der Vertragspartner – wie in der weitaus überwiegenden Mehrzahl der Fälle – ein Bauträger, Fertighausanbieter oder Generalübernehmer, ist der Bauleiter Mitarbeiter der Firma des jeweiligen Auftragnehmers – oder von dieser beauftragt.

Rolle des Bauleiters

Wird der Bauleiter durch den Vertragspartner gestellt, etwa den Bauträger, sieht sich der Bauherr beziehungsweise Erwerber mit einer speziellen Interessenlage konfrontiert: Da nicht der Käufer den Bauleiter bezahlt, sondern dieser beim Bauträger in Lohn und Brot steht, wird er in Zweifelsfällen auch dessen Interessen vertreten. Mehr noch: Er ist auf der Baustelle der „verlängerte Arm" des Bauträgers, der in aller Regel Verkäufer und kein Baufachmann ist. Für ihn stehen während der Bauphase die rationelle Ausführung und der optimale Einsatz von Mitarbeitern, Material und Gerät im Vordergrund – und nicht in erster Linie die Interessen des Käufers.

Grundsätzlich wird der Auftraggeber erst nach Fertigstellung des Hauses dessen Eigentümer. Bis zu diesem Zeitpunkt ist er „Erwerber". Ist er mit der Bauausführung nicht einverstanden, kann er sich zwar an den Bauleiter wenden, der laut Vertrag sein Ansprechpartner ist. Er hat jedoch nicht das Recht, ihm Anweisungen zu erteilen – genauso wenig wie den beteiligten Handwerkerfirmen, die lediglich dem Bauleiter gegenüber rechenschaftspflichtig sind.

Tipp: Ist der Bauleiter für Nachfragen nicht erreichbar, sollte der Weg den Erwerber zum Geschäftsführer der Bauträgerfirma führen und nicht etwa zum Vertriebsmitarbeiter, der in Fragen der Bauausführung in der Regel keinerlei Entscheidungsbefugnis besitzt.

QUALITÄTSKONTROLLE DURCH EXTERNE FACHLEUTE

Nicht oder zu spät erkannte Mängel sind für alle Beteiligten unerfreulich. Sie verzögern den Baufortschritt und führen oft zu Folgeschäden. Zudem drohen langwierige Streitereien darüber, wer verantwortlich ist. Angesichts von Mängelstatistiken und der für Erwerber häufig nicht zufriedenstellenden Bauüberwachung durch den Vertragspartner empfiehlt sich dringend die Qualitätskontrolle durch einen unabhängigen Experten. Diese verfolgt das Ziel, Baumängel so früh wie möglich zu erkennen. Auftraggeber ist nicht zwangsläufig der Bauherr/Erwerber – auch Bauträger lassen ihre Bauprojekte immer öfter prüfen und zertifizieren.

Bauträger als Auftraggeber

Gängige Praxis ist mittlerweile, dass Bauträger externe Organisationen wie TÜV, Dekra, die Landesgewerbeanstalt Bayern (LGA) oder den Bauprüfverband Südwest mit der baubegleitenden Qualitätskontrolle beauftragen. Die Baustelle wird dann von Ingenieuren des Prüfunternehmens in bestimmten Zeitabständen kontrolliert. Im Gegenzug darf der Bauträger mit Gütezeichen wie „TÜV am Bau" oder dem Dekra-Siegel „Immobilienqualität" werben.

In der Regel werden vier bis fünf Prüfphasen vereinbart – beispielsweise zu folgenden Zeitpunkten des Bauablaufs:

- Planungs-Check vor Baubeginn,
- Baustellenbegehung vor dem Verfüllen der Baugrube,
- Baustellenbegehung vor dem Aufbringen des Innenputzes und dem Schließen der Installationsschlitze,
- Baustellenbegehung vor dem Verfliesen und dem Anstrich,
- Baustellenbegehung vor oder bei der Abnahme.

Mängel werden protokolliert

Über jede Begehung erstellt der Prüfer ein Protokoll, in dem er Mängel festhält. Dieses übergibt er dem Unternehmen mit der Aufforderung, diese beseitigen zu lassen. Bei der nächsten Begehung wird überprüft, ob dies geschehen ist. Falls nicht, erhält das Gebäude kein Zertifikat.

Die Ergebnisse der Überprüfungen werden in einem Schlussdokument oder einer abschließenden Bewertung des Bauvorhabens zusammengefasst. Nach der Schlussabnahme erhält der Käufer ein Zertifikat oder Siegel, das entweder nur die Überprüfung bestätigt oder zusätzlich die Bewertung des Hauses enthält.

Kaum Nutzen für Käufer

Das Prüfinstitut haftet dabei weder für die Beseitigung von Mängeln noch für die Mängelfreiheit des Hauses. Werden Mängel trotz Aufforderung nicht beseitigt, kann der Prüfer nur das Zertifikat verweigern oder den Vertrag kündigen.

Auch ob er dem Erwerber die Prüfberichte aushändigt, liegt – wenn nicht anders vereinbart – im Ermessen des Bau-

trägers. Über Mängel und deren Beseitigung erhält der Erwerber meist keine Informationen und kann folglich auch keine Schritte einleiten. Wer über die Ergebnisse der Überprüfungen informiert werden will, muss dies im Bauvertrag vereinbaren. Dieser sollte zudem eine Vereinbarung enthalten, wie die Beseitigung von Mängeln kontrolliert wird, sowie dem Käufer das Recht einräumen, die Schlussrate erst nach Übergabe des Zertifikats zu zahlen.

Bauherr/Erwerber als Auftraggeber

Auch der Bauherr/Erwerber hat die Möglichkeit, einen externen Sachverständigen mit der baubegleitenden Qualitätskontrolle zu beauftragen – entweder vor Vertragsabschluss beziehungsweise in der Planungsphase oder mit Beginn der Bauarbeiten. Der Sachverständige rückt die Interessen des Auftraggebers stärker in den Vordergrund und wird deshalb auch von Verbraucherschützern dringend empfohlen. In der Bauphase kontrolliert der Sachverständige einzelne Bauabschnitte zu einem Zeitpunkt, an dem die Leistungen noch nicht verdeckt sind. Ziel ist es, Mängel möglichst früh zu entdecken und

beseitigen zu lassen, bevor sich Folgeschäden daraus entwickeln können.

Die Architektenkammern der Länder sowie die Industrie- und Handelskammern beziehungsweise die Innungsverbände der verschiedenen Handwerksbereiche stellen in aller Regel Listen mit Sachverständigen bereit. Dabei handelt es sich oft um öffentlich bestellte und vereidigte Sachverständige. Darüber hinaus können sich Bauherren, die einen Bausachverständigen suchen, unter anderem an folgende Anbieter wenden:

Verbraucherverbände

■ Verband privater Bauherren e. V.
Für seine Mitglieder wählt der VPB qualifizierte Bausachverständige aus, die im Netzwerk mit anderen Experten tätig werden. Zu ihren Leistungen gehören unter anderem die Kontrolle des Bauverlaufs, aller Termine und aller Abrechnungen.

Die vom VPB ausgewählten Experten arbeiten firmen- und produktneutral und sind keinen Interessengruppen verpflichtet. Der VPB verlangt regelmäßige Weiterbildung und fördert den fachlichen Austausch seiner Regionalbüros. Im Netzwerk

arbeiten ausschließlich freiberuflich tätige Experten. Diese sind eigenverantwortlich tätig und haften für Fehler persönlich.
Voraussetzungen: Mitgliedschaft
Kosten (Beispiel Berlin): Einzelbaukontrolle (inklusive Kilometer- und Fahrtkosten, bis zu 1 Stunde Baukontrolle, 2 Seiten Baubesichtigungsprotokoll, Sekretariatskosten, Porto und Kopien) je nach Entfernung zwischen 328,93 Euro (bis 10 Kilometer) bis 483,63 (Euro (bis 40 Kilometer vom Regionalbüro entfernt)
Tel. 01805/24 82 48;
E-Mail: info@vpb.de

■ Bauherrenschutzbund e. V.
Der Bauherrenschutzbund stellt Bauherren Architekten und Bauingenieure sowie Sachverständige mit vergleichbarer Qualifikation zur Seite. Diese haben die Aufgabe, Vertragserfüllung und Bauqualität zu kontrollieren und zu dokumentieren. Außerdem helfen sie, Konflikte zu lösen und Mängel zu erkennen. Schließlich unterstützen sie den Bauherren bei der Vorbereitung der Abnahme und bieten ihre Begleitung an. Dabei wenden sie zertifizierte Beratungsstandards an.

Die Berater sind auf Grundlage eines Beratervertrags tätig. Voraussetzung ist, dass sie in ihrem Hauptberuf als Architekt und Ingenieur erfolgreich arbeiten. Die Berater haften für ihre Tätigkeit und sind haftpflichtversichert. Sie erhalten keinerlei Provisionen, sondern ein Honorar nach bundesweit einheitlichen Sätzen. Der BSB organisiert für seine Berater von Architekten- und Ingenieurkammern anerkannte Fortbildungsveranstaltungen.
Voraussetzungen: Mitgliedschaft
Kosten: Grundberatung kostenlos (1 Stunde); Beratung durch Bauherrenberater/technische Mitarbeiter 72 beziehungsweise 40 Euro/Stunde; Fahrtkosten 0,50 Euro/Kilometer; Nebenkosten 5 Prozent des Beratungshonorars
Tel. 030/3 12 80 01
E-Mail: office@bsb-ev.de

■ Wohnen im Eigentum e. V.
Im Rahmen der Mitgliedschaft können Bauherren ihr Haus vor Ort auf Baumängel oder -schäden prüfen lassen.
Voraussetzungen: Mitgliedschaft

(Weiter auf Seite 88)

WER SEINE RECHTE KENNT, SITZT AM LÄNGEREN HEBEL

Um auf Augenhöhe diskutieren zu können, sind die meisten Bauherren auf Unterstützung angewiesen. Und kracht es einmal, gibt es Wege, den Konflikt nicht eskalieren zu lassen, weiß Manuela Reibold-Rolinger, Fachanwältin für Bau- und Architektenrecht in Bodenheim. Sie besitzt jahrelange Erfahrung als Schlichterin nach der SO Bau und Vertrauensanwältin des Bauherrenschutzbunds e. V.

Woran entzünden sich nach Ihrer Erfahrung die meisten Konflikte zwischen Bauherr und Baufirma beziehungsweise Bauträger?

In nahezu allen Fällen beruhen Konflikte zwischen Bauherr und Bauunternehmer auf einem unklaren oder nicht ausgewogenen Vertragsverhältnis. Die Beziehung ist jedoch nur dann stabil und belastbar, wenn die vertragliche Grundlage stimmt und sich beide Seiten auf Augenhöhe begegnen. Es ist nun einmal so, dass der Bauunternehmer in aller Regel wesentlich erfahrener ist als der in Bausprache und Bauabläufen unerfahrene Bauherr. Spart dieser sich dann die Kosten für eine juristische Beratung vor der Vertragsunterzeichnung sowie eine baubegleitende Qualitätskontrolle, kommt ihn das häufig teuer zu stehen.

Ist es sinnvoll, jeden Tag selbst die Baustelle zu besuchen und Bauarbeitern und Handwerkern auf die Finger zu klopfen?

Selbstverständlich ist es absolut erforderlich, dass ein Bauherr für die eigene Baustelle Verantwortung übernimmt. Dies ist schon allein deshalb zu empfehlen, um

dem Bauunternehmer zu zeigen, dass man die Verantwortung nicht abgibt. Der Bauherr sollte sich jedoch auch im Klaren sein, dass er bautechnische Fragen ohne einen kompetenten Begleiter nicht beurteilen kann. Hierzu bedarf es fachlicher und technischer Kenntnisse, wie sie nur ein Bau-Sachverständiger mitbringt.

Sitzen Bauherren aufgrund ihrer mangelnden Fachkenntnis nicht grundsätzlich am kürzeren Hebel?

Diese Frage würde ich eindeutig verneinen. Wichtig ist, dass sich der Bauherr von Anfang an darüber im Klaren ist, dass er Kunde und nicht Bittsteller ist und dass er die Verantwortung nicht abgibt. Er sollte sich bereits während der Vertragsverhandlungen und auch in der Bauphase klar positionieren. Obendrein gibt ihm das Gesetz zahlreiche Regularien an die Hand, bei deren richtiger Anwendung er grundsätzlich sogar am längeren Hebel sitzt.

Wie versuchen Baufirmen, kritische Bauherren abzuwimmeln?

In der Regel versuchen sie, das fehlende technische Wissen auszunutzen, um die

MANUELA REIBOLD-ROLINGER hat beobachtet, dass Bauherren, die keinen unabhängigen Fachmann an ihrer Seite haben, von der Baufirma häufig nicht für voll genommen werden.

Bauherren zu verunsichern. Eine typische Strategie besteht darin, Mängel kleinzureden. Außerdem behaupten Unternehmer oft, der Bauherr verstehe das Problem nicht oder würde es falsch sehen. Einer der häufigsten Sätze am Bau ist daher: „Das ist fachgerecht, außerdem machen wir das immer so". Ist der Bauherr dann auf sich allein gestellt, ist die Chance groß, dass die Baufirma mit solchen Argumenten durchkommt.

Welches Druckmittel haben Bauherren, um eine Lösung in ihrem Sinne zu erreichen? Wie können sie sich rechtlich absichern?
Ich bin der Meinung, dass Bauherren kein Druckmittel benötigen, wenn der Bauvertrag durchdacht und vollständig ist und differenzierte und umfassende Regelungen trifft. Grundlage für die Lösung von Krisen am Bau ist das Gesetz. Da jedoch der Bauherr in der Regel die gesetzlichen Grundlagen nicht selbst versteht beziehungsweise in die Praxis umsetzen kann, empfiehlt sich die Baubegleitung durch einen Fachanwalt für Bau- und Architektenrecht. Hier ist mir der Hinweis wichtig, dass es in diesem Bereich zwar eine Vielzahl von Fachanwälten gibt, jedoch nur wenige durch die Brille des Verbrauchers blicken.

Was tun, wenn die Baufirma etwa aufgrund einbehaltener Zahlungen die Arbeiten einstellt?

Auch in diesem Fall gibt das Gesetz den Weg vor. Der Bauherr muss den Unternehmer schriftlich auffordern, die Bauarbeiten fortzusetzen und ihm diesbezüglich eine Frist setzen. Für den Fall, dass der Unternehmer die Frist nicht einhält, sollte der Bauherr mit Konsequenzen drohen. Aus meiner Erfahrung nehmen Baufirmen schriftliche Fristsetzungen ernst, wenn sie per Einschreiben mit Rückschein zugestellt werden. Denn dann steht außer Frage, dass sie das Schreiben des Bauherren erhalten haben. Was dagegen überhaupt nicht ernst genommen wird, sind Anrufe bei der Baufirma. Hier muss jedem Bauherren klar sein, dass er nur etwas erreichen kann, wenn er alles schriftlich festhält und gerade das Setzen von Fristen zweifelsfrei nachweisen kann.

Ist ein ruiniertes Verhältnis zur Baufirma noch zu kitten oder muss der Bauherr damit rechnen, dass anschließend nur noch das Nötigste gemacht wird?
Ein belastetes Verhältnis zum Vertragspartner muss nicht unbedingt dauerhaft gestört sein. Wichtig ist eine offene und klare Kommunikation. Meine Erfahrung zeigt, dass sich strittige Bauvorhaben in der Regel besser auf der Baustelle oder am runden Tisch lösen lassen als vor Gericht. Ich kann zerstrittenen Parteien deshalb nur raten, aufeinander zuzugehen. Dann lassen sich auch Krisen meistern und ein einvernehmliches Miteinander wiederherstellen.

Kosten: Bauberatung vor Ort (110 Euro für bis zu eine Stunde vor Ort, 25 Euro je weitere 15 Minuten am selben Tag, zzgl. 1 Euro/Kilometer Fahrtkosten, ab 50 Kilometer individuelle Vereinbarung möglich); Sonderaufträge, zum Beispiel Erstellen einer Mängelliste, Schriftverkehr im Auftrag (75 Euro/Stunde)
Tel. 0228/30 41 26 75;
E-Mail: info@wohnen-im-eigentum

■ **Verein zur Qualitäts-Controlle am Bau e. V.**
Bauherren können eine Prüfung ihres Bauvorhabens direkt beim VQC beantragen. Diese umfasst bei Häusern mit Keller vier, ansonsten drei Begehungen, einen Luftdichtheitstest ("Blower Door Test") zur letzten Begehung, die Dokumentation (Prüfprotokolle, Fotos) sowie Archivierung der Unterlagen mit fünfjähriger Zugriffsmöglichkeit durch den Auftraggeber.
Voraussetzungen: keine
Kosten: 2 200 bzw. 1 785 Euro, je 297 Euro für zusätzliche Begehungen, 89 Euro pro Sachverständigenstunde
Tel. 05543/99 90 18;
E-Mail: a.duemer@vqc.de

Prüforganisationen
■ **Dekra Industrial GmbH**
Sicherheit für Bauherren verspricht das Siegel für Immobilienqualität. Dafür führt ein Sachverständiger vor Ort mit dem Bauherren oder der Bauleitung sogenannte Audits durch. Deren Anzahl ist frei wählbar und orientiert sich an wichtigen Bauphasen beziehungsweise entscheidenden Zeitpunkten des Bauablaufs.
Der Sachverständige begutachtet die jeweils wichtigen Bauteile und schätzt den bau- und haustechnischen Zustand des Gebäudes ein. Zu jedem Audit erstellt er ein Protokoll inklusive Mängelbericht und Fotodokumentation. Auf Wunsch erhält der Bauherr ein Zertifikat und kann sich zu Abnahmen begleiten lassen.
Voraussetzungen: keine
Kosten: nach Aufwand
Tel. 0711/78 61 39 00;
E-Mail: industrial@dekra.com

■ **TÜV Süd**
Der TÜV Süd bietet Bauherren ein baubegleitendes Qualitätscontrolling für Einfamilien-, Doppel- und Reihenhäuser an. Ausgehend von der technischen Erläuterung der Baubeschreibung stehen dem Bauherren Sachverständige zu Seite, die mit ihm die Baustelle begehen. Die Begehungen erfolgen laut Auskunft des TÜV Süd zu den wichtigsten Bautenständen:
■ Kontrolle der Kellerabdichtung. Zeitpunkt: vor dem Verfüllen der Arbeitsräume des Kellergeschosses beziehungsweise – bei WU-Konstruktionen – nach dem Betonieren der Bodenplatte
■ Überprüfung der Rohbauarbeiten, Dachtragwerk, Fenstereinbau, Rohinstallation Heizung, Elektro, Sanitär. Zeitpunkt: vor dem Schließen der Installationsschächte und vor den Innenputzarbeiten
■ Überprüfen der Dampfsperren, Putz-, Estrich- und Fassadenarbeiten. Zeitpunkt:

während der Ausführung der Ausbauge-
werke und der Dachdämmungsarbeiten
Geprüft wird jeweils, ob die Arbeiten der
Baubeschreibung und den aktuellen technischen Vorschriften entsprechen. Nach
jeder Begutachtung fertigt der Sachverständige einen schriftlichen Bericht mit
allen gutachterlichen Feststellungen an.
Wichtige Details werden im Bild dokumentiert. Nach Abschluss der Arbeiten
begleitet der Sachverständige den Bauherren beziehungsweise Erwerber zur Abnahme und übergibt ihm ein qualifiziertes
Abnahmeprotokoll.
Voraussetzungen: keine
Kosten: 3 998 Euro (mit Keller, vier Begehungen) beziehungsweise 3 520 Euro
(ohne Keller, drei Begehungen)
Tel. 0800/8 88 44 44;
E-Mail: bautechnik@tuev-sued.de

■ **TÜV Nord**
Stichprobenartige visuelle Kontrollen finden zu prägnanten Zeitpunkten der Bauausführung statt. Bei Auffälligkeiten stellt
der Sachverständige fest, ob es sich um
optische Mängel handelt oder Funktionen
des Gebäudes beeinträchtigt sind beziehungsweise zugesagte Eigenschaften
nicht erfüllt werden. Auf Grundlage dieser
Bewertung lassen sich fundierte Aussagen treffen, welche Möglichkeiten der
Nachbesserung in Frage kommen oder ob
ein Minderwert geltend gemacht wird.
   Voraussetzungen: keine
   Kosten: 2 856 Euro inkl. Zertifizierung
(Wohnfläche ca. 140 qm, ohne Keller,

Massiv/Verblendmauerwerk, vier Inspek-
tionen), jede zusätzliche Inspektion (zum
Beispiel Keller oder WDVS-Fassade)
476 Euro
Tel. 040/85 57 25 64;
E-Mail: bau@tuev-nord.de

■ **TÜV Rheinland**
Einen „Fünf-Phasen-Check" bietet der
TÜV Rheinland Bauherren an. Dieser bein-
haltet Stichproben-Prüfungen an den we-
sentlichen Bauteilen.
■ Prüfung der Planunterlagen
■ Abdichtungssystem, Gebäudeentwäs-
serung
■ Rohbauarbeiten, Rohinstallationen,
Luftdichtheit
■ Estrich, Innenputz, Dach, Fassaden
■ Bodenbeläge, Wandbekleidungen,
Fertiginstallationen

In jeder Phase erstellt der Sachverständi-
ge ein Protokoll mit Mängelbericht und
Fotodokumentation. Darüber hinaus doku-
mentiert er die Mängelbeseitigung vom
Beginn bis zur Fertigstellung des Hauses.
Voraussetzungen: keine
Kosten: abhängig von der Größe des Hau-
ses, 3 332 Euro für ein durchschnittliches
Einfamilienhaus bei vier Prüfungsterminen
(ohne Phase 1, siehe oben) während der
Bauphase
Tel. 01803/25 25 35 15 00;
E-Mail: internet@de.tuv.com

UNSER BAU-STELLEN-CHECK

Vom Ausheben der Baugrube bis zum Streichen der Wände – beim Hausbau wird Planern und Ausführenden jede Menge Sachverstand abverlangt. Viele von ihnen machen einen exzellenten Job. Doch Zeit- und Kostendruck führen nicht selten auch zu Schludereien – und diese wiederum können schwere Schäden am Haus nach sich ziehen. Damit Baulaien dem nicht wehrlos ausgeliefert sind, heißt es für sie, zum richtigen Zeitpunkt genau hinzuschauen.

BAUPFUSCH ERKENNEN UND BESEITIGEN LASSEN

Im Folgenden stellen wir Ihnen rund 250 typische Baumängel vor – basierend auf aktuellen Untersuchungen von Verbraucherverbänden. Wir haben die Mängel 48 Bereichen zugeordnet, deren Reihenfolge sich am Baufortschritt orientiert.

Jeder Mangel wird nicht nur anhand seiner Erscheinungsform ("Mängelsymptom") beschrieben, sondern nach drei Kriterien eingeordnet. Während das Kriterium "Häufigkeit (H)" angibt, ob ein Mangel sehr oft, oft oder vereinzelt auftritt, wird unter "Erkennbarkeit (E)" erfasst, ob es für einen Baulaien relativ gut, eher schwierig

oder nahezu unmöglich ist, den betreffenden Mangel zu erkennen. Schließlich wird eine Aussage dazu getroffen, ob die "Verdeckungsgefahr (V)" sehr hoch, hoch oder eher gering ist: mit welcher Wahrscheinlichkeit ein Mangel also im weiteren Bauverlauf unter der Arbeit der nachfolgenden Gewerke "verschwindet".

Doch keine Angst: Wir verraten Ihnen auch, wie Baumängel fachgerecht beseitigt werden, damit Sie nicht Jahre später – womöglich nach Ablauf der Gewährleistungsfrist – durch plötzlich auftauchende Folgeschäden böse überrascht werden.

BAUHERREN SOLLTEN PRÄSENZ ZEIGEN

Auch Häuslebauer ohne Fachkenntnisse können manchem Mangel auf die Spur kommen. In einigen Bereichen ist jedoch ein unabhängiger Experte unverzichtbar. Dipl.-Ing. Thomas Penningh aus Braunschweig, Präsident des Instituts Privater Bauherren e. V., gibt Tipps für die Baustellenpraxis.

Worauf sollte der Bauherr vor Beginn der Bauarbeiten unbedingt achten?

Ich empfehle Bauherren dringend, vor allem beim Thema Untergrund ganz genau hinzuschauen. Von der Beschaffenheit des Bodens hängt im Prinzip der ganze Hausbau ab. Fehler und Nachlässigkeiten bei der Bewertung können sehr teuer werden. Der Bauherr sollte sich unter anderem folgende Fragen stellen: Ist der Baugrund ausreichend tragfähig? Ist er durch Schadstoffe kontaminiert? Steht Grundwasser an? In Bauverträgen wird oft nur der „Best case" beschrieben, also der beste anzunehmende Boden, doch davon ist längst nicht immer auszugehen. Aus diesem Grund sollte der Bauherr bereits vor Vertragsabschluss einen externen Dienstleister mit einem Baugrundgutachten beauftragen und dieses dann zum Bestandteil des Bauvertrags machen. Nur so ist gewährleistet, dass der Vertragspartner bei Verstößen, etwa der Verwendung falscher Baumaterialien, haften muss. Außerdem lassen sich Kosten sparen, da der Auftraggeber wichtige Infos schon vor Vertragsabschluss bekommt, etwa wie viel Aushub erforderlich ist. So gerüstet kann er sich verschiedene Angebote machen lassen.

Was ist in Bezug auf die Lage des Hauses zu beachten?

Grundstücke können ober- aber auch unterhalb des sogenannten Bezugspunkts liegen. Diesen markiert in der Regel die Straße vor dem Grundstück. Der Bezugspunkt ist wichtig für Höhenangaben, beispielsweise die Traufhöhe. Für diese wiederum hat die Baubehörde im jeweiligen Bebauungsplan Begrenzungen festgelegt. Das kann für den Bauherren bedeuten, dass er Boden abtragen oder aufschütten lassen muss. Deshalb sollten Bauherren bereits vor dem Kauf des Grundstücks dessen Höhensituation prüfen lassen.

Kommen wir zum Hausbau selbst. Welche Chance hat der durchschnittlich versierte Bauherr, während der Bauphase Fehlern und Mängeln auf die Spur zu kommen?

Nur eine sehr geringe. Die meisten Bauherren kennen sich dafür einfach nicht gut genug aus. So ist es zum Beispiel äußerst schwierig, als Laie Inhalt und Komplexität der aktuell geltenden Energieeinsparverordnung (EnEV) zu erfassen und beim Hausbau zu überprüfen, ob deren Anforderungen richtig umgesetzt werden. Hinzu

DIPL.-ING. THOMAS PENNINGH rät Häusle-
bauern, sich regelmäßig auf der Baustelle
sehen zu lassen und die Arbeiten mit der
Digitalkamera zu dokumentieren.

kommt: Das Wenige, das viele Bauherren
wissen, beziehen sie häufig aus eher zwei-
felhaften Quellen, beispielsweise aus Diskussionen in Onlineforen oder Gesprächen
mit Bekannten. Dabei handelt es sich in aller Regel nicht um belastbares Fachwissen, sondern um persönliche Meinungen,
die nicht unbedingt fachlich korrekt sind.
Redet etwa ein Maurer über Probleme mit
dem Dachstuhl, ist seitens des Bauherren
eine gesunde Skepsis angebracht. Deshalb
ist es auch in jedem Fall von Vorteil, von
Beginn an einen unabhängigen Experten
an seiner Seite zu haben, wie ihn etwa
Bauherrenverbände ihren Mitgliedern vermitteln können.

Ist es ohne einen solchen Fachmann überhaupt sinnvoll, sich auf der Baustelle sehen zu lassen?

Regelmäßige Besuche auf der Baustelle
haben auf jeden Fall Sinn. Fachlich weniger versierte Bauherren können zumindest
den Baufortschritt dokumentieren, indem
sie möglichst viele Fotos machen – insbesondere von Bereichen, die schnell überbaut beziehungsweise verdeckt werden.
Fotos sind in diesem Fall viel wichtiger als
verbale Beschreibungen. Außerdem gewinnt der Bauherr durch möglichst häufige
Besuche auf der Baustelle einen allgemeinen Eindruck über die beteiligten Firmen
und ihre Arbeitsweise: Liegt auf der Baustelle Schutt herum? Sind Baustoffe richtig
gelagert beziehungsweise vor Regen ge-

schützt? Werden Sicherheitsvorkehrungen
missachtet?

Wie schaut es mit der Übergabe wichtiger Dokumente durch die beauftragte Baufirma aus?

Grundsätzlich sollten sich Bauherren bereits im Vertrag zusichern lassen, dass ihnen wichtige Dokumente ausgehändigt
werden. Dazu gehören statische Berechnungen, der Bau- sowie der Entwässe-
rungsantrag, die komplette EnEV-Berechnung samt Ausweis einzelner Bauteile beziehungsweise Wärmeleitgruppen.
Schließlich lohnt es sich auch, Lieferschei-
ne und „Beipackzettel", zum Beispiel von
Wärmedämmplatten, einzusammeln. So
lässt sich im Streitfall unter Umständen
beweisen, dass andere als die in der Leistungsbeschreibung geforderten Baumaterialien verwendet wurden.

Nervt es die Handwerker nicht, wenn ihnen ständig ein Laie dazwischenfunkt?

Grundsätzlich ist es das gute Recht jedes
Bauherren, sich vom Baufortschritt zu
überzeugen. Anders sieht es aus, wenn
man nicht Bauherr, sondern lediglich Käufer eines schlüsselfertigen Hauses ist. Ein
Käufer, im Juristendeutsch auch Erwerber
genannt, darf die Baustelle ohne Erlaubnis
nicht einmal betreten. Er sollte sich deshalb dieses Recht vertraglich zusichern
lassen – und zwar für sich selbst sowie

bevollmächtigte Personen. Was Kontrollen und Interventionen während der Bauphase betrifft, gilt es, das richtige Maß zu finden. Ständiges Herummäkeln an kleinsten Details kann nerven und trägt auf Dauer nicht zu einem guten Verhältnis zu Handwerkern und Bauleitung bei. Kontraproduktiv ist es zudem, wenn sich etwa der in Rente befindliche Vater des Bauherren jeden Tag mit einem Campingstuhl auf die Baustelle setzt, die Arbeiten überwacht und womöglich noch schlaue Ratschläge gibt. Mein Tipp: Der Bauherr sollte Präsenz zeigen, aber in der Rohbauphase den Baubetrieb nicht stören. Er sollte sich an die Regeln auf der Baustelle halten und die Sicherheitsvorkehrungen beachten. Ohne Helm und geeignetes Schuhwerk auf der Baustelle herumzuspazieren sollte tabu sein.

Sollte er außerdem für „gutes Wetter" sorgen, indem er zum Beispiel die Handwerker verpflegt?

Handwerkern ab und zu einen Kaffee oder ein Stück Kuchen zu spendieren – dagegen ist nichts einzuwenden. Dabei ergibt sich in der Regel auch ein Schwätzchen, bei dem der Bauherr vielleicht Dinge erfährt, die ihm sonst verborgen geblieben wären. Problematisch wird es nur, wenn dann ein Handwerker anfängt, über einen anderen zu schimpfen und diesem die Schuld für angebliche Schlamperei in die Schuhe schiebt. Aus solchen Scharmützeln sollten sich Bauherren heraushalten und auf keinen Fall vorschnell Partei ergreifen.

Worauf sollte der Bauherr in Bezug auf Mängel achten?

Auch Bauherren ohne Fachwissen können erkennen, ob Mauersteine kaputt sind oder gesplittertes Holz verbaut wird. Diese Informationen sollten sie gleich an den Bauleiter weitergeben. Auch um nachzuzählen, ob der Elektriker alle Steckdosen eingebaut hat, bedarf es keiner speziellen Kenntnisse. Bauherren können zudem überprüfen, ob zum Beispiel der im Vertrag vorgesehene Luftdichtigkeitstest durchgeführt wurde, mit dem die Durchlässigkeit der luftdichten Hülle des Hauses gemessen wird. Grundlage solcher Kontrollen ist die Leistungsbeschreibung. Problematisch wird es grundsätzlich, wenn der Bauherr insbesondere beim schlüsselfertigen Bauen lediglich über „Meilensteine" des Hausbaus informiert ist und zu Beginn der Arbeiten keinen detaillierten Bauzeitenplan ausgehändigt bekommt. Dann verpasst er möglicherweise entscheidende Arbeitsschritte. Was Laien zudem nur schwer oder gar nicht beurteilen können, ist die Qualität der ausgeführten Arbeiten. Ähnliches gilt zum Beispiel für die thermische Hülle eines Hauses sowie die Haustechnik. Um hier Mängel feststellen zu können, bedarf es jeder Menge Fachwissen, über das kaum ein Bauherr verfügt.

Man hört zuweilen von groben Schnitzern wie versetzt eingebauten Innenwänden. Wie lassen sich solche Mängel erkennen?

Indem der Bauherr schon im Rohbau die Hauptmaße des Hauses prüft. Dazu gehören neben den Außenmaßen unter anderem auch die Innenmaße sowie die Diagonale der Bodenplatte. Auch ob die Nische im Bad groß genug für die geplante Duschkabine ist, lässt sich auf diese Weise feststellen. Nur sollte der Bauherr nicht unbedingt mit Zollstock oder Maßband auf der Baustelle herumlaufen. Viel genauere Ergebnisse liefert ein Laser-Messgerät, mit dem sich zudem prüfen lässt, ob zum Beispiel rechte Winkel eingehalten wurden. Wie er die Maße nehmen muss, kann der Bauherr in der DIN 18202 nachlesen.

Angenommen, der Bauherr beauftragt einen unabhängigen Sachverständigen mit der Qualitätskontrolle. Dieser kann doch unmöglich jeden Tag auf die Baustelle gehen?
Sachverständige wissen aus Erfahrung, wann sie Baufirmen besonders auf die Finger schauen müssen. So ist es von entscheidender Bedeutung, sich die Bodenplatte anzuschauen, bevor der Beton gegossen wird. Ist die Bewehrung korrekt verlegt? Sind die Abstandshalter richtig angebracht? Liegen die Grundleitungen fachgerecht? Genauso wird der Sachverständige die Ausführung der Wandschlitze und den luftdichten Einbau der Installationsdosen für die Stromkabel kontrollieren, bevor der Putz aufgetragen wird. Das gilt analog für den Estrich, der unter Umständen fehlerhaft verlegte Rohre der Fußbodenheizung verdeckt. Außerdem erklärt der Sach-

verständige dem Bauherren gezielt, worauf dieser bis zur nächsten gemeinsamen Begehung achten soll. Stellt der Bauherr außerhalb der turnusmäßigen Kontrollen Mängel fest, kommt der Experte auch zwischendurch auf die Baustelle. Auf diese Weise lassen sich die Kontrollergebnisse optimieren.

Lassen sich Mängel noch feststellen, wenn sie einmal verdeckt sind?
Die Kontrollen unabhängiger Sachverständiger finden in aller Regel zu Zeitpunkten statt, an denen die zu prüfenden Bauteile noch sichtbar sind. So schaut sich der Fachmann die Bewehrung der Bodenplatte an, bevor diese mit Beton ausgegossen und dadurch verdeckt wird. Genauso werden die Installationsschlitze für Sanitärleitungen geprüft, bevor diese mit Putz überdeckt werden. Andere Kontrollen lassen sich wiederum so durchführen, dass keine Bauteile zerstört werden müssen, zum Beispiel mit Hilfe eines Luftdichtigkeitstests beziehungsweise einer Innenraum-Thermographie. Ich empfehle übrigens, diese Tests – analog zum eingangs erwähnten Baugrundgutachten – aus dem Vertrag herauszunehmen und extern zu beauftragen. Hat der Sachverständige dagegen den begründeten Verdacht, dass ein Mangel überbaut wurde, zum Beispiel die Fenster ohne Tragklötze eingesetzt wurden, kann er die betreffende Stelle aufschneiden und nachschauen. Einen solchen begründeten Verdacht wird ein Laie bei bautechnischen Details nur schwerlich äußern können.

HÄUFIGKEIT (H)
Vereinzelt
ERKENNBARKEIT (E)
Relativ gut
VERDECKUNGSGEFAHR (V)
Eher gering

Wurde zum Beispiel aufgrund eines fehlenden Baugrundgutachtens der aktuelle bzw. höchstmögliche Grundwasserstand nicht beachtet oder stößt die Baufirma beim Ausheben auf Schichtenwasser, droht ein Volllaufen der Baugrube. Diese muss trockengelegt werden, erst dann können die Arbeiten weitergehen.

ERDARBEITEN / GRUNDLEITUNGEN

Die Planungen sind abgeschlossen – die Bauarbeiten beginnen. Dafür muss zunächst der Baugrund vorbereitet oder eine Grube für den Keller ausgehoben werden. Anschließend werden im Erdreich die Grundleitungen verlegt. Dann erst erfolgt die eigentliche „Gründung" des Hauses.

Beim Aushub der Baugrube ist zu beachten, dass ein ausreichend großer Arbeitsraum um das Fundament herum entsteht sowie ein Böschungswinkel eingehalten wird, der an die Bodenverhältnisse angepasst ist. Ist die Böschung zu steil, besteht Einsturzgefahr! Steht darüber hinaus Grundwasser an, sind während der Erdarbeiten geeignete Maßnahmen zur Wasserhaltung zu treffen.

Grundleitungen verlaufen im Erdreich und werden beim Betonieren der Bodenplatte mit Hilfe von Aussparungen ins Haus geführt. Sie haben die Aufgabe, Abwässer dem

WEITERE TYPISCHE MÄNGEL

Mangel	Bauschaden	H
Bodenbeschaffenheit nicht beachtet (in der Regel Planungsfehler)	Kein ausreichender Schutz vor eindringender Feuchtigkeit, z. B. durch stauendes Sickerwasser	Oft
Böschungswinkel der Baugrube zu gering/ Böschung zu steil	Abrutschende Böschung, dadurch evt. Druck auf Kellerwände; Gefahr für Personen im Arbeitsraum	Vereinzelt
Grundleitungen ohne ausreichendes Gefälle, mit fehlerhaften Abzweigen oder ohne Rückstauklappe bzw. Revisionsschacht verlegt	Undichtigkeiten, Verstopfungen	Oft
Leitungen nicht tief genug verlegt	Frostschäden an Außenleitungen	Oft
Hausanschlüsse nicht ans Kanalnetz angeschlossen	Kein Abtransport des Abwassers möglich	Vereinzelt

öffentlichen Kanalnetz zuzuleiten. Im Inneren des Hauses sollten Grundleitungen vermieden und statt dessen Sammelleitungen verlegt werden – frei liegende Leitungen, die das Abwasser mehrerer Einzelanschluss- beziehungsweise senkrecht verlaufender Fallleitungen aufnehmen.

Beim Bau unterkellerter Häuser werden Fallleitungen oft bereits unter der Kellerdecke „abgefangen" und in Sammelleitungen überführt, die durch die Kellerwand nach außen führen. Dadurch ist eine bessere Kontrolle und Reinigung möglich. Bei nicht unterkellerten Häusern sollten Abwasserleitungen auf dem kürzesten Weg nach draußen geführt und Fallrohre nahe der Außenwand verlegt werden.

Grundleitungen können aus Steinzeug, Stahl, Kunststoff, Guss oder Beton bestehen. Sie bilden ein Netz mit einer großen Zahl von Abzweigen, Bögen und Übergangsstücken. Bei Planung und Ausführung kommt es darauf an, den Querschnitt aller Leitungen richtig zu wählen und diese so zu verlegen, dass das Abwasser rückstandsfrei ablaufen kann. Wichtig: Einmal eingebaut lassen sich Lage und Höhe der Grundleitungen nicht mehr korrigieren!

Der Durchmesser einer Grundleitung muss mindestens 100 Millimeter betragen, empfohlen werden 150 Millimeter. Das Gefälle muss mindestens ein Prozent betragen, das heißt: Ein Zentimeter Höhenunterschied pro Meter. Bei mehrfachen Richtungsänderungen sowie innerhalb von Gebäuden sind sogar zwei Prozent Gefälle vorgeschrieben. Für Richtungsänderungen sind ausschließlich Formstücke aus demselben Material zulässig. Abzweige dürfen einen Winkel von höchstens 45 Grad aufweisen. Doppelabzweige sind unzulässig.

Grundleitungen müssen dicht sein und frostfrei verlegt werden. Das entspricht in hiesigen Breiten einer Einbautiefe von mindestens 80 Zentimetern. Ferner muss eine Belastung durch tragende Bauteile ausgeschlossen sein. Da Grundleitungen größtenteils unter der Bodenplatte „verschwinden", besteht die Gefahr, dass Mängel überbaut werden, was eine Sanierung sehr aufwändig macht.

SANIERUNG

Um das Haus im Trockenen bauen zu können, muss das Baugrubenwasser mit Hilfe einer Pumpenanlage abgeführt bzw. der Grundwasserspiegel vorübergehend abgesenkt werden. Obendrein muss an der Kellersohle feuchtes gegen trockenes Erdreich ausgetauscht werden. Für weitere Schritte sollte ein Bodengutachter hinzugezogen werden. In jedem Fall sollte der Bauherr für eine ausreichende Abdichtung des Kellers sorgen – oder gleich den Bau einer „weißen Wanne" veranlassen.

FOLGESCHÄDEN

Grundwasser kann bei unsachgemäßer Abdichtung Feuchte- und Schimmelschäden am Haus verursachen.

E	V	Sanierung	Folgeschäden ohne Sanierung
Für Laien nahezu unmöglich	Eher gering	Nachträglicher Einbau einer Dränage bzw. Maßnahmen zur besseren Abdichtung von Bodenplatte bzw. Kellerwänden	Feuchteschäden, Schimmelbefall
Relativ gut	Eher gering	Böschung mit korrektem Neigungswinkel anlegen bzw. Kellermauerwerk erneuern	Nur Problem in der Bauphase
Eher schwierig	Sehr hoch	Nacharbeiten sehr aufwändig, bei unterkellerten Häusern evt. neues, unter Kellerdecke abgehängtes Leitungssystem	Rückstau von Abwässern in Folge nicht fachgerecht verlegter oder verstopfter Leitungen, dadurch Überschwemmungen
Relativ gut	Sehr hoch	Aufgraben und Neuverlegen in korrekter Tiefe	Rückstau von Abwässern und somit Feuchteschäden
Eher schwierig	Sehr hoch	Aufgraben der Außenfläche und nachträglicher Anschluss	Rückstau, Unterspülung von Bodenplatte/Fundamenten

HÄUFIGKEIT (H)
Sehr oft
ERKENNBARKEIT (E)
Relativ gut
VERDECKUNGSGEFAHR (V)
Sehr hoch

Bestehen Dränagerohre aus ungeeigne-
tem Material („Rollenware"), weisen sie
kein oder ein falsches Gefälle auf oder
sind sie verstopft, ist eine mangelhafte
Entwässerung die Folge (im Bild: mit
Bauschutt verstopfter Kontrollschacht).
Dann droht das Eindringen von Feuchtigkeit ins Gebäude.

DRÄNAGE

Der größte Feind eines Hauses ist Feuchtigkeit. Dass Regen, Schnee, Stau- oder Sickerwasser unter der Erde liegende Bauteile schädigen, lässt sich durch eine Dränage verhindern.

HINTERGRUND

Eine Dränage – auch Dränung genannt – schützt unter der
Erde befindliche Bauteile vor Feuchtigkeit. Sie erfüllt ihre
Aufgaben zusammen mit der Bauwerksabdichtung. Sie besteht hauptsächlich aus einer Dränschicht und einer Dränleitung. Man spricht von einer Ringdränung, wenn das Nie-

derschlags- und Oberflächenwasser entlang der Hauswän-
de abgeleitet wird. Als Flächendränung bezeichnet man die
flächenhafte Ableitung unter der Bodenplatte.

Der Einbau einer Dränung ist nötig, wenn Sickerwasser
nicht schnell genug ins Grundwasser laufen kann und von
außen auf das Gebäude drückt. Ausschlaggebend ist die

WEITERE TYPISCHE MÄNGEL

Mangel	Bauschaden	H
Dränung erfasst nicht alle erdberührten Wände	Anstehendes Sickerwasser bzw. – bei mangelhaf-ter Abdichtung – Feuchteeintrag in Kellerwände	Oft
Sickerschicht bzw. Filtervlies nicht eingebaut	Keine ordnungsgemäße Funktion, Versandung, da-durch anstehendes Sickerwasser, bei mangelhafter Abdichtung Feuchteeintrag in Kellerwände	Oft
Kein offener Vorfluter bzw. Sickerschacht vor-handen	System nicht funktionsfähig, anstehendes Sicker-wasser	Oft
Keine Kontroll- bzw. Spülschächte eingebaut	Zusetzen bzw. Verstopfen der Rohre bis zum Funk-tionsausfall	Oft

Beschaffenheit des Bodens. Während Sickerwasser in „nicht bindigen" Böden wie Sand oder Kies ohne Stauung abläuft, ist bei „bindigen" Böden wie Lehm, Ton und Mergel eine Dränung erforderlich. Drückt Grundwasser auf das Haus, ist eine wannenartige Abdichtung des Baukörpers nötig, die durch eine Dränung ergänzt werden kann.

Die Dränschicht gewährleistet, dass Sickerwasser so schnell wie möglich an der Außenseite des Gebäudes herabläuft. Als Stufenfilter ausgeführt, besteht sie aus einer an der Bauwerksabdichtung anliegenden Sickerschicht (zum Beispiel aus Kiessand), an die sich eine Filterschicht (zum Beispiel aus Sand oder Polyestervlies) anschließt. Die Filterschicht verhindert, dass ausgeschlämmter Boden in die Sickerschicht bzw. die Rohre gelangt und deren Funktion beeinträchtigt. Dränschichten können jedoch auch als Mischfilter ausgeführt werden, wobei Dränsteine, -platten oder -matten die Funktion beider Schichten übernehmen.

Hat das Sickerwasser die Dränschicht durchlaufen, wird es von der Dränleitung abgeleitet. Sie besteht aus Dränrohren in Verbindung mit Spül- und Kontrollrohren sowie Kontroll- und Sammelschächten. Bei jedem Richtungswechsel (Gebäudeecken) ist der Einbau eines Spülschachts vorgeschrieben. Die in eine Kiespackung eingelegten Dränrohre haben poröse, geschlitzte oder gelochte Rohrwandungen und bestehen aus PVC, Beton, Ton oder Steinzeug. Das Mindestgefälle der Dränrohre muss 0,5 Prozent betragen,

damit ein ausreichender Abfluss gewährleistet ist. Spülrohre werden stehend mit einer Abdeckung eingebaut.

DIN 4095 verlangt unter anderem eine geradlinige Verlegung mit gleichmäßigem Gefälle. Dies ist nur mit „Stangenware" zu erreichen. Die häufig verwendete, jedoch deutlich weniger steife „Rollenware" ist grundsätzlich nicht zum Verlegen einer Dränage an Gebäuden geeignet.

Der Hochpunkt der Rohrsohle – also der untere Teil des Dränagerohrs – darf höchstens 20 Zentimeter unter der Oberkante der Kellersohle liegen. Der Rohrscheitel – der obere Teil des Dränagerohrs – darf an keiner Stelle die Oberkante der Kellersohle übersteigen. Das aufgefangene Wasser wird – nach behördlicher Genehmigung – in die Kanalisation bzw. einen Bach oder Graben eingeleitet. Lässt sich ein Anschluss an wasserdurchlässige Bodenschichten herstellen, kann man es auch versickern lassen.

SANIERUNG

Fehlerhaft verbaute Rohre müssen ausgetauscht bzw. fachgerecht verlegt werden. Verstopfungen sind zu entfernen.

FOLGESCHÄDEN

Ist die Dränage nicht (voll) funktionsfähig, kann das zu Schäden am Abdichtungssystem führen und entsprechend zu Feuchteschäden am und im Bauwerk. Es drohen Schimmelbefall bzw. die Versalzung des Mauerwerks.

E	V	Sanierung	Folgeschäden ohne Sanierung
Für Laien nahezu unmöglich	Eher gering	Trockenlegen betroffener Stellen, evt. Einsatz eines Sanierputzes, Einbau einer vollständigen Dränung	Evt. Beschädigung der Gebäudeabdichtung: Schimmelbildung, Versalzung des Mauerwerks
Eher schwierig	Sehr hoch	Aufgraben und Einbau einer funktionierenden Dränung	Evt. Beschädigung der Gebäudeabdichtung: Feuchteeintrag, Schimmelbildung, Versalzung des Mauerwerks
Für Laien nahezu unmöglich	Sehr hoch	Nachträglicher Anschluss an Vorfluter oder Sickerschacht	Evt. Beschädigung der Gebäudeabdichtung: Feuchteeintrag, Schimmelbildung, Versalzung des Mauerwerks
Eher schwierig	Eher gering	Nachträglicher Einbau von Kontroll- bzw. Spülschächten	Evt. Beschädigung der Gebäudeabdichtung: Feuchteeintrag, Schimmelbildung, Versalzung des Mauerwerks

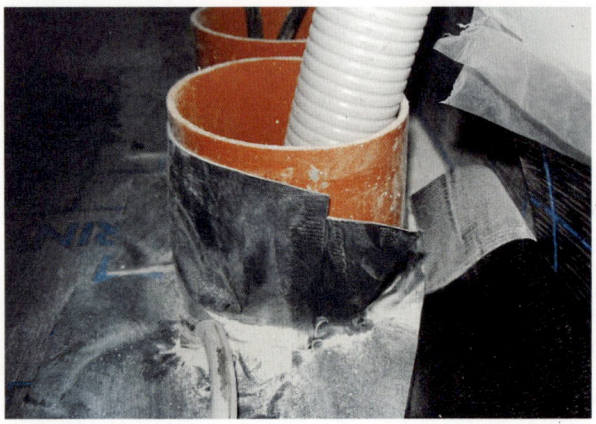

Wird die Abdichtung der Bodenplatte nicht fachgerecht an Durchdringungen hochgezogen, entsteht eine Schwachstelle, durch die aufsteigende Feuchtigkeit eindringen kann (im Bild: zusätzlich Elektroleitung durch Abdichtung verlegt).

HORIZONTALE ABDICHTUNG

Damit Bodenplatte und Mauerwerk nicht durch aufsteigende Feuchtigkeit geschädigt werden können, wird eine Sperrschicht eingebaut, die Boden und Wände trocken hält.

HINTERGRUND

Die horizontale Bauwerksabdichtung umfasst die Abdichtung der Bodenplatte sowie der Grundflächen der Mauerwerkswände gegen aus dem Erdreich aufsteigende Feuchtigkeit. Sie ist auch bei Häusern ohne Keller wichtig, da Wasser aus dem Boden kapillar im Beton der Bodenplatte aufsteigen kann.

Die horizontale Abdichtung steht in engem Zusammenhang mit der vertikalen Abdichtung der Außenwände (siehe Seite 102). Bei der Planung der Abdichtung ist vor allem der „Lastfall" zu klären — also die Frage, ob lediglich mit normaler Bodenfeuchte zu rechnen ist, mit nicht stauen-

dem oder zeitweise aufstauendem Sickerwasser oder sogar mit drückendem Wasser. Dazu müssen mittels geotechnischer Untersuchungen die Bodenart sowie der sogenannte Bemessungswasserstand festgestellt werden. Unter „Bemessungswasserstand" versteht man dabei den höchsten ermittelten Grund- bzw. Hochwasserstand. Hinweise darauf können unter anderem Messungen des Wasser- und Abfallwirtschaftsamts oder bereits vorliegende Erfahrungen bei der Bebauung auf benachbarten Grundstücken liefern.

Bei horizontalen Abdichtungen von Bodenplatten kommen in der Regel Bitumenbahnen zum Einsatz. Steht im Erdreich drückendes Wasser (Grund- oder Schichtenwas-

WEITERE TYPISCHE MÄNGEL

Mangel	Bauschaden	H
Horizontale Abdichtung fehlt	Feuchteeintrag ins Gebäude	Vereinzelt
Anschlüsse der Querschnittsabdichtung an Boden- bzw. Außenwandabdichtung nicht korrekt hergestellt	Feuchteeintrag ins Bauwerk	Oft
Fehlender Schutz der Abdichtung auf der Bodenplatte während der Bauzeit	Beschädigung der Abdichtung, z. B. durch Baumaterialien	Oft

ser) an, ist die Abdichtung erdberührter Bauteile in Form einer „weißen Wanne" oder eines anderen zugelassenen Systems (zum Beispiel mittels Bitumenschweißbahnen) erforderlich. Für eine „weiße Wanne" werden Bodenplatte und erdberührte Wände aus wasserundurchlässigem Beton („WU-Beton") hergestellt, wodurch auf eine zusätzliche Abdichtungsschicht und Dränage oft verzichtet werden kann.

Bei anderen Lastfällen können die Kellerwände aus Mauerwerk errichtet werden – entweder auf einer Fundamentplatte aus Stahlbeton oder Streifenfundamenten in Kombination mit einer Bodenplatte. Soll der Keller später nur als Lagerraum genutzt werden, reicht auch bei Bodenplatten, die entsprechend dem Lastfall nicht aus WU-Beton bestehen, der Einbau einer kapillarbrechenden Schüttung (mindestens 15 Zentimeter dick) samt verschweißter PE-Abdichtungsbahnen unter der Bodenplatte aus.

Ist dagegen die Nutzung des Kellers als Aufenthalts- bzw. Wohnraum geplant, muss auf Bodenplatten, die nicht aus WU-Beton bestehen, vollflächig eine zusätzliche bahnenförmige Abdichtung verlegt bzw. punktweise aufgeklebt und mit der Horizontalsperre der Außenwände verbunden werden. Diese Abdichtungsschicht kann unter anderem aus einlagigen Bitumen-, Selbstklebebitumen-, Kunststoff- oder Elastomerdichtungsbahnen bestehen.

Um Mauerwerkswände gegen aufsteigende Feuchtigkeit zu schützen, ist auch unter diesen eine waagerechte Abdichtung erforderlich. Diese wird in der Regel direkt auf der Bodenplatte verlegt (nicht geklebt!). Um die Verbindung zur Abdichtung der Bodenplatte herzustellen zu können, wird die Sperrschicht unter den Mauerwerkswänden mittels eines beidseitigen Überstands (jeweils mindestens 10 Zentimeter) mit der Abdichtung der Bodenplatte verklebt.

Da eine solche „Querschnittsabdichtung" aufgrund des seitlichen Erddrucks keine Gleitschicht darstellen darf, eignen sich nicht alle bahnenförmigen Abdichtungen. Verwendet werden dürfen Bitumendachbahnen mit Rohfilzeinlage, Bitumen-Dachdichtungsbahnen sowie Kunststoff- und Elastomerdichtungsbahnen. Geeignet sind auch Mauersperrbahnen und Abdichtungen aus flexiblen Dichtschlämmen – dagegen keine Schweißbahnen! Die einzelnen Lagen müssen einander um mindestens 20 Zentimeter überlappen und dicht schließend verbunden werden.

SANIERUNG

Fehlstellen in der Flächenabdichtung sind so nachzubessern, dass diese ihre Funktion erfüllen kann, also dicht ist. Im Bereich von Durchdringungen kann dies während der Bauphase durch das Entfernen der fehlerhaften Abdichtung sowie das Aufbringen und Verschweißen neuer Bahnen geschehen. Tritt der Schaden erst später auf, kommt eventuell eine nachträgliche Abdichtung durch Injektionslösung in Frage.

FOLGESCHÄDEN

Wird die Abdichtung an undichten Stellen nicht nachgebessert, drohen Feuchteschäden sowie Schimmelbefall in der Wärmedämmung. Dadurch kann es zu einer Funktionseinschränkung bzw. einem Funktionsausfall kommen.

E	V	Sanierung	Folgeschäden ohne Sanierung
Eher schwierig	Sehr hoch	Abhilfe durch Injektionen	Schimmelbefall, Schäden im Mauerwerk
Relativ gut	Sehr hoch	Anschlüsse fachgerecht herstellen bzw. überarbeiten	Schimmelbefall, Schäden im Mauerwerk
Eher schwierig	Sehr hoch	Perforation überarbeiten	Evt. Feuchtebeschädigung des Bodenaufbaus

HÄUFIGKEIT (H)
Sehr oft
ERKENNBARKEIT (E)
Eher schwierig
VERDECKUNGSGEFAHR (V)
Sehr hoch

Soll die Abdichtung erdberührter Bauteile mit Noppenbahnen geschützt werden, ist zu prüfen, ob die Abdichtung ausreichend druckbelastbar ist. Andernfalls ist eine Noppenbahn mit Gleitschicht zu verwenden (im Bild: Beschädigung der vertikalen Abdichtung durch die Noppen).

VERTIKALE ABDICHTUNG / SOCKELABDICHTUNG

Besondere Aufmerksamkeit gilt der fachgerechten Abdichtung der Kellerwände und des Gebäudesockels. Im Zusammenspiel mit horizontaler Abdichtung und Dränage sollen sie dafür sorgen, dass das neue Haus über Jahrzehnte rundum „dicht hält".

HINTERGRUND

Die vertikale Abdichtung – auch „vertikale Sperre" genannt – schützt unter der Erde liegendes Außenmauerwerk vor Feuchtigkeit oder drückendem bzw. nicht drückendem Wasser. Diese würden ohne Abdichtung unweigerlich ins Haus eindringen. Die vertikale Abdichtung reicht in der Regel bis zur Kellerdecke bzw. zum Sockelansatz – oder ragt sogar etwas aus dem Erdreich heraus, so dass das Haus durch sie auch gegen Spritzwasser geschützt ist. Wurde in früheren Zeiten einfach eine Schicht streichfähiges Bitumen („Schwarzschicht") auf das Mauerwerk aufgetragen, sind heute Bitumendickbeschichtungen (KMB) oder zementge-

WEITERE TYPISCHE MÄNGEL

Mangel	Bauschaden	H
Abdichtung nicht nach Lastfall (z. B. drückendes Wasser) ausgelegt	Feuchteeintrag ins Mauerwerk bzw. Gebäude	Oft
Abdichtung nicht ausreichend dick bzw. nicht vollflächig verarbeitet	Feuchteeintrag ins Mauerwerk bzw. Gebäude	Oft
Durchdringungen (Rohre/Kabel) nicht vorschriftsmäßig abgedichtet	Feuchteeintrag ins Mauerwerk bzw. Gebäude	Oft
Unzureichende Höhe der Sockelabdichtung	Feuchteeintrag ins Mauerwerk durch Spritzwasser	Oft
Nicht fachgerechter Anschluss der Sockel- an die Wandabdichtung	Feuchteeintrag ins Mauerwerk bzw. Gebäude	Oft

bundene Dichtungsschlämme Standard, die in mehreren Arbeitsgängen aufgebracht werden. Bis zur vollständigen Durchtrocknung der Beschichtung sollte diese weder Regenwasser noch Frost ausgesetzt werden. Verursacht dies Probleme im Bauablauf, können von vornherein bahnenförmige Abdichtungen (zum Beispiel Bitumendichtungsbahnen oder Elastomerbahnen) verwendet werden.

Darüber hinaus ist es verpflichtend, die vertikale Abdichtung mit einer Schutzschicht zu versehen. Diese Aufgabe kann – bei Füllmaterial ohne scharfe Kanten – ein Vlies bzw. Geotextil von mindestens 2 Millimeter Dicke und einem Flächengewicht von mindestens 300 Gramm pro Quadratmeter erfüllen. Drohen dagegen Beschädigungen der Abdichtung durch mechanische Einflüsse, kommen unter anderem Dichtplatten zum Einsatz, die wiederum selbst mit einer Schwarzschicht versiegelt werden. Diese Platten sorgen obendrein für eine gewisse Wärmedämmung.

Der obere Rand der Wandabdichtung sollte so geplant werden, dass er 30 Zentimeter über die vorgesehene Geländeoberfläche ragt. Nach dem Auffüllen der Arbeitsräume sollten davon wenigstens 15 Zentimeter übrigbleiben.

Wird vor der Kelleraußenwand eine Dränschicht (zum Beispiel Dränmatten oder -platten) eingebaut, kann auch diese den Schutz der Abdichtung vor mechanischen Beschädigungen übernehmen. Besteht die Dränschicht aus Dränsteinen oder Noppenbahnen, muss die Abdichtung eventuell durch ein Vlies geschützt werden.

Für Kellerräume gilt: Lässt sich der Wärmeschutz der Außenwände nicht durch das Baumaterial (zum Beispiel wärmedämmende Mauersteine) gewährleisten, so wird in der Regel eine Perimeterdämmschicht eingebaut. Je nach Dämmstoff kann diese die Funktion der Dämmschicht, der Schutzschicht und – bei besonderer Profilierung und Abdeckung – auch der Drän- und Filterschicht übernehmen.

Soll der Sockel verputzt werden, sind spezielle, wasserabweisende Sockelputze, Schlämmen oder Beschichtungen gefragt. Daher darf die Wandabdichtung in solchen Fällen bereits auf Geländehöhe enden. Dabei darf jedoch zwischen Abdichtung und verputztem Sockel keine Lücke entstehen. Dies lässt sich zum Beispiel durch einen ca. 20 bis 30 Zentimeter breiten Dichtschlämmstreifen vermeiden. Auf diesen werden Sockelputz und Wandabdichtung aufgebracht. Zudem sollte der Putz bis auf die Geländeoberfläche zusätzlich beschichtet und zum Beispiel durch eine Noppenbahn vor dem Kontakt mit feuchtem Füllmaterial geschützt werden.

SANIERUNG
Freilegen der Abdichtung an den betroffenen Stellen und gegebenenfalls Erneuerung der schadhaften Bereiche.

FOLGESCHÄDEN
Eindringen von Feuchtigkeitl, Versalzung des Mauerwerks, mangelhafte Wärmedämmung

E	V	Sanierung	Folgeschäden ohne Sanierung
Für Laien nahezu unmöglich	Eher gering	Abtrocknung des Mauerwerks, Überarbeitung bzw. Erneuern der Abdichtung	Schäden im Mauerwerk, Schimmelbefall
Relativ gut	Sehr hoch	Abtrocknung des Mauerwerks, Überarbeitung bzw. Erneuern der Abdichtung	Schäden im Mauerwerk, Schimmelbefall
Eher schwierig	Sehr hoch	Abtrocknung des Mauerwerks, Überarbeitung bzw. Erneuern der Abdichtung	Schäden im Mauerwerk, Schimmelbefall
Eher schwierig	Sehr hoch	Abtrocknung des Mauerwerks, Überarbeitung bzw. Erneuern der Abdichtung	Schäden im Mauerwerk, Schimmelbefall
Eher schwierig	Sehr hoch	Abtrocknung des Mauerwerks, Überarbeitung bzw. Erneuern der Abdichtung	Schäden im Mauerwerk, Schimmelbefall

Wird die Bewehrung von Betonbauteilen nicht fachgerecht, etwa mit falschen Rand- oder Überdeckungsabständen eingebaut, können Risse, Unebenheiten und Fehlstellen im Beton die unerwünschte Folge sein (im Bild: Hohlräume bzw. „Betonnester" mit sichtbarer Bewehrung).

(STAHL-)BETONARBEITEN

Ist der Untergrund vorbereitet, kann die Bodenplatte bewehrt und betoniert werden. Auf ihr lastet später das ganze Haus. Steht ein Haus im Grundwasser, kann der Keller aus wasserundurchlässigem Spezialbeton hergestellt werden – meist in Form einer „weißen Wanne".

HINTERGRUND

Beton in seiner ursprünglichen Form ist ein Gemisch aus Zement, Wasser und Gesteinskörnung („Zuschlag"). Der Zement stellt das Bindemittel im Beton dar, ist also für dessen Festigkeit verantwortlich. Heutzutage besteht Beton außerdem aus Zusatzstoffen (zum Beispiel Farbpigmente, Silikatstaub), Zusatzmitteln (zum Beispiel Verflüssigern, Porenbildnern oder Abbindebeschleunigern) und Luft. Durch Variieren dieser Bestandteile ist es möglich, Beton mit immer neuen Verarbeitungs- und Nutzungseigenschaften zu versehen, zum Beispiel als Baustoff mit unterschiedlichen Festigkeitsklassen, als Faserbeton mit Zusatz von Stahl- oder Glasfasern, als Leicht- oder sogar als selbstreinigender Beton. Werden Betonkörper mit rundem Baustahl („Bewehrung") versehen, spricht man von Stahlbeton.

Beim Bau eines Hauses kommt Beton unter anderem bei Fundament und Bodenplatte zum Einsatz, bei anstehendem Grundwasser auch beim Bau der Kellerwände (zum Beispiel „weiße Wanne") sowie unter Umständen beim Bau der tragenden Innenwände. Darüber hinaus bestehen Decken, Säulen und Pfeiler aus Beton – und nicht zuletzt kann auch Mauerwerk aus Betonsteinen oder -blöcken beste-

WEITERE TYPISCHE MÄNGEL

Mangel	Bauschaden	H
Zu geringe Betondeckung des Bewehrungsstahls	Korrosion des Bewehrungsstahls	Oft
Durchdringungen für Rohre und Kabel nicht fachgerecht hergestellt	Feuchteeintrag ins Gebäude	Oft
Kein Fundamenterder in der Bodenplatte bzw. in den Fundamenten der Außenwände verlegt	Elektroinstallation nicht geerdet	Vereinzelt

hen. Beton zeichnet sich durch seine hohe Druckfestigkeit aus und besitzt darüber hinaus unter anderem die Fähigkeit, Wärme zu speichern und diese gleichmäßig an die Umgebung abzugeben. Damit kann Beton in Wohngebäuden für ein gutes Raumklima sorgen. Mechanischen Beanspruchungen gegenüber verhält sich Beton sehr robust und ist relativ wenig anfällig für Verschleiß.

Doch Beton ist nicht gleich Beton. Die konkreten Eigenschaften hängen von der Zusammensetzung und der Verarbeitung (d.h. Verdichtung und Nachbehandlung) des Betons ab. So bestimmt etwa die Art und Größe der Gesteinskörnung (zum Beispiel Kiese, Splitte, Schotter oder Sand) entscheidend die Oberflächenbeschaffenheit, die Verarbeitungseigenschaften sowie den Anteil an Hohlräumen und damit die Festigkeit des Betons. Abweichungen in der vorgegebenen „Betonrezeptur" können beim Hausbau ernste Folgen unter anderem für Haltbarkeit und Tragfähigkeit betroffener Bauteile haben.

Beton besitzt mehrere zeitabhängige Eigenschaften, die beim Hausbau zu beachten sind. Zum einen verkürzen sich Betonbauteile beim Austrocknen – der Beton „schwindet". Unter Dauerlast „kriecht" Beton außerdem – er verändert vorübergehend oder dauerhaft seine Form.

Im Gegensatz zu seiner hohen Druckfestigkeit ist Beton nicht besonders widerstandsfähig in Bezug auf Zugkräfte. Beton wird deshalb bei Bedarf als Stahlbeton hergestellt, wobei die hoch zugfesten Bewehrungsstähle die Zugkräfte aufnehmen. Die Kombination mit dem alkalischen Beton schützt den Bewehrungsstahl zudem vor Korrosion.

Seine endgültige Festigkeit erreicht Beton oft erst Monate nach dem Betonguss. Man geht jedoch davon aus, dass er unter normalen Temperatur- und Feuchtigkeitsbe-

dingungen nach 28 Tagen seine „Normfestigkeit" erreicht hat. Da der größte Teil des Wassers nicht verdunstet, sondern als Kristallwasser im Beton gebunden wird, spricht man auch vom Abbinden des Betons, im Fachjargon „Hydratation" genannt.

Zu gravierenden Bauschäden kann es insbesondere dann kommen, wenn der Beton von Vornherein eine ungeeignete Zusammensetzung bzw. Struktur aufweist, nicht vorschriftsmäßig bewehrt oder fehlerhaft gegossen wurde. Fehlerträchtig sind darüber hinaus die Verbindungen zwischen Betonplatten. Sickert an diesen Stellen Wasser hindurch, sind schnell größere Bauschäden die Folge.

SANIERUNG

Bei Mängeln im Bereich der Bewehrung von Betonteilen ist grundsätzlich eine fachgerechte Instandsetzung nach den Vorgaben des „Deutschen Ausschusses für Stahlbeton" (DAfStb) erforderlich.

FOLGESCHÄDEN

Infolge fehlerhafter Bewehrung kann es zu Einschränkungen bezüglich der Festigkeit/Dichtheit des betreffenden Bauteils kommen. Im Bereich der Bodenplatte ist unter Umständen eine verminderte Tragfähigkeit die Folge, was sich in gravierenden statischen Problemen niederschlagen kann.

E	V	Sanierung	Folgeschäden ohne Sanierung
Für Laien nahezu unmöglich	Sehr hoch	Erhöhen der Betondeckung	Eingeschränkte Gebrauchstauglichkeit, Dauerhaftigkeit bzw. Tragfähigkeit
Relativ gut	Sehr hoch	Aufwändige, nachträgliche Abdichtung (z. B. mittels KMB)	Feuchteschäden, Schimmelbildung
Eher schwierig	Sehr hoch	Fundamenterder nachträglich einbauen	Erhöhte Unfallgefahr durch Berührungsspannungen

HÄUFIGKEIT (H)
Oft

ERKENNBARKEIT (E)
Relativ gut

VERDECKUNGSGEFAHR (V)
Eher gering

Werden Lichtschächte ohne bzw. mit nicht funktionstüchtiger Entwässerungseinrichtung eingebaut, kann sich Niederschlagswasser im Lichtschacht aufstauen und im schlimmsten Fall über die Brüstung der Kellerfenster ins Hausinnere eindringen.

KELLER- UND STÜTZWÄNDE

Gemauerte Kellerwände müssen besonderen Belastungen standhalten. Das liegt nicht nur an ihrer „tragenden Rolle" in Bezug auf Erd- und Obergeschoss – da sie zudem in direktem Kontakt zum umgebenden Erdreich stehen, müssen sie dessen Druck aushalten, das Hausinnere vor eindringender Feuchtigkeit schützen und für einen ausreichenden Wärmeschutz sorgen.

HINTERGRUND

Keller dienen heutzutage nicht mehr nur zum Lagern von Brennstoffen und Lebensmitteln, sie werden auch für viele andere Zwecke benötigt. Sie beherbergen zum Beispiel den Hausarbeits- oder Hobbyraum, dienen als Werkstatt bzw.

Spiel-, Gäste- oder Arbeitszimmer. Das stellt jeweils unterschiedliche Anforderungen an Planer und Ausführende. Grundsätzlich kommt es beim Bau eines Kellers darauf an, dass er stabil steht und zuverlässig gegen eindringende Feuchtigkeit abgedichtet ist.

WEITERE TYPISCHE MÄNGEL

Mangel	Bauschaden	H
Nicht fachgerechter Anschluss der Kellerwände an Böden und Decken bzw. aussteifende Querwände	Minderung der Tragfähigkeit bzw. Druckfestigkeit	Sehr oft
Kellermauerwerk nicht fachgerecht ausgeführt (z. B. gar kein oder zu geringes Überbindemaß, fehlerhafte Fugen)	Verformungen des Mauerwerks	Oft
Arbeitsraum bereits vor dem Einbau der Kellerdecke verfüllt	Verschiebungen der Kellerwände	Vereinzelt
Kellermauerwerk statisch nicht exakt bemessen, z. B. zu dünn ausgelegt bzw. aus ungeeigneten Mauersteinen errichtet	Minderung der Tragfähigkeit	Oft

Sind die Kellerwände Teil einer „weißen Wanne", werden sie vor Ort geschalt und ausbetoniert oder aus vorgefertigten Elementwänden hergestellt. Alternativ können Kellerwände auch aus gemauerten Fertigteilen bzw. bewehrtem oder unbewehrtem Mauerwerk bestehen.

Kellermauerwerk hat mehrere wichtige Aufgaben zu erfüllen: Es muss die von oben einwirkenden Lasten abtragen, dem seitlichen Druck des umgebenden Erdreiches sowie des eventuell anstehenden drückenden Wassers standhalten sowie einen Wärmeschutz gewährleisten.

Besonders zu berücksichtigen ist dabei der auf die Kellerwände einwirkende Erddruck. Dessen Stärke hängt unter anderem von Dichte und Konsistenz des Bodens ab – aber auch vom Abstand zur Oberfläche sowie der Neigung des Geländes. Durch den Erddruck wird eine Kellerwand auf Biegung beansprucht, was bei ihrer Bemessung zu berücksichtigen ist. Gemauerte Wände können Erddruck nur bis zu einer bestimmten Grenze aufnehmen. Ist der Erddruck höher, ist zusätzlich eine Stützmauer erforderlich. Stützmauern – auch als Stützwände bezeichnet – bestehen aus Stein oder Beton und tragen die Last des Erdreichs in den Baugrund ab.

Kellerwände werden als einschaliges Mauerwerk ausgeführt. Dabei empfiehlt sich in jedem Fall eine zusätzliche Perimeterdämmung, da diese nicht nur den Wärmeschutz erhöht, sondern auch die Abdichtung der Kellerwände vor Beschädigungen schützt.

Moderne Baustoffe gewährleisten neben der Standfestigkeit auch den erforderlichen Wärme- und Feuchteschutz. Für Kellermauerwerk eignen sich genormte bzw. bauaufsichtlich zugelassene Mauersteine und Mörtel. Dazu gehören Mauerziegel, Kalksandsteine, Betonsteine, Block- und Plansteine aus Porenbeton sowie Hohl- und Vollblöcke aus Leichtbeton.

Mauerwerk ist zwar druckfest, hat aber ähnlich wie Beton nur eine geringe Zugfestigkeit. Eine Bewehrung des Mauerwerks kann deshalb Zugfestigkeit und Risssicherheit erheblich steigern. Bei Bedarf lassen sich entweder die Lagerfugen horizontal oder gelochte Formsteine vertikal mit Rundstählen bewehren.

SANIERUNG

Bemerkt der Bauherr oder ein Sachverständiger Lichtschächte, die nicht ordnungsgemäß entwässert werden, sollte er die Baufirma auffordern, eine Sickerschicht unter den Lichtschächten einzubringen bzw. diese ordnungsgemäß an die Hausentwässerung anzuschließen.

FOLGESCHÄDEN

Erfolgt keine Sanierung, drohen Feuchteschäden.

E	V	Sanierung	Folgeschäden ohne Sanierung
Relativ gut	Sehr hoch	Verstärkung, evt. zusätzliche Tragschale	Mauerwerksrisse, Feuchteschäden
Eher schwierig	Sehr hoch	Neuerstellen des betroffenen Mauerwerks	Rissbildung, in schwereren Fällen statische Probleme
Relativ gut	Sehr hoch	Rückbau und erneute Herstellung des Mauerwerks bzw. einzelner Wände	Rissbildung, Feuchteschäden
Eher schwierig	Sehr hoch	Freilegen und Verstärken bzw. Erneuern des betroffenen Mauerwerks	Rissen und Verformungen, im Extremfall Einsturz der betroffenen Wand

Wird das für die Perimeterdämmung verwendete Material nicht fachgerecht angebracht, wird seine Fähigkeit zur Wärmedämmung eingeschränkt und es kommt zu Energieverlusten (im Bild: zu kurze sowie zu niedrig angebrachte Sockeldämmung).

PERIMETERDÄMMUNG

Eine optimale Wärmedämmung von Bodenplatte und Kellerwänden reduziert den Energiebedarf des ganzen Hauses. Die Perimeterdämmung muss hohen Belastungen standhalten – deshalb sind die Wahl des passenden Materials und eine perfekte Ausführung entscheidend.

HINTERGRUND

Als Perimeterdämmung bezeichnen Fachleute die Wärmedämmung von erdberührten Bauteilen an deren Außenseite. Sie ist nicht zu verwechseln mit dem Einsatz von Mauerschutz- und Dränageplatten, die allein dem Schutz der Abdichtung vor mechanischen Beschädigungen dienen. Umgekehrt gibt es jedoch sehr wohl Perimeter-Dämmplatten, die auch die Abdichtung schützen.

Eingesetzt wird die Perimeterdämmung zum einen zur Dämmung der Bodenplatte – sowohl bei unterkellerten Gebäuden als auch bei Bauwerken ohne Keller. Zum anderen gelten für unterkellerte Häuser, deren Keller zu Wohn- oder Arbeitszwecken genutzt und aus diesem Grund beheizt werden, die Vorgaben der Energieeinsparverordnung (EnEV). Um Energieverluste zu minimieren, sind in solchen Fällen auch die Kellerwände zu dämmen. Für unbeheizte Kellerräume bzw. bei niedrigen Innentemperaturen ist ein Mindestwärmeschutz zu gewährleisten. Dieser soll verhindern, dass sich an der Innenseite kalter Kellerwände vor allem in feuchtwarmen Sommermonaten Tauwasser bildet.

WEITERE TYPISCHE MÄNGEL

Mangel	Bauschaden	H
Unzureichende Vorbereitung des Untergrunds bzw. nicht fachgerechte Verlegung der Dämmplatten	Hohlstellen hinter der Dämmschicht, Fehlstellen in der Dämmebene	Sehr oft
Dämmplatten mit ungeeignetem Kleber auf die Abdichtung geklebt	Dämmplatten verschieben sich beim Verfüllen der Arbeitsräume	Oft
Kein fachgerechter Anschluss der Perimeterdämmung an das WDVS	Unterbrechung der Dämmebene	Oft

Die Perimeterdämmung hat erheblichen Einfluss auf die Energiebilanz und den Wärmehaushalt eines Gebäudes. Für Bauherren ist sie auch insofern von Bedeutung, als dass die Energieeinsparverordnung (EnEV) verbindliche Vorgaben zum Wärmehaushalt eines Neubaus enthält.

Auf die Perimeterdämmung wirken zum einen im Oberflächenbereich zeitweise Witterungseinflüsse wie Regen, Schnee und Frost ein. Als erdberührtes Bauteil muss sie jedoch auch ständigen Belastungen durch Grund- und Sickerwasser sowie Erdfeuchte und Erddruck standhalten.

Da die Perimeterdämmschicht wasser- und druckbeständig sein muss, kommen bevorzugt Schaumstoffmaterialien mit geschlossenen Poren zum Einsatz. Standard auf deutschen Baustellen sind EPS- und XPS-Perimeterdämmplatten. Letztere bestehen aus extrudiertem Polystyrol-Hartschaum und weisen eine höhere Druckfestigkeit und Dichte sowie einen höheren Wasserdampfdiffusionswiderstand auf als EPS-Dämmplatten, die aus Polystyrol-Partikelschaum bestehen. XPS-Platten kommen daher im Bereich der Bodenplatte, aber auch der Kellerwände häufig zum Einsatz. Seit geraumer Zeit werden auch recycelte Materialien, zum Beispiel aus Altglas hergestelltes Glasschaumgranulat, als Perimeterdämmung verwendet.

Die Perimeterdämmung wird punktuell auf die wasserdichte Hülle (zum Beispiel Bitumenanstrich oder Kunststofffolie) des Gebäudes geklebt. Dabei kommen zum Beispiel lösungsmittelfreie Bitumenklebemassen zum Einsatz. Der Kleber verhindert, dass sich die Dämmplatten verschieben, wenn sich das später verfüllte Material nachträglich setzt.

Insbesondere bei drückendem Grundwasser sehen die bauaufsichtlichen Regelungen vor, dass die Platten vollflä-chig verklebt und die Fugen verspachtelt werden, damit sie nicht hinterspült werden können. Bei Kellerwänden aus WU-Beton (Stichwort „weiße Wanne") kommen auch Dispersionsklebstoffe zum Einsatz. Um die Dämmplatten selbst vor mechanischen Beschädigungen zu schützen, wird auf ihnen oft eine Noppenbahn angebracht.

Um unter der Geländeoberkante liegende Kellerräume mit Tageslicht zu versorgen und somit Strom zu sparen, lassen sich vor den Kellerfenstern druckwasserdichte Lichtschächte aus Kunststoff oder Beton anbringen. Dabei ist es von entscheidender Bedeutung, dass diese fachgerecht entwässert werden und die angrenzenden Kellerfenster wasserdicht sind. Darüber hinaus müssen die Lichtschächte so auf der Kellerwand bzw. Perimeterdämmung montiert werden, dass keine Wärmebrücken entstehen.

SANIERUNG

Aufgraben des Erdreichs an den betroffenen Stellen und Austausch bzw. erneutes Verlegen der Dämmplatten

FOLGESCHÄDEN

Durch die eingeschränkte Dämmwirkung drohen erhöhte Heizkosten, zudem entspricht das Haus unter Umständen nicht den Vorgaben der EnEV. Wurde zusätzlich die Abdichtung beschädigt, kann eindringende Feuchtigkeit Schimmelbildung verursachen.

E	V	Sanierung	Folgeschäden ohne Sanierung
Eher schwierig	Sehr hoch	Dämmung freilegen und partiell nachbessern	Eingeschränkte Dämmwirkung, Energieverluste
Relativ gut	Sehr hoch	Dämmung freilegen und partiell nachbessern	Eingeschränkte Dämmwirkung, Energieverluste, Schimmelbildung
Relativ gut	Sehr hoch	Dämmung freilegen und partiell nachbessern	Eingeschränkte Dämmwirkung, Energieverluste, erhöhte Heizkosten

Wird beim Verfüllen der Baugrube das Verfüllmaterial nicht fachgerecht lagenweise verdichtet, kann es zu nachträglichen Bodensetzungen kommen (im Bild: Setzung im Bereich des Lichtschachts, dadurch Absenkung der Terrasse).

VERFÜLLEN DER BAUGRUBE

Nach dem Bau des Kellergeschosses kann die Baugrube wieder verfüllt werden. Dabei ist sickerfähiges Material zu verwenden, das schichtweise eingebracht und verdichtet werden muss. Das Verwenden des Aushubs ist dabei häufig nicht die beste Variante.

HINTERGRUND

Steht der Keller und ist sichergestellt, dass er den zu erwartenden Erddruck aufnehmen kann, ist es Zeit, die verbleibende Baugrube, auch „Arbeitsraum" genannt, wieder zu verfüllen. Bevor die dazu nötigen Arbeiten beginnen, muss zunächst überprüft werden, ob sämtliche Hausanschlüsse sowie die Sammelleitungen für die Dachentwässerung fertiggestellt sind. Außerdem sind alle Gegenstände bzw. Fremdkörper aus dem Arbeitsraum zu entfernen. Reste von

Styroporplatten, Holz oder Papier könnten sich sonst mit der Zeit zersetzen und im Erdreich Hohlräume bilden, was wiederum zu unerwünschten Bodensetzungen und möglicherweise Rissen in darüber angelegten Plattenwegen führen kann. Schließlich sollten – falls vorhanden – die Dränagerohre im Fundamentbereich vor dem Verfüllen der Baugrube von Hand mit Kies abgedeckt werden. Anschließend sollte sich der Bauherr die ordnungsgemäße Ausführung der Dränage vom Bauleiter schriftlich bestätigen lassen.

WEITERE TYPISCHE MÄNGEL

Mangel	Bauschaden	H
Baugrube mit wasserundurchlässigem Material bzw. mit Bauschutt verfüllt	Evt. Beschädigungen der Kellerabdichtung	Sehr oft
Arbeitsraum zu früh verfüllt	Abdichtung kann nicht abbinden	Oft
Arbeitsraum vor Einbau der Kellerdecke verfüllt	Verschiebungen der Kellerwände	Vereinzelt
Anfüllmaterial zu hoch angefüllt	Evt. Risse in den Kellerwänden durch zu hohen Erddruck	Vereinzelt

Zum Verfüllen muss ein geeignetes Material verwendet werden, das sich zudem gut verdichten lässt. Dabei ist es erforderlich, keine wasserundurchlässigen („bindigen") Materialien wie zum Beispiel lehmigen Boden zu verwenden. Falls möglich, kommt das auf dem Grundstück gelagerte Aushubmaterial zum Einsatz, das bei Bedarf mit Sand gemischt werden kann. Falls sich der Aushub nicht zum Verfüllen eignet, muss der Bauherr in ein Ersatzmaterial investieren. Gut geeignet sind unter anderem Kies, Schotter-Splitt-Gemische, Recyclingsand und Lavagestein. Im Gegensatz dazu können größere und scharfkantige Steine oder Betonbrocken die Bauwerksabdichtung bzw. Wärmedämmung beschädigen. Aus diesem Grund ist auch Bauschutt als Verfüllmaterial ungeeignet. Eine Noppenbahn mit Gleitfolie kann zwar beim Verfüllen und Verdichten die Kellerwände vor Beschädigungen schützen – jedoch nur in begrenztem Rahmen.

Das Verfüllmaterial wird in Lagen von rund 20 bis 50 Zentimeter Dicke in die Baugrube gefüllt. Jede Lage wird anschließend mit einer Rüttelplatte sorgfältig verdichtet, damit spätere Bodensetzungen nicht zu Schäden führen können. Nicht oder unzureichend verdichteter Boden kann sich auch noch viele Jahre nach dem Auffüllen setzen! Umgekehrt gilt beim Verdichten nicht zwangsläufig: Viel hilft viel. Bestehen die Kellerwände aus Mauerwerk, ist auf die Schubkräfte zu achten, die auf das Mauerwerk wirken. Das gilt analog für etwaige Lichtschächte. Diese sollten deshalb vor dem Verdichten der betreffenden Lage fertig angebracht, befestigt und mit dem dazugehörigen Aufsatz – in der Regel ein Eisengitter – versehen werden.

Der Arbeitsraum wird bis 30 bis 50 Zentimeter unter die geplante Geländehöhe verfüllt, damit genügend Platz bleibt, um nach Ende der Bauarbeiten Mutterboden für Gartenanlagen aufzufüllen.

Übrigens: Aushub bzw. Baumaterial, das nicht zum Verfüllen der Baugrube verwendet wird, muss – falls vertraglich nichts anderes vereinbart wurde – vom Bauherren selbst kostenpflichtig entsorgt und deponiert werden. Dieser sollte deshalb frühzeitig daran denken, dass zum Abholen ein Bagger oder Lkw auf die Baustelle kommen muss und dass dieser eine geeignete Zufahrt benötigt, damit er den Aushub auch aufnehmen kann. Wichtig ist zudem das richtige Trennen der abzutransportierenden Baustoffe – Steine, Ziegel und Betonreste sollten stets getrennt von Kunststoff, Holz und Papier entsorgt werden – unsortierte „Mischcontainer" kommen den Bauherren in der Regel erheblich teurer!

SANIERUNG

Der aufgefüllte Boden ist nachträglich zu verdichten, bei Bedarf ist zusätzliches Auffüllmaterial einzubringen.

FOLGESCHÄDEN

Erfolgt keine Sanierung, drohen Risse in Wegen, wegsackende Terrassen u.ä.

E	V	Sanierung	Folgeschäden ohne Sanierung
Eher schwierig	Sehr hoch	Aufgraben des Erdreichs, Austausch des Füllmaterials in betroffenen Bereichen	Feuchteschäden/Schimmelbefall durch beschädigte Abdichtung oder Dämmschicht
Eher schwierig	Eher gering	Erdreich aufgraben, Abdichtung erneuern	Feuchteschäden, Schimmelbildung
Relativ gut	Sehr hoch	Rückbau und erneute Herstellung des Mauerwerks bzw. einzelner Wände	Feuchteschäden, Schimmelbildung
Relativ gut	Eher gering	Abtragen des zu hoch angefüllten Materials	Verformungen bis hin zum Einsturz des Mauerwerks

HÄUFIGKEIT (H)
Oft
ERKENNBARKEIT (E)
Relativ gut
VERDECKUNGSGEFAHR (V)
Eher gering

Weicht der Treppenbauer bei einzelnen Stufen von der vorgegebenen Steigung ab, kann dies neben optischen Beeinträchtigungen auch eine erhöhte Unfallgefahr zur Folge haben.

TREPPEN UND GELÄNDER

Treppen verbinden verschiedene Stockwerke miteinander. Bei Planung und Einbau sind neben ästhetischen auch Fragen des Unfall-, Brand- und Schallschutzes zu klären.

HINTERGRUND

Beim Bau eines Hauses ist zwischen Innen- und Außentreppen zu unterscheiden. Außentreppen müssen Witterungseinflüssen widerstehen können und daher eine rutschfeste Oberfläche besitzen. Zudem müssen die Stufen ein ausreichendes Gefälle aufweisen bzw. wasserdurchlässig sein, damit Niederschlagswasser ablaufen und die

Treppe auch bei Regen betreten werden kann. Bei der Planung ist daher auf geeignete Materialien und Ausführungsdetails zu achten. Besondere baurechtliche Vorgaben gelten auch für Freitreppen, wenn sie aufgrund der Hanglange des Hauses alleiniger Zugang bzw. Fluchtweg sind.

Auch für Innentreppen existieren detaillierte baurechtliche Vorgaben, die in den einzelnen Landesbauordnungen

WEITERE TYPISCHE MÄNGEL

Mangel	Bauschaden	H
Auflager der Innentreppe im Treppenhaus eines Mehrfamilienhauses nicht fachgerecht hergestellt	Schallbrücke	Oft
Geländerhöhe nicht eingehalten	Unfallgefahr	Vereinzelt
Stufen der Außentreppe mit nicht ausreichendem oder Gegengefälle	Keine oder unzureichende Entwässerung	Oft
Mangelhafter Witterungsschutz bei Außentreppe aus Metall	Korrosion	Oft

festgehalten sind. Während im Geschosswohnungsbau und in öffentlichen Gebäuden brandsicher geschlossene Treppenhäuser Vorschrift sind, kann die Innentreppe eines normalen, bis zu zweigeschossigen Eigenheims als offene Konstruktion geplant und ausgeführt werden. Da Innentreppen keinen Witterungseinflüssen ausgesetzt sind, stehen dem Planer bei der Auswahl von Materialien und Treppenbelägen deutlich mehr Möglichkeiten offen.

Von der Treppenart (zum Beispiel gerader oder kreisförmiger Lauf) über die Geländerfüllung (zum Beispiel vertikale Stäbe, Vollfüllung, Gitter/Maschen) bis zu Stufenformen (zum Beispiel rechteckig oder Radialsegmente) und der Gestaltung der Podeste – der Kreativität sind (fast) keine Grenzen gesetzt. Auch die Baumaterialien sind vielfältig. Es gibt Innentreppen mit Stufen aus Holz, Kunststoff, Betonwerkstein, Stahlbeton, Naturstein u.v.m. Zur Trittschalldämmung und Verschönerung werden die Stufen oft mit Teppichen, Fliesen oder Auslegware versehen.

Fast genauso vielfältig wie die Möglichkeiten der Gestaltung sind die Mängel, die bei Planung und Einbau einer Treppe passieren können. Da hat der Treppenbauer die Maße für die Treppe schon im Rohbau abgenommen, dabei aber den Fußbodenaufbau vergessen. Um den Fehler zu kaschieren, verringert er einfach an ein paar Stellen das Steigungsmaß, wodurch jedoch die Stolpergefahr steigt.

In anderen Fällen kommt es zu Schallbrücken, weil die Auflagerpunkte der im Mauerwerk verankerten Treppe nicht trittschalgedämmt wurden. Dann wieder bringt auf eine zu geringe Materialstärke zurückgehendes Knarren der Treppenstufen den Bauherren fast zur Verzweiflung. Hier hilft es nur, rechtzeitig einen unabhängigen Fachmann zu Rate zu ziehen und darauf zu dringen, dass Mängel sofort beseitigt werden.

Grundsätzlich ist bei massiv gebauten Treppen darauf zu achten, dass das Steigungsverhältnis – also das Verhältnis von Stufenhöhe und -tiefe – aller Stufen gleich ist. Bedingt durch den nachfolgenden Fußbodenaufbau ist jedoch im Rohbauzustand die Antrittsstufe höher und die Austrittsstufe niedriger.

SANIERUNG

Die betroffenen Stufen müssen überarbeitet werden, so dass ihre Steigung im Rahmen der zugelassenen Toleranzen mit der der anderen Stufen übereinstimmt.

FOLGESCHÄDEN

Unterbleibt eine Nachbesserung seitens der Treppenbaufirma, muss der Bauherr neben optischen Mängeln auch mit einer erhöhten Unfall- und Verletzungsgefahr rechnen.

E	V	Sanierung	Folgeschäden ohne Sanierung
Relativ gut	Sehr hoch	Auflager überarbeiten	Treppe „schwankt" und knarrt
Für Laien nahezu unmöglich	Eher gering	Rückbau und Herstellung einer mängelfreien Treppe	Verstoß gegen Baurecht (z. B. Landesbauordnung)
Für Laien nahezu unmöglich	Eher gering	Gefälle nacharbeiten	Unfallgefahr, Frostschäden
Für Laien nahezu unmöglich	Eher gering	Beschichtung überarbeiten, z. B. durch Nachverzinken	Verminderung der Lebensdauer

Ist aufgrund von Planungs- oder Ausführungsfehlern die Decke zu dünn bzw. zu gering bewehrt oder wurde sie zu früh belastet, so dass die zulässige Durchbiegung überschritten wird (s. Foto), kann es in den darüber liegenden Geschossen zu Rissen in den Innenwänden kommen.

GESCHOSSDECKEN

Decken müssen nicht nur Lasten tragen, sondern auch die Wände stabilisieren. Praktisch: Für die meisten Grundrisse gibt es teilweise oder komplett vorgefertigte Deckenelemente. Das spart Zeit und Geld – gravierende Fehler können selbstverständlich trotzdem passieren.

HINTERGRUND

Die Decken in den oberen Stockwerken eines Hauses übernehmen in der Regel die Funktion des Ringankers. Das heißt, sie verleihen dem Haus Stabilität. Zudem müssen sie Lasten sicher auf die unterstützenden Bauteile übertragen. Außerdem erfüllen Decken wichtige Aufgaben in den Bereichen Wärme-, Schall- und Brandschutz.

Der für diese Anforderungen ideale Baustoff ist Beton, in diesem Fall bewehrter Normal- oder Leichtbeton. Decken aus Beton ermöglichen aufgrund ihrer hohen Belastbarkeit große Spannweiten und flexible Raumaufteilungen durch nicht tragende Innenwände. Geschossdecken werden entweder aus Betonfertigteilen oder aus Ortbeton hergestellt. Bei einer Montage aus Fertigteilen werden die Teile computergestützt geplant und werkseitig genau in der geforderten Abmessung und Tragfähigkeit hergestellt – samt statisch erforderlicher Bewehrung. Nach der Anlieferung auf der Baustelle werden die einzelnen Platten mit Hilfe ei-

WEITERE TYPISCHE MÄNGEL

Mangel	Bauschaden	H
Falsche Anordnung der Bewehrung, fehlerhafte Rand- und Überdeckungsabstände	Risse, Durchbiegung	Oft
Platten einer Fertigteildecke nicht versatzfrei aneinandergefügt	Geforderte Oberflächenbeschaffenheit wird nicht erreicht, Decke kann nicht ohne Weiteres angestrichen werden	Oft
Auflager nicht ausreichend kraftschlüssig	Statische Probleme, Risse	Vereinzelt
Betonierter Deckenrandbereich ohne Dämmung (bei Häusern ohne WDVS)	Wärmebrücken, Energieverluste	Vereinzelt

nes Krans verlegt und verbunden – je nach Deckensystem mittels eines Fugenvergusses oder Aufbetons. Durch den hohen Vorfertigungsgrad verkürzt sich die Verlegezeit.

Zudem lässt sich die Untersicht solcher Fertigteildecken in einer Oberflächenqualität herstellen, die ein sofortiges Überstreichen erlaubt und ein Verputzen überflüssig macht. Der Bauherr sollte deshalb bei der Anlieferung der Deckenplatten prüfen, ob diese Löcher, Risse oder andere Beeinträchtigungen aufweisen.

Um die Platten exakt auszurichten, müssen sie von waagerechten Holzbalken abgestützt und in der Höhe genau justiert werden. Dann können die Fugen geschlossen bzw. die Decke mit Aufbeton in der vorgesehenen Stärke versehen werden. Auch hier heißt es aufzupassen: Beim Betonieren kann es passieren, dass der Beton durch die Fugen läuft und Nasen bildet.

Ist die Decke fertig, werden die Fugen zwischen den Platten von unten verspachtelt. Dabei lassen sich an den Stößen maximal 2 Millimeter Höhenunterschied ausgleichen. Bei größeren Absätzen muss dagegen die ganze Decke gespachtelt oder sogar verputzt werden.

Decken aus Ortbeton erfordern auf der Baustelle Verschalungs- und Bewehrungsarbeiten. Da Decken auf Biegung beansprucht werden, müssen sie länger in der Verschalung bleiben als rein auf Druck beanspruchte Wände. Im Bauablauf ist deshalb unter anderem zu beachten, dass eine frisch betonierte Decke nicht zu früh belastet werden darf, indem auf ihr etwa Baumaterial abgestellt wird.

Beim Betonieren kommt der Umgebungstemperatur eine wichtige Rolle zu: Ist sie im Sommer sehr hoch, muss der Beton während des Abbindens feucht gehalten werden, um Rissbildungen durch zu schnelles Trocknen zu verhindern. Bei Temperaturen unter fünf Grad Celsius sollte dagegen überhaupt nicht betoniert werden.

Stahlbetondecken haben die Eigenschaft, sich – zusätzlich zur Verformung durch Schwinden und Kriechen des Betons – unter Last durchzubiegen. Die einschlägige Norm für Bauteile aus Stahlbeton (DIN 1045–1) enthält deshalb Regeln zur Begrenzung dieser Durchbiegungen mit dem Ziel, dass deren ordnungsgemäße Funktion sowie ihr Erscheinungsbild nicht beeinträchtigt werden. Anders ausgedrückt: Jede Decke darf sich nur bis zu einer vorgegebenen Toleranzgrenze durchbiegen. Insbesondere was die Stärke der Decken und die Betonqualität betrifft, sollten Bauherren deshalb darauf achten, dass die Vorgaben des Statikers aus der Planungsphase konsequent umgesetzt werden.

SANIERUNG

In leichteren Fällen hilft ein vollflächiges Verspachteln der Decke. Ist die Gebrauchsfähigkeit nur unwesentlich beeinträchtigt, kann eine Sanierung auch unterbleiben und der Bauherr statt dessen Ersatz für die Wertminderung verlangen. Bei drohenden statischen Problemen kommt dagegen eventuell eine zusätzliche Bewehrung, beispielsweise mit Kunststofflamellen („GFK-Lamellen"), in Frage, die auf den Beton aufgeklebt werden.

FOLGESCHÄDEN

In gravierenden Fällen droht ein statisches Versagen der Deckenkonstruktion.

E	V	Sanierung	Folgeschäden ohne Sanierung
Für Laien nahezu unmöglich	Sehr hoch	Verpressung von Rissen bzw. Verstärkungen	Evt. statische Probleme
Relativ gut	Eher gering	Bei geringem Versatz (jedoch nicht mehr im Zentimeter-Bereich) lässt sich dieser verspachteln	—
Relativ gut	Hoch	Rissverpressung	Verformungsprobleme
Relativ gut	Eher gering	Evt. innenseitige Kalziumsilikatplatte	Tauwasserausfall und Schimmelbildung

Wird die Balkonfläche (im Bild: auskragende Betonhohlkörperdecke) nicht durch den Einbau von Isodämmkörben thermisch vom restlichen Haus getrennt, kann es zu einem „Kühlrippen-Effekt" und in der Folge zur Bildung von Tauwasser sowie Schimmelbefall kommen.

BALKONE

Ein Balkon macht vor allem im Sommer Spaß – Wind und Wetter ausgesetzt ist er jedoch das ganze Jahr. Damit ihm Regen, Frost & Co. nichts anhaben können, ist saubere Arbeit gefragt.

HINTERGRUND

Wird ein Balkon nicht als selbsttragende Konstruktion frei vor die Gebäudefassade gestellt, stellt er entweder eine „Auskragung" der Geschossdecke dar oder eine Plattform, die mittels Konsolen bzw. Trägern an der Außenwand des Hauses befestigt wird. Balkone können grundsätzlich aus Stahlbeton, Stein, Holz oder Metall bestehen.

Bei aus der Geschossdecke kragenden Balkonen muss im Anschlussbereich zwischen der Decke und der ebenfalls aus Stahlbeton bestehenden Kragplatte für eine thermische Trennung sowie ausreichende Wärmedämmung gesorgt werden. Dabei kommen spezielle Dämmelemente (Isodämmkörbe) zum Einsatz. Diese Bauteile aus druckfester Wärmedämmung und Bewehrungseisen müssen bereits

WEITERE TYPISCHE MÄNGEL

Mangel	Bauschaden	H
Mangelhafte Abdichtung der Balkonfläche	Hinterlaufen der Abdichtung, Wassereintrag in den Bodenaufbau	Sehr oft
Abdichtung an den Rändern nicht ausreichend hochgeführt	Hinterlaufen der Abdichtung, Wassereintrag in den Bodenaufbau	Sehr oft
Keine Abflussrinne vor bodentiefer Balkontür angebracht	Entstehen von Staunässe, Eindringen von Wasser in den Wohnbereich	Sehr oft
Notwendiges Gefälle nicht hergestellt	Entstehen von Staunässe	Sehr oft

vor dem Betonieren der Geschossdecke eingebaut werden. Wird die thermische Trennung vergessen, wirkt der Balkon als „Kühlrippe", die die Wärme aus dem Innenbereich nach außen ableitet. Dies führt zu einem deutlich erhöhten Energiebedarf. Zwar kann die Kragplatte nachträglich wärmegedämmt werden. Diese Maßnahme hat jedoch lediglich einen Schutz vor Tauwasser- bzw. Schimmelbildung zur Folge. Der Bedarf an zusätzlicher Heizenergie verringert sich ohne thermische Entkopplung nicht.

Ist der Balkon nicht aus WU-Beton erstellt, muss seine Oberfläche laut Flachdach-Richtlinien bzw. technischen Regeln für Abdichtungen (DIN 18195) mit einer Abdichtung (zum Beispiel einem Bitumenanstrich oder Kunststoff/Bitumen-Dichtungsbahnen) versehen werden. Diese Abdichtung stellt eine weitere typische Fehlerquelle dar. Sie muss im Wand- und Türbereich ausreichend weit (mindestens 15 Zentimeter) nach oben gezogen, dort fixiert und versiegelt werden. Dies ist insbesondere im Türbereich zwar normgerecht, führt aber zu Ausbildung einer hohen Stolperschwelle. Im Zeitalter barrierefreien Bauens erfordert dies neue Lösungen. Die Norm gestattet im Einzelfall auch einen flächenbündigen Anschluss an die Balkontür, wenn die Abdichtung gewährleistet ist.

Bauherren sollten außerdem wissen, dass sich nur wenige Flächenabdichtungen auch als Nutzbelag eignen. Wird der Nutzbelag als Extra-Schicht verlegt, ist darauf zu achten, dass zwischen Belag und Abdichtung eine Dräna-

geschicht benötigt wird, über die Niederschlagswasser ungehindert abfließen kann. Wird der Balkon gefliest, ist als Trägerschicht ein Zementestrich erforderlich. Auch unter diesem muss eine Dränageschicht verlaufen, sonst sind Feuchte- und Frostschäden programmiert.

Schließlich besitzen viele Balkonflächen kein ausreichendes Gefälle zum Bodeneinlauf bzw. zu Abflussrinnen, was Wasseransammlungen zur Folge hat. Das Gefälle zum Bodeneinlauf bzw. zur Ablaufrinne muss zwei bis drei Prozent betragen (also zwei bis drei Zentimeter Höhenunterschied pro Meter) und wird immer unter der Abdichtung hergestellt. Dies kann entweder durch Neigungen in der Kragplatte, Aufbringen eines Gefälleestrichs oder einer Gefälledämmung geschehen. Die Ablaufrohre dürfen im Winter nicht zufrieren oder durch Laub verstopfen, deshalb gelten Rohre mit 40 oder 50 Millimeter Durchmesser als zu klein. Regeneinläufe müssen obendrein leicht zugänglich sein, damit sie sich problemlos reinigen lassen.

SANIERUNG
Ein Balkon kann zwar nachträglich wärmegedämmt werden – eine fehlende thermische Trennung zur Geschossdecke lässt sich jedoch nicht nachrüsten.

FOLGESCHÄDEN
Energieverluste durch „Kühlrippen-Effekt", dadurch erhöhter Bedarf an Heizenergie sowie höhere Kosten

E	V	Sanierung	Folgeschäden ohne Sanierung
Eher schwierig	Hoch	Abtragen des Nutzbelags bis zur Grundplatte und Erneuern der Abdichtung inkl. dichter und elastischer Anschlussfugen	Feuchte- und Frostschäden, Schäden an der Bewehrung, Gefährdung der Sicherheit
Eher schwierig	Hoch	Korrektes Hochführen der Abdichtung	Feuchte- und Frostschäden, Schäden an der Bewehrung, Gefährdung der Sicherheit
Relativ gut	Eher gering	Nachträglicher Einbau einer Dränagerinne zur unmittelbaren Entwässerung niedrig liegender Anschlussbereiche oder ausreichend großes Vordach	Feuchte- und Frostschäden, Schimmelbildung
Für Laien nahezu unmöglich	Sehr hoch	Abtragen des Nutzbelags und Aufbringen von Gefälleestrich oder -dämmung	Feuchte- und Frostschäden, evt. Schimmelbildung in der Dämmschicht

HÄUFIGKEIT (H)
Sehr oft
ERKENNBARKEIT (E)
Relativ gut
VERDECKUNGSGEFAHR (V)
Hoch

Werden Auflager für Tür- oder Fenster-
stürze unsauber gemauert (im Bild: Aufla-
gerlänge des Türsturzes nicht ausreichend), können Lasten nicht ordnungsgemäß in das umgebende Mauerwerk abgetragen werden.

MAUERWERK

„Stein auf Stein, Stein auf Stein" – das klingt einfach. Doch auch Maurer sind vor Fehlern
nicht gefeit. Bauherren sollten deshalb nicht nur auf einen sauberen Mauerwerksverband
achten, sondern auch bei Fugen sowie Tür- und Fensterstürzen besser zweimal hinschauen.

HINTERGRUND

Mauerwerk wird hergestellt, indem einzelne Steine (z. B.
Ziegel-, Porenbeton- oder Blähtonsteine, Hohllochziegel
oder Hohlblocksteine) nach einem bestimmten Muster angeordnet und verbunden werden. So sind die Steine beim
klassischen Läuferverband längs zur Mauerflucht angeordnet. Die darüber liegende Schicht wird jeweils mit einer
halben Länge Versatz aufgemauert. Dieses Verfahren wird
hauptsächlich für tragende Wände verwendet. Dagegen
sind die Steine beim Binderverband quer zur Mauerflucht
mit jeweils einer halben Länge Versatz angeordnet, so dass
man nur deren schmale Seiten („Köpfe") sieht. Wechseln
im Verband Läufer- und Binderschichten einander ab,
spricht man von Kreuzverband bzw. Blockverband.

WEITERE TYPISCHE MÄNGEL

Mangel	Bauschaden	H
Frisches Mauerwerk nicht gegen Witterungsein-flüsse geschützt (fehlende Abdeckfolie)	Durchnässung, Frostschäden, „Ausblühungen", Rissbildung	Sehr oft
Zu breite bzw. offene Stoßfugen in herkömmli-chem Mauerwerk	Wärmebrücken, fehlende Kraftschlüssigkeit des Mauerwerks	Sehr oft
Steine einer Wand mit zu geringem bzw. keinem Überbindemaß gemauert	Verminderte Stabilität	Oft
Zu geringe Brüstungshöhe der Fenster	Absturzgefahr, vor allem für Kinder	Oft
Steine aus unterschiedlichem Material (z. B. Zie-gel und Kalksandstein) vermauert	Risse im Mauerwerk aufgrund unterschiedlichen Schwind- und Ausdehnungsverhaltens	Oft

Darüber hinaus gibt es zahlreiche, deutlich komplexere Varianten, die Steine eines Mauerwerkes anzuordnen (zum Beispiel „märkischer", „holländischer" und „schlesischer" Verband). So unterschiedlich diese Mauerwerksverbände auch sind, sie haben eines gemeinsam: Die einzelnen Steine dürfen in keinem Fall genau übereinander liegen. Anders ausgedrückt: Die vertikal verlaufenden Fugen (Stoßfugen) übereinanderliegender Schichten („Scharen") dürfen ein bestimmtes Überbindemaß nicht unterschreiten, damit sich Lasten und Kräfte in der Mauer gleichmäßig verteilen können und keine Sollbruchstellen entstehen. Laut DIN 1053–1 muss das Überbindemaß mindestens 40 Prozent der jeweiligen Steinhöhe betragen – in jedem Fall jedoch 45 Millimeter.

Beim Herstellen von Mauerwerk geht der Trend, unter anderem aus wirtschaftlichen Gründen, zum Dünnbettverfahren. Das heißt, die horizontal verlaufenden Lagerfugen werden nicht mehr mittels einer zwölf Millimeter dicken Schicht Normal- oder Leichtmörtel, sondern mit Hilfe einer ein bis drei Millimeter dünnen Schicht Dünnbettmörtel „verklebt". Die Stoßfugen werden zumeist gar nicht vermörtelt (Stumpfstoßtechnik), sondern die Steine nach dem Nut- und-Feder-Prinzip zusammengefügt. Dieses Vorgehen beeinträchtigt in keiner Weise die Stabilität des Mauerwerks, sondern verbessert im Gegenteil die Kraftübertragung. Es stellt jedoch hinsichtlich der Fertigungstoleranzen hohe Anforderungen an die Qualität der verwendeten Steine.

Bei Reihenhäusern muss die Trennfuge zwischen den Gebäuden sorgfältig ausgeführt werden. Sie muss durchgehend entlang tragender Bauteile verlaufen und mindestens drei Zentimeter breit sein. Sie darf nachträglich nicht durch überschüssiges Material gefüllt werden, da dies akustische Brücken bildet, die Schwingungen von Haus zu Haus übertragen.

Mauerwerk darf grundsätzlich nicht bei Minusgraden hergestellt werden. Durch Frost oder andere Beeinflussungen beschädigtes Mauerwerk ist vor dem Weiterbau abzutragen. Schließlich ist frisches Mauerwerk vor Feuchtigkeit bzw. Frost zu schützen, indem die Mauerkrone mit einer Folie abgedeckt wird.

SANIERUNG

In gravierenderen Fällen ist der Rückbau des betroffenen Mauerwerks und eine erneute Herstellung mit ausreichendem Auflager erforderlich.

FOLGESCHÄDEN

Die nicht ordnungsgemäße Lastabtragung kann zur Durchbiegung des Sturzes sowie zu Rissschäden in Mauerwerk und Putz führen.

E	V	Sanierung	Folgeschäden ohne Sanierung
Relativ gut	Eher gering	Wandtrocknung	Feuchteprobleme im Innenbereich, Verringerung der Dämmeigenschaften
Eher schwierig	Sehr hoch	Schließen der offenen Stoßfugen mit geeignetem Mörtel	Rissbildung, Feuchte-/Frostschäden, mangelnde Tragfähigkeit
Relativ gut	Hoch	Rückbau und erneutes Aufmauern betroffener Stellen	Verformungen bis zum Einsturz
Relativ gut	Eher gering	z. B. Fenster ausbauen, Brüstung anheben	—
Relativ gut	Sehr hoch	Rückbau und Erneuerung des betroffenen Mauerwerks	In gravierenden Fällen statische Probleme

Wird der Fußpunkt der Verblendschale nicht fachgerecht entwässert, drohen Feuchteschäden im Mauerwerk (im Bild: untere Steinreihen und Fugen betroffen).

SICHT-/VERBLENDMAUERWERK

Eine vorgemauerte Fassade schützt die dahinter liegende Konstruktion vor Witterungseinflüssen und dient der Wärme- und Schalldämmung. Darüber hinaus erhält ein Haus durch Verblendmauerwerk eine hochwertige und unverwechselbare Optik.

HINTERGRUND

Als Sicht- oder Verblendmauerwerk bezeichnet man den vorderen, sichtbaren Teil (Vormauer) einer zweischaligen Mauerwerkskonstruktion. Im Gegensatz zu einer Putzfassade bilden hier durch Zementmörtel verbundene, frostbeständige Steine die äußerste Schicht des Hauses. Dafür

werden vor allem aus Ton gebrannte Mauerziegel (Klinker) oder Verblender aus Kalksandstein (KS-Verblender) verwendet. Verblendmauerwerk schützt das Haus gegen Witterungseinflüsse, beispielsweise Kälte und Nässe, sowie Lärm und dient darüber hinaus dekorativen Zwecken. Je nach Konstruktion und Material besitzt Verblendmauerwerk

WEITERE TYPISCHE MÄNGEL

Mangel	Bauschaden	H
Verwendung von ungeeigneten Mauersteinen bzw. Mischchargen	Kein bzw. nur eingeschränkter Wetterschutz, evt. Wärmedämmung eingeschränkt, Farbunterschiede	Sehr oft
Erforderliche Dehnungsfuge im Klinkermauerwerk nicht ausgeführt	Kein Ausgleich von Verformungen durch Temperaturunterschiede möglich, dadurch Rissbildung	Sehr oft
Fehlende oder unsachgemäße Wasserführung auf der Rückseite der Verblendschale	Wassereintrag in Dämmschicht bzw. hintere Schale	Oft
Fehlende oder zu wenige Abfangungen (Konsolen)	Keine feste Verbindung des Sichtmauerwerks zu tragender Schale	Oft
Verwendung falscher bzw. Einbau zu weniger Draht- bzw. Luftschichtanker	Mangelnde Stabilität, evt. Korrosion der Maueranker	Oft

zudem eine mehr oder weniger wärmedämmende Wirkung und ist atmungsaktiv.

Eine zweischalige Wand besteht grundsätzlich aus Hinter- und Vormauerwerk. Beide Schalen werden nebeneinander gemauert und mit Luftschichtankern verbunden, wobei die hintere Wand die statisch tragende ist. Dabei ist darauf zu achten, dass sich auf der Rückseite der Verblendschale keine Mörtelwülste bilden, die Feuchtigkeit in die tragende Schale leiten.

Die Vormauerschale (Verblendschale) muss horizontal gelagert und in Höhenabständen von maximal 12 Metern mit Stahlwinkeln „abgefangen" werden. In ihr sind vertikale Dehnungsfugen einzubringen, die offen bleiben können, falls die innere Schale ausreichend abgedichtet ist und die Fugen nicht zu breit sind. Andernfalls werden die Dehnungsfugen mit Dichtstoff, Fugenbändern bzw. Dichtprofilen geschlossen. Beim Errichten der Vormauer ist darauf zu achten, dass stark saugende Steine vorgenässt werden. Sonst ziehen sie die Feuchtigkeit aus dem Mörtel und können keine kraftschlüssige Verbindung mehr eingehen.

Die Luftschicht zwischen den Schalen kann teilweise mit einer Wärmedämmung (zum Beispiel Polystyrol, Polyurethan oder Mineralwolle) ausgefüllt werden. Die Dämmschicht wird auf der inneren Schale angebracht. Bei hinterlüftetem Mauerwerk müssen unten und oben offene Stoßfugen als Lüftungsschlitze angeordnet werden. Eine dritte Variante ist die zweischalige Wand mit Kerndämmung. Dabei wird der gesamte Hohlraum mit einem geeigneten Dämmmaterial ausgefüllt.

Hinterlüftetes Vormauerwerk muss nicht wasserdicht sein. Eindringende Feuchtigkeit trocknet aufgrund der Hinterlüftung zwischen den Schalen ab bzw. wird nach unten abgeleitet und am Fußpunkt entwässert. Deshalb ist die fachgerechte Abdichtung des Fußpunkts entscheidend.

Insbesondere im Klinkerbereich haben Bauherren die Wahl zwischen einer Vielzahl von Größen, Farben und Oberflächen. Zudem unterscheiden sich diese in ihrer Härte. Ist die Fassade starken Witterungseinflüssen ausgesetzt, wird man einen besonders hart gebrannten Ziegel wählen.

Rationeller und kostengünstiger lässt sich das Erstellen von Sichtmauerwerk gestalten, wenn man größere Ziegel-Fertigteile verwendet, die aus einem Stahlbetonkern mit im Sichtbereich aufgesetzten Ziegelriemchen bestehen.

SANIERUNG
Abfangen bzw. notfalls Abreißen der Verblendschale, fachgerechte Abdichtung des Fußpunkts sowie evt. erneutes Aufmauern der Verblendschale

FOLGESCHÄDEN
Dringt am Fußpunkt Bodenfeuchte ein oder kann durch die Fugen eingedrungenes und an der Innenseite der Verblendschale herablaufendes Wasser nicht abfließen, drohen Ausblühungen in Folge in der Schale aufsteigenden Wassers.

E	V	Sanierung	Folgeschäden ohne Sanierung
Eher schwierig	Eher gering	Prüfung der verwendeten Baustoffe, evt. Erneuerung des betroffenen Mauerwerkes	Frost- und Feuchteschäden
Eher schwierig	Eher gering	Nachträgliche Fugenausbildung, notfalls durch Rückbau und Erneuerung	Rissbildung, Feuchteeintrag in die Dämmebene, Minderung der Dämmfähigkeit
Für Laien nahezu unmöglich	Sehr hoch	Rückbau und Erneuerung des betroffenen Mauerwerks	Minderung der Dämmfähigkeit, unbehagliches Wohnklima, erhöhte Heizkosten
Für Laien nahezu unmöglich	Sehr hoch	Rückbau und Erneuerung des betroffenen Mauerwerks	Instabilität der Vormauerschale, evt. bis zum Einsturz
Für Laien nahezu unmöglich	Sehr hoch	Nachträgliche Verankerung, notfalls durch Rückbau und Erneuerung	Instabilität der Vormauerschale, evt. bis zum Einsturz

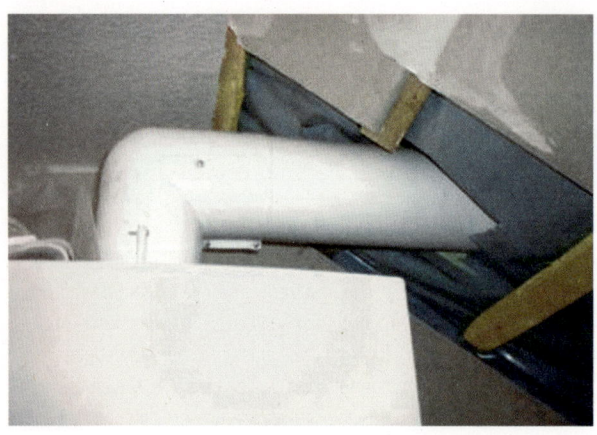

Die Abgasleitung einer unter dem Dach befindlichen Heizzentrale ist luftdicht durch die Dachkonstruktion nach draußen zu führen. Wird die Durchdringung nicht fachgerecht ausgebildet, drohen erhebliche Folgeschäden.

SCHORNSTEIN / ABGASLEITUNG

Auch wenn er mit traditionell gemauerten Rauchzügen nicht mehr viel gemein hat – ein Schornstein ist auch bei modernen Heizungsanlagen in vielen Fällen unerlässlich. Ganz zu schweigen von Häusern, in deren Wohnzimmer bald ein Kaminfeuer prasseln soll.

HINTERGRUND

Schornsteine leiten die durch Öfen, Kamine oder andere Feuerstätten erzeugten Abgase über das Dach ins Freie ab. Dabei wird der natürliche Auftrieb (Kamineffekt) genutzt, der entsteht, wenn heiße Abgase (geringere Dichte) auf kalte Außenluft (höhere Dichte) treffen. Durch den so entstehenden Unterdruck wird weitere Luft von unten angesaugt, wodurch der natürliche Zug bestehen bleibt. Alternativ dazu kann auch der Brenner der Heizung mit einem Gebläse ausgerüstet sein.

Schornsteine für moderne Öl- und Gasheizungen werden als Abgasleitungen bezeichnet. Während Schornsteine heute aus gemauerten Formsteinen bestehen, werden Abgasleitungen aus Kunststoff- oder Edelstahlrohren hergestellt. Sie sind vor allem geeignet, wenn der Wärmeerzeuger unter dem Dach steht, da sich die Abgase über eine sehr kurze Strecke abführen lassen. Im Unterschied zu Schornsteinen sind Abgasleitungen nicht für Feuerstätten zugelassen, die mit festen Brennstoffen (Holz, Pellets) befeuert werden. Zudem darf an eine Abgasleitung – im Unterschied zum Schornstein – nur eine einzige Feuerstätte angeschlossen werden. Befindet sich die Heizungsanlage dagegen im Keller, ist schon allein aus Brandschutzgründen ein klassischer Kaminzug erforderlich.

WEITERE TYPISCHE MÄNGEL

Mangel	Bauschaden	H
Betonkranz um den Schornstein in der Kehlbalkenebene nicht gedämmt	Kondensatbildung	Oft
Ungenügende Dämmung bzw. falsche Dimensionierung des Kamins (Durchmesser zu groß)	Ausfall von Kondensat aus schwefelhaltiger Abgasluft, Eindringen der Substanzen in Schornstein bzw. angrenzende Bauteile,	Vereinzelt

Auch Bauherren, die eine Öl- oder Gasheizung nutzen wollen, sollten über den Einbau eines Schornsteins nachdenken, denn nur so lässt sich im Kamin ein behagliches Feuer entfachen. Zudem ist auf diese Weise ein späterer Wechsel des Energieträgers möglich. Wer sich dagegen in der Planungsphase gegen einen Schornstein entscheidet, kann ihn später nur mit viel Aufwand nachrüsten.

Hinsichtlich der Konstruktion sind Regeln und Vorschriften zu beachten. Zunächst müssen Höhe und Querschnitt des Schornsteines zur Feuerstelle passen und so bemessen sein, dass sich Rauchgase wirksam abführen lassen. Runde Abluftschächte ermöglichen es Rauchgasen, wirbelfrei aufzusteigen, während sich in den Ecken quadratischer Schächte Ablagerungen bilden können.

Zudem muss der Schornstein Dehnungsfugen zu benachbarten Bauteilen (zum Beispiel Geschossdecken) besitzen. Diese Fugen müssen mit einem nicht brennbaren Dämmstoff abgedichtet werden. Außerdem ist für den Schornsteinfeger am Fuß des Schornsteins eine Reinigungsöffnung vorzusehen, die mindestens 20 Zentimeter tiefer liegen muss als die niedrigste angeschlossene Feuerstätte. Laut DIN 18160 muss die Öffnung zudem einen Mindestabstand von fünf Zentimetern zu umliegenden entflamm- bzw. brennbaren Stoffen aufweisen. Die Innenrohre des Schornsteins müssen feuchtigkeits- und säurebeständig sein, was meist durch die Verwendung von Rohren aus Schamott, Glas, Keramik oder Edelstahl erreicht wird.

Im privaten Wohnungsbau kommen vorwiegend einfach belegte, einzügige Schornsteine zum Einsatz. Diese werden in den meisten Fällen aus mehrschaligen Formstücken gemauert. Diese wiederum bestehen aus einem abgasführenden, oft wärmegedämmten Kanal aus Schamott oder Keramik, der in einen Formbaustein, zum Beispiel aus Leichtbeton, eingelassen ist. In diesem Baustein können sich weitere Kanäle befinden, unter anderem zur Führung der Verbrennungsluft.

Schornsteine müssen standsicher errichtet werden. So müssen insbesondere die Durchstoßpunkte von Decken sorgfältig ausgeführt werden. Bei Massivdecken sind hier zum Beispiel sogenannte Verwahrungen herzustellen. Darunter versteht man Abgrenzungen aus nicht brennbaren Materialien. Obwohl Decken- und Dachdurchführung bereits eine gewisse seitliche Abstützung bieten, ist der Schornstein im Dachstuhl zusätzlich zu verankern – insbesondere wenn die zulässige Höhe über der letzten seitlichen Abstützung überschritten werden soll. Zum Verankern dienen unter anderem Sparrenhalterungen aus Edelstahl, die den Betonkranz in der Dachdurchführung ersetzen.

Um der Gefahr der „Versottung" entgegenzuwirken, ist es wichtig, dass die Abgase samt der enthaltenen Flüssigkeit abtransportiert werden – und sich nicht als Kondensat an der Innenseite des Kamins niederschlagen, zum Beispiel in Folge ungenügender Dämmung oder einer zu geringen Zufuhr von Verbrennungsluft und einer dadurch sinkenden Temperatur der Abgase.

SANIERUNG

Die Folien von Dampfbremse und Unterspannbahn sind mit geeigneten Klebebändern bzw. Manschetten lückenlos an die Abgasleitung anzuschließen.

FOLGESCHÄDEN

Wird der Anschluss nicht luftdicht hergestellt, drohen Feuchteschäden durch die Bildung von Tauwasser. Außerdem kommt es zu Energieverlusten, die sich in erhöhten Heizkosten niederschlagen.

E	V	Sanierung		Folgeschäden ohne Sanierung
Relativ gut	Sehr hoch	Nachträgliche Dämmung		„Versottung" des Kamins und angrenzender Bauteile
Eher schwierig	Sehr hoch	Einziehen korrekt dimensionierter Abzugsrohre		Opt. Beeinträchtigung und allmähliche Zerstörung („Versottung")

HÄUFIGKEIT (H)
Sehr oft

ERKENNBARKEIT (E)
Relativ gut

VERDECKUNGSGEFAHR (V)
Sehr hoch

Werden die Platten der Fassadendämmung nicht fugenfrei verlegt ("dichtgestoßen"), kann sich in der kalten Jahreszeit Kondenswasser bilden und Feuchteschäden verursachen (im Bild: Fuge zwischen Keller- und Fassadendämmung).

FASSADE MIT WÄRMEDÄMMVERBUNDSYSTEM (WDVS)

Alternativ zu wärmedämmendem Mauerwerk kann die Fassade mit einem WDVS versehen werden. Dieses sollte aus perfekt aufeinander abgestimmten Komponenten bestehen – und auf keinen Fall aus Resten verschiedener Systeme zusammengestückelt werden.

HINTERGRUND

Ein Wärmedämmverbundsystem hat die Funktion, die außen liegenden Bauteile eines Hauses gegen Energieverluste zu dämmen. Ein WDVS an der Fassade eines Hauses besteht aus mehreren Schichten. Zunächst wird der Dämm-stoff mit einem Klebemörtel auf den Wanduntergrund (zum Beispiel Ziegel, Beton oder Kalksandstein) geklebt und zusätzlich mit Dübeln bzw. mittels eines Schienensystems befestigt. Beim Verkleben kommt standardmäßig die Wulst-Punkt-Methode, in selteneren Fällen eine Teilflächen-,

WEITERE TYPISCHE MÄNGEL

Mangel	Bauschaden	H
Wanduntergrund nicht oder nicht ausreichend vorbereitet (Trockenheit, Ebenheit)	Mangelnde Haftung der Dämmplatten (Hohlstellen)/Unebenheiten in der Dämmschicht	Sehr oft
Armierungsgewebe falsch eingebaut	Spannungen bzw. Risse im Putz	Sehr oft
Dehnungsfugen zwischen Gebäudeteilen nicht ins WDVS übernommen	Spannungen bzw. Rissbildung	Oft
Mangelhafter Anschluss des WDVS an den Sockelbereich	Mangelhafte Wärmedämmung, Feuchteschäden durch Hinterspülen	Oft
Mangelhafter Anschluss des WDVS an Fensterbauteile	Mangelhafte Wärmedämmung, Energieverluste, Feuchte am Fußpunkt der Rahmenkonstruktion	Oft
Mauerkronen/Brüstungen nicht gedämmt	Mangelhafte Wärmedämmung, Energieverluste	Oft

Punkt- oder vollflächige Verklebung bzw. ein kombiniertes Verfahren zum Einsatz. Die Platten müssen dabei lot- und fluchtrecht im Verband verlegt werden. Dabei sind offene Stoßfugen zu vermeiden. Unvermeidbare Spalten sind mit Dämmstoffstreifen bzw. Dämmschaum zu schließen und Plattenversätze zu verschleifen.

Die Dämmschicht wird anschließend mit einer Armierungsschicht versehen, bestehend aus einem Armierungsmörtel (Unterputz) und einem eingebetteten Gewebe. Auf die Armierungsschicht wird schließlich ein Oberputz (zum Beispiel mineralisches Putzsystem) aufgebracht. Wichtig: Dämmstoff und Putz dehnen sich unter Temperatureinfluss aus bzw. ziehen sich zusammen. Dies gleicht im Normalfall die Armierungsschicht aus. Ist sie nicht sachgerecht verlegt, drohen Risse im Putz.

Dämmstoffe werden in Form von Platten oder Matten angeboten. Zur Dämmung der Gebäudehülle eignen sich Platten bzw. Matten aus Mineralfasern (zum Beispiel Glas- oder Steinwolle) oder nachwachsenden Rohstoffen (zum Beispiel Flachs, Hanf, Kork, Schafwolle). Dasselbe gilt für Platten aus Polystyrol-Hartschäumen (zum Beispiel EPS- und XPS-Platten). Diese eignen sich jedoch zusätzlich zur Dämmung von erdberührten Bauteilen.

Grundsätzlich gilt, dass innerhalb des Wandquerschnitts die Wärmedämmung nach außen hin zunehmen muss, während der Wasserdampfdiffusionswiderstand nach außen hin abnimmt. Nur so ist gewährleistet, dass von innen her anfallende Feuchtigkeit vollständig verdunsten kann, ohne dass sich Tauwasser (Kondensat) bildet. Tauwasserausfall zwischen Dämmstoff und Außenputz zählt zu den häufigsten Mängeln im Bereich eines WDVS. Dies kann zur Durchnässung der Dämmschicht bzw. zu Schäden durch gefrierendes Wasser führen. Weitere Folge ist in der Regel ein deutlich eingeschränktes Dämmvermögen des WDVS. Feuchteschäden drohen auch, wenn das WDVS nicht dicht an angrenzende Bauteile (zum Beispiel Fenster- und Türrahmen) angeschlossen wird.

Da nachts die Außenseiten gedämmter Wände auf bzw. unter Umgebungstemperatur abkühlen, kann sich auf der Putzoberfläche Kondensat bilden und können sich in der Folge Algen oder Pilze ansiedeln. Um ein langsameres Abkühlen der Wände zu gewährleisten, kommen Dämmstoffe bzw. spezielle Putze zum Einsatz, die viel Wärme speichern können.

SANIERUNG
Betroffene Bereiche sind freizulegen und die Fugen in der Wärmedämmung dicht zu schließen..

FOLGESCHÄDEN
Erfolgt keine Sanierung, steigt die Gefahr von Ausblühungen bzw. Schimmelbildung.

E	V	Sanierung	Folgeschäden ohne Sanierung
Eher schwierig	Sehr hoch	Entfernen der Dämmplatten und fachgerechte Vorbehandlung des Untergrunds	Feuchteschäden, Schimmelbildung
Für Laien nahezu unmöglich	Sehr hoch	Evt. gesamte Fläche überputzen	Feuchte- und Frostschäden
Relativ gut	Sehr hoch	Dehnfuge nachträglich herstellen	Feuchte- und Frostschäden
Eher schwierig	Sehr hoch	Fachgerechten Anschluss nachträglich herstellen	Schimmelbildung, Energieverluste
Eher schwierig	Sehr hoch	Evt. Laibungsbereiche nacharbeiten	Feuchteschäden, Schimmelbildung
Eher schwierig	Sehr hoch	Dämmung nachträglich anarbeiten	Feuchteschäden, Schimmelbildung

Fehlen Verbindungsmittel oder -elemente innerhalb der Dachkonstruktion (im Bild: erforderliche Firstzangen nicht eingebaut) oder sind Verbindungen der Konstruktion, zum Beispiel zum Ringanker, mangelhaft ausgeführt, ist die Stabilität des Dachstuhls nicht gewährleistet.

DACHKONSTRUKTION/DACHSTUHL

Krönung des Rohbaus ist der Dachstuhl. Bei geneigten Dächern besteht er aus Holz und soll später die gesamte Dachhaut tragen. Das funktioniert jedoch nur dann einwandfrei, wenn die Dachkonstruktion in sich stabil und ausreichend belastbar ist.

HINTERGRUND

Als Dachkonstruktion wird der gesamte tragende Teil eines Daches bezeichnet. Oft wird der Begriff „Dachstuhl" synonym verwendet. Dieser bezeichnet im engeren Sinn jedoch lediglich die Stützkonstruktion, die der Querversteifung des Daches dient – ohne Sparren, Pfetten, Kehlbalken und Lattung. Die Dachkonstruktion muss zum einen ihr eigenes Gewicht tragen, darüber hinaus jedoch auch die Last der sogenannten Dachhaut (auch „Dachdeckung" oder „Dachab-

dichtung") – also den Teil des Daches, der vor Wind und Wetter schützt. Wird das Dachgeschoss ausgebaut, kommen Dämmung und Schalung hinzu. Zusätzlich muss die Dachkonstruktion Belastungen durch Schnee und Wind aufnehmen können.

Zwar kann eine Dachkonstruktion aus verschiedenen Materialien bestehen – in der Regel sind jedoch Tragwerke aus Voll-, Konstruktionsvoll- bzw. Brettschichtholz gemeint. Klassische Varianten der Dachkonstruktion sind etwa das

WEITERE TYPISCHE MÄNGEL

Mangel	Bauschaden	H
Windrispenbänder fehlen, wurden ohne Spannung eingebaut oder bei der Dachdämmung zerschnitten	Verformungen der Dachkonstruktion unter Wind- und Schneedruck	Sehr oft
Auflager von Mittel- und Firstpfetten vom Maurer nicht ausreichend unterfüttert	Dachkonstruktion instabil, Verminderung der Tragfähigkeit	Oft
Dachscheibe nicht ausgebildet	Verformungen der Dachkonstruktion unter Wind- und Schneedruck, Dachkonstruktion instabil, Verminderung der Tragfähigkeit	Oft

Sparren- bzw. Kehlbalkendach sowie das Pfettendach. Aus beiden Varianten lässt sich die im Eigenheimbau am weitesten verbreitete Form des Tragwerkes herstellen: das Satteldach.

Ein Satteldach besteht aus einzelnen, horizontal verlaufenden Dachlatten. Diese werden von senkrecht von der Traufe bis zum First verlaufenden Sparren getragen, diese wiederum – beim Pfettendach – von bis zu fünf horizontalen Balken, den Pfetten. Der Aussteifung des Tragwerks dienen unter anderem unter den Sparren befestigte, diagonal verlaufende Hölzer („Windrispen"). Alternativ können straff gespannte, diagonal kreuzende Windrispenbänder aus Stahl verwendet werden, die ebenfalls der parallelen Verschiebung der Sparren entgegenwirken.

Der Herstellung einer kraftschlüssigen Verbindung dienen unter anderem Sparren-Pfetten-Anker (auch als Universalverbinder bezeichnet). Dabei handelt es sich um flache rechteckige Stahlprofile, deren Hälften in Längsrichtung um 90 Grad gegeneinander versetzt sind – so dass sie sich an der Verbindung Pfette/Sparren an beide Bauteile annageln lassen. Sparren-Pfetten-Anker leiten Windkräfte ab, stabilisieren Sparren und Pfetten in ihrer Lage und ermöglichen das Abhängen von Kehlbalken an Mittelpfetten.

Während sich der Abstand zwischen den Dachlatten an der Höhe der gewählten Dachziegel bzw. -steine orientieren muss, sind für den Sparrenabstand ca. 60 bis 100 Zentimeter gebräuchlich. Aus dem Sparrenabstand ergibt sich der aus statischen Gesichtspunkten erforderliche Querschnitt der einzelnen Sparrenhölzer. Zudem muss die Höhe der Sparren auf die Höhe einer eventuell zwischen den Sparren anzubringenden Wärmedämmung des Daches abgestimmt sein.

Fensteröffnungen, Dachgauben sowie Durchdringungen anderer Bauteile (zum Beispiel Schornstein) machen Unterbrechungen in der Dachkonstruktion nötig. Werden diese zu groß dimensioniert, kann dies insbesondere im Sparren- und Kehlbalkendach zu statischen Problemen führen.

Bei Flachdächern wird häufig eine Unterkonstruktion aus Stahlbeton verwendet. Zum Dachaufbau gehören ferner eine Gefälleschicht (zum Beispiel aus Beton) sowie eine Trenn- und Ausgleichschicht. Alternativ kommen leichtere Gerippekonstruktionen aus Holz, Stahl oder Stahlbeton zum Einsatz, auf deren Oberseite eine Tragschicht aus Holz oder Trapezblech angebracht wird. Details regeln die „Flachdachrichtlinien" des Dachdeckerhandwerks.

SANIERUNG

Fehlen erforderliche Verbindungsmittel (wie Sparren-Pfetten-Anker) und -elemente, müssen diese nachgerüstet werden. Sind bereits Verschiebungen innerhalb der Konstruktion eingetreten, muss der Dachstuhl neu gerichtet werden.

FOLGESCHÄDEN

Wird die Dachkonstruktion nicht rechtzeitig stabilisiert, kann sich der gesamte Dachstuhl verschieben oder sogar einstürzen. Wurde das Dach bereits gedeckt, drohen Beschädigungen der Eindeckung.

E	V	Sanierung	Folgeschäden ohne Sanierung
Für Laien nahezu unmöglich	Sehr hoch	Windrispenbänder ergänzen bzw. nachspannen (nur in der Bauphase möglich)	Schäden an der Eindeckung, Risse an der raumseitigen Verkleidung (z. B. Gipskartonplatten)
Relativ gut	Sehr hoch	Auflager nachträglich aufmauern/aufbetonieren bzw. unterfüttern	Versagen des Tragsystems bis zum Einsturz
Eher schwierig	Sehr hoch	Dacheindeckung zurückbauen und Dachscheibe ausbilden	Versagen des Tragsystems bis zum Einsturz

Werden tragende Hölzer innerhalb einer Dachkonstruktion zu feucht eingebaut, können Risse die Folge sein.

DACHSTUHL / MATERIAL

Bauteile aus Holz bedürfen eines besonderen Schutzes, um nicht durch Wind und Wetter, Insekten oder Pilze beschädigt zu werden – sonst drohen schwere Schäden. Bauherren sollten sich schon bei der Anlieferung ein Zertifikat über die Art des Holzschutzes geben lassen.

HINTERGRUND

Holz ist ein natürlicher Baustoff, der insbesondere in der Dachkonstruktion wertvolle Dienste leistet. Damit Holz jedoch seine Eigenschaften auf Dauer behält, müssen Bauteile aus Holz dauerhaft vor schädlichen äußeren Einflüssen geschützt werden – dazu zählen Feuchtigkeit und UV-Strahlen, aber auch pflanzliche und tierische Schädlinge, vor allem Pilze und Insekten. Aus diesem Grund unterliegen tragende und aussteifende Bauteile aus Holz bauaufsichtlichen Regelungen. Die im Einzelnen zu treffenden Schutzmaßnahmen sind in der Normenreihe DIN 68 800 geregelt.

Eine Möglichkeit, den Einsatz gesundheitsschädigender Materialien auf ein Mindestmaß zu reduzieren, liegt in einer weitblickenden Planung. Dazu gehört – soweit zugänglich und finanzierbar – die Wahl von Natur aus dauerhaften Holzarten, sofern sie bauaufsichtlich zugelassen sind. In

WEITERE TYPISCHE MÄNGEL

Mangel	Bauschaden	H
Naturbedingte Fehlstellen im Holz (z. B. Drehwuchs)	Minderung der Tragfähigkeit	Sehr oft
Nicht nachbehandelte Schnittkanten	Feuchteschäden, Pilz- und Insektenbefall	Sehr oft
Fehlender Holzschutz	Feuchteschäden, Pilz- und Insektenbefall	Oft
Holzteile im Sichtbereich (z. B. Verschalung des Dachüberstandes) nicht gehobelt	Optische Beeinträchtigung	Oft

jedem Fall aber zählt dazu die Verwendung gut gelagerter Hölzer mit nur noch geringen Holzfeuchten sowie der Schutz des Holzes während der Bauzeit, zum Beispiel durch geeignete Abdeckungen. Auch durch das Sicherstellen einer ausreichenden Hinterlüftung, das Schaffen von Abflussmöglichkeiten oder das Verhindern von Kondensatbildung durch den Einbau von Dampfsperren, Wärmedämmung etc. lassen sich Schäden an Holzkonstruktionen vermeiden (konstruktiver Holzschutz).

Besonderes Augenmerk sollte darauf liegen, dass das Holz vor dem Einbau ausreichend getrocknet ist. Während frisch geschlagene Hölzer eine Holzfeuchte von 40 bis 60 Prozent aufweisen, darf sie beim Einbau in die Dachkonstruktion 20 Prozent nicht überschreiten. Eine höhere Einbauholzfeuchte kann unter anderem zu Trocknungsrissen führen, die eine Gefahr für die Tragfähigkeit darstellen können. Zudem bieten Risse – sofern sie nicht sofort und in ihrer gesamten Tiefe behandelt werden – neue Angriffsflächen für Holzschädlinge.

Der sorgfältigen Materialwahl und dem konstruktiven Holzschutz gegenüber steht als dritte Möglichkeit der vorbeugende Einsatz von Holzschutzmitteln auf biologischer bzw. chemischer Basis. Mittel auf chemischer Basis sollten dabei nur zum Einsatz kommen, wenn dies unbedingt erforderlich ist. Im Bereich tragender und aussteifender Holzteile, wie sie in der Dachkonstruktion zum Einsatz kommen, ist ein wirkungsvoller Holzschutz vom Beginn der Nutzung bis zum Ende baurechtlich vorgeschrieben. DIN 68 800 zeigt mehrere Wege dazu auf – von der Auswahl geeigneter Holzarten und -qualitäten über einen konstruktiven bis hin zum vorbeugenden chemischen Holzschutz. In der Praxis werden für Dachkonstruktionen speziell imprägnierte Hölzer verwendet und frische Schnittflächen nachträglich behandelt. Bei der Lagerung auf der Baustelle kommt es entscheidend darauf an, die Hölzer vor Regenwasser zu schützen, damit die Imprägnierung erhalten bleibt.

SANIERUNG

In leichteren Fällen ist keine Sanierung nötig, da nicht jeder Riss zu einer Beeinträchtigung der Tragfähigkeit führt. In gravierenderen Fällen kann eine Stabilisierung mit Hilfe von Leim bzw. Dübeln sowie der Austausch von Bauteilen bzw. der ganzen Konstruktion in Frage kommen.

FOLGESCHÄDEN

Risse in Hölzern stellen nicht in jedem Fall einen Baumangel dar, der behoben werden muss. Erfolgt jedoch in gravierenden Fällen keine Sanierung, kann eine verminderte Tragfähigkeit von Teilen der Dachkonstruktion die Folge sein.

E	V	Sanierung	Folgeschäden ohne Sanierung
Eher schwierig	Sehr hoch	Verstärkung bzw. Austausch	Verformung bis evt. zum Einsturz
Eher schwierig	Sehr hoch	Überarbeitung bzw. Holzaustausch, bei Insektenbefall evt. Wärmebehandlung	Minderung der Tragfähigkeit, Fäulnis
Relativ gut	Sehr hoch	Nachträgliches Auftragen von Holzschutz (nur in der Bauphase möglich), Holzaustausch, evt. Wärmebehandlung	Minderung der Tragfähigkeit, Fäulnis
Für Laien nahezu unmöglich	Eher gering	Zugängliche Stellen hobeln und Holzschutz aufbringen bzw. austauschen	Feuchteschäden und Insektenbefall

HÄUFIGKEIT (H)
Oft

ERKENNBARKEIT (E)
Eher schwierig

VERDECKUNGSGEFAHR (V)
Sehr hoch

Werden die Stöße der Unterspannbahn nicht ordnungsgemäß verlegt oder ungeeignete Klebebänder verwendet, sind undichte Stellen die Folge. Dadurch kann Feuchtigkeit in die Dachkonstruktion bzw. Wärmedämmung eindringen.

UNTERSPANNBAHN / LATTUNG

Zwischen Dachstuhl und Eindeckung befindet sich eine schützende Folie, deren Aufgabe es ist, die Dachkonstruktion vor Wind und Regen zu schützen. Risse, unsaubere Anschlüsse oder eine fehlerhafte Verklebung der Folienstöße können fatale Folgen haben.

HINTERGRUND

Die Unterspannbahn verläuft unterhalb der Eindeckung eines geneigten Daches. Sie besteht aus wasser- und winddichten sowie reißfesten und UV-beständigen Kunststoffbahnen oder Spezialpappen. Die Unterspannbahn hat die Aufgabe, vom Wind unter die Dachziegel geblasenen Regen und Flugschnee abzuleiten und so die darunter liegende Wärmedämmung zu schützen. Früher reichte es, die Unterspannbahn mit leichtem Durchhang auf die Sparren zu legen und direkt darauf die Lattung anzubringen. Heute

WEITERE TYPISCHE MÄNGEL

Mangel	Bauschaden	H
Ungeeignetes Material für Unterspannbahn verwendet	Durchnässung der Wärmedämmung, Schimmelbildung	Oft
Risse oder Fehlstellen in der Unterspannbahn	Feuchteerscheinungen in der Dämmschicht	Sehr oft
Mangelhafte Überlappung der Folienstöße beim Anbringen	Feuchteerscheinungen in der Dämmschicht	Sehr oft
Mangelhafter Anschluss der Unterspannbahn an Durchdringungen bzw. Dachflächenfenster	Feuchteerscheinungen in der Dämmschicht	Oft
Querschnitt der Dachlatten im Verhältnis zu Sparrenabständen zu gering	Tragwerk kann spätere Eindeckung nicht sicher tragen	Oft
Unterspannbahn führt hinauf bis zum Firstscheitelpunkt	Keine ausreichende Zuluft für die Hinterlüftung vorhanden	Oft

muss zwischen Unterspannung und Eindeckung ein Mindestabstand eingehalten werden. Dieser wird gewährleistet, indem auf den Sparrenoberseiten eine „Konterlattung" und erst dann die Dachlattung befestigt wird. Die so erreichte Luftzirkulation verhindert ein Verfaulen der Lattung und sorgt dafür, dass Feuchtigkeit (zum Beispiel Regenwasser, Bauteilfeuchte) abgeleitet wird bzw. verdunsten kann.

Bei wärmegedämmten Dächern hält man – je nach Dachaufbau – auch von der Unterseite her einen Abstand der Dämmschicht zur Unterspannbahn ein („belüftetes Dach", „Kaltdach"), um die aus dem Hausinneren durch die Wärmedämmung aufsteigende Feuchte abzuführen. Da es bei belüfteten Dächern bei niedrigen Temperaturen zu einer erhöhten Tauwasser- bzw. Raureifbildung kommen kann, ist in manchen Fällen statt der Unterspannbahn der Einbau eines „Unterdachs" sinnvoll, das höheren Anforderungen an die Dichtheit genügt. Dabei handelt es sich um eine Holzkonstruktion, auf der zum Beispiel Unter- oder Bitumendeckbahnen befestigt werden. Aufgrund der guten Wärmespeicherfähigkeit dieser Stoffe und der Wasseraufnahmefähigkeit des Holzes lässt sich die Gefahr der Tauwasserbildung wirksam begrenzen.

Der zunehmende Einsatz diffusionsoffener Unterspann- bzw. Unterdeckbahnen hat in jüngerer Zeit die Hinterlüftung der Dämmschicht überflüssig gemacht („nicht belüftetes Dach", „Warmdach"). „Diffusionsoffen" bedeutet, dass die Unterspannung Wasserdampf aufnehmen und kontrolliert wieder abgeben kann. Die Diffusionsoffenheit findet ihren Ausdruck in einem geringen Sperrwert („sd-Wert"). Diffusionsoffene Unterspann- bzw. -deckbahnen unterscheiden sich nach Material, Aufbau der Schichten, Art der Funktionsmembran und Gewicht.

Ist eine Unterspannbahn länger als angegeben der UV-Strahlung der Sonne ausgesetzt, nimmt sie unter Umständen Schaden und kann ihre Funktion nicht mehr erfüllen.

In Flachdächern wird der Schutz vor Feuchtigkeit durch eine kompakte Schichtenfolge gewährleistet. Dabei kommen neben der Abdichtung eine Dampfsperre sowie eine Wärmedämmschicht zum Einsatz. Zwischen der Wärmedämmung und der darüber liegenden Abdichtung lässt sich zudem eine Ausgleichsschicht anordnen, in der sich örtlich auftretender Dampfdruck verteilen kann.

SANIERUNG

Undichtigkeiten in der Unterspannbahn erfordern ein Abnehmen der Dacheindeckung, das fachgerechte Überarbeiten der Unterspannbahn sowie in vielen Fällen das Trocknen bzw. Austauschen der Wärmedämmung.

FOLGESCHÄDEN

Unterbleibt eine Sanierung, droht eine Durchnässung der Wärmedämmung und in der Folge Schimmelbildung.

E	V	Sanierung	Folgeschäden ohne Sanierung
Für Laien nahezu unmöglich	Sehr hoch	Austausch der Unterspannbahn	Durchnässung der Wärmedämmung, Schimmelbildung, Fäulnis und Pilzbefall
Eher schwierig	Sehr hoch	Risse mit zugelassenem Klebeband schließen oder Bahn erneuern	Durchnässung der Wärmedämmung, Schimmelbildung, Fäulnis und Pilzbefall
Eher schwierig	Sehr hoch	Risse mit zugelassenem Klebeband schließen oder Bahn erneuern	Durchnässung der Wärmedämmung, Schimmelbildung, Fäulnis und Pilzbefall
Eher schwierig	Sehr hoch	Anschlüsse überarbeiten bzw. ergänzen	Kondensatbildung, Schimmelbefall, evt. Undichtigkeiten
Relativ gut	Sehr hoch	Dachlatten austauschen	Dachflächen zwischen den Sparren hängen durch, evt. Undichtigkeiten
Relativ gut	Sehr hoch	Firstausbildung der Unterspannbahn ändern, dazu First abdecken	Kondensatbildung in der darunter liegenden Dämmschicht, Feuchteschäden

HÄUFIGKEIT (H)
Sehr oft

ERKENNBARKEIT (E)
Für Laien nahezu unmöglich

VERDECKUNGSGEFAHR (V)
Eher gering

Werden beim Decken eines Daches An-schlussbereiche (im Bild: Anschluss an Wohnraumdachfenster) nicht korrekt aus-gebildet und gesichert, bieten diese An-griffsflächen für den Wind. Sturmschä-den sind dann programmiert.

EINDECKUNG

Neben der Farbe und Struktur des Außenputzes ist es die Deckung des Daches, die das äu-ßere Erscheinungsbild des Hauses bestimmt. Diese sollte sich harmonisch in die Umgebung einfügen und den für die jeweilige Gegend typischen Wetterbedingungen standhalten.

HINTERGRUND

Als Dachdeckung (Dachhaut) bezeichnet man die äußerste, Regen und Wind abwehrende Schicht eines geneigten Da-ches. Dabei kommen verschiedene Materialien und Verle-gearten zum Einsatz. Da die Dachhaut nicht wasserdicht, sondern lediglich „regensicher" sein soll, kann durch ihre Fugen Wasser einsickern, das nach unten abgeleitet wird.

Dazu muss das Dach eine Mindestneigung aufweisen. Im Gegensatz zu geneigten Dächern werden Flachdächer nicht gedeckt, sondern erhalten eine Abdichtung aus Bitumen-, Kunststoff- oder Elastomerbahnen. Diese Abdichtung kann zu ihrem Schutz mit einer zusätzlichen Deckschicht, zum Beispiel einer Kiesschüttung, einem Plattenbelag oder ei-ner Bepflanzung auf Substratschicht versehen werden.

WEITERE TYPISCHE MÄNGEL

Mangel	Bauschaden	H
Ziegeldeckmaße nicht eingehalten	Sturmsicherheit nicht gewährleistet	Sehr oft
Schnittkanten von Dachziegeln nicht nachbe-handelt	Optische Beeinträchtigung	Sehr oft
Randbereiche nicht ausreichend gegen Witte-rungseinflüsse gesichert	Dachhaut nicht regen- und sturmsicher	Sehr oft
Lüfterziegel nicht eingebaut	Hinterlüftung nicht gewährleistet	Oft
Keine Sicherheits- bzw. Leiterhaken auf Lattung angebracht	—	Oft
Notwendige Sturmhaken nicht eingebaut	Sturmsicherheit nicht gewährleistet	Sehr oft

Zu den häufigsten Eindeckungen geneigter Dächer gehören Dachziegel aus gebranntem Ton. Sie sind nicht nur wasserundurchlässig, brandsicher sowie beständig gegen Frost und UV-Strahlen, sondern besitzen auch die Fähigkeit, in gewissem Maß Wasser aufzunehmen und wieder abzugeben. Da sie einzeln „aufgehängt" sind, können Dachziegel zudem Bewegungen innerhalb der Dachkonstruktion spannungsfrei ausgleichen. Wichtige Vertreter sind Hohlpfanne, Strangfalz- und Biberschwanzziegel sowie Flachdachpfanne, Mönchnonne und Verschiebeziegel.

Neben Dachziegeln sind vor allem Dachsteine aus Beton gebräuchlich. Es gibt sie sowohl in falzloser Ausführung (zum Beispiel Schindeln, Biberschwänze) als auch mit Falz. Ihre Hauptbestandteile sind quarzhaltiger Sand, Zement und Wasser. Betondachsteine sind härter, schwerer und passgenauer als Ziegel. Dies stellt jedoch höhere Anforderungen an ihre Hinterlüftung, da die Außenluft nicht ohne Weiteres durch die Fugen in den Zwischenraum zur Unterspannbahn eintreten kann. Weitere – zum Teil nur regional verbreitete – Eindeckungen sind unter anderem Faserzementplatten, Bitumenschindeln, Schieferplatten, Metall, Holz sowie Stroh und Reet.

Neben den Dachflächen ist die fachgerechte Ausbildung von Randbereichen (Firste, Traufen, Ortgänge) wichtig. Diese müssen Windlasten standhalten können. Ein First ist dabei der obere Abschluss eines spitz zusammenlaufenden Daches. Firste können zum Beispiel mit Firstziegeln, Schiefersteinen, aber auch aus Metall (siehe Seiten 136/137) hergestellt werden. Bei Kaltdächern entweicht am First zudem die an der Traufe einströmende Luft. Dies geschieht bei Ziegeleindeckungen mit Hilfe punktuell oder linear angeordneter Lüfterziegel oder -formsteine.

Als Ortgang wird der seitliche, gerade Abschluss einer Dachfläche bezeichnet. Diese Außenkante verläuft in der Regel von der Dachrinne zum First und wird meist mit einem Überstand über das Mauerwerk ausgebildet. Ortgänge lassen sich – je nach Eindeckungsart – mit Hilfe von Formsteinen, vorgefertigten Formteilen, Windbrett/Zahnleiste oder als Ortgangrinne ausbilden. Wie beim First sind an Ortgängen zusätzliche Sicherungselemente (Sturmklammern bzw. spezielle, nicht korrodierende Schrauben) erforderlich, die das Dach vor Windkräften schützen sollen.

Traufe heißt der untere Dachabschluss – oft mit Überstand über das Mauerwerk. An dieser Dachkante wird die Dachrinne montiert. Die Ausführung ist von der Art der Dacheindeckung sowie der Unterkonstruktion abhängig.

SANIERUNG

Halten Randbereiche dem Windsog nicht stand, müssen nachträgliche geeignete Formziegel, Formsteine bzw. andere Sicherungsmittel angebracht werden.

FOLGESCHÄDEN

Ohne Instandsetzung betroffener Dachränder drohen Schäden an der luftdichten Hülle bzw. der Unterspannbahn sowie das Eindringen von Feuchtigkeit in die Konstruktion.

E	V	Sanierung	Folgeschäden ohne Sanierung
Eher schwierig	Hoch	Neueinlattung und Neueindeckung	Undichtigkeiten der Eindeckung
Für Laien nahezu unmöglich	Hoch	Betroffene Dachziegel nachbehandeln oder austauschen	Evt. technische Lebensdauer eingeschränkt
Für Laien nahezu unmöglich	Eher gering	Nachträglicher Einbau geeigneter Formziegel, -steine bzw. anderer Sicherungsmittel	Schäden an der Unterspannbahn, Eindringen von Feuchtigkeit in die Konstruktion
Für Laien nahezu unmöglich	Eher gering	Nachträglicher Einbau von Lüfterziegeln	Tauwasserbildung
Für Laien nahezu unmöglich	Eher gering	Nachträglicher Einbau	—
Relativ gut	Eher gering	Nachträglicher Einbau	Undichtigkeiten der Eindeckung

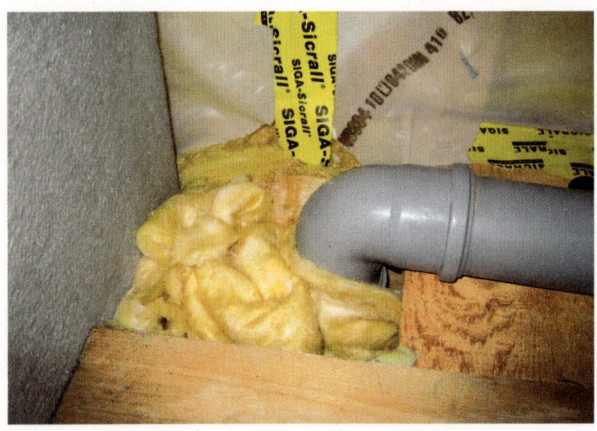

Werden die Folienbahnen der Dampfbremse nicht fachgerecht an angrenzende
Bauteile bzw. Durchdringungen angeschlossen, ist die geforderte Luftdichtigkeit nicht mehr gegeben.

DACHDÄMMUNG / DAMPFBREMSE

Viele Bauschäden im Dachbereich entstehen durch Leckagen der Dampfbremse, durch die
Feuchtigkeit in die Wärmedämmung eindringt und diese unbrauchbar macht. Hier ist beim
Einbau das wachsame Auge des Bauherren in besonderer Weise gefragt.

HINTERGRUND

Die Dämmung des Daches ist wie die des Kellers bzw. der
Fassade Teil der Wärmedämmung eines Hauses. Guter
Wärmeschutz unterm Dach spart Heizkosten und sorgt für
angenehmes Klima im Haus. Die verwendeten Dämmstoffe
haben die Aufgabe, den Wärmeaustausch zwischen dem
Hausinneren und der Umgebung zu behindern. Zusätzlich

sind je nach Einsatzzweck Druckfestigkeit, Dampfdurchläs-
sigkeit, Feuerbeständigkeit oder Schalldämmung gefragt.
Als Dämmstoffe eignen sich aufgeschäumtes oder faseri-
ges Glas, organische Stoffe (zum Beispiel Kork, Holz- oder
Kokosfasern, Wolle) sowie aufgeschäumte Kunststoffe.
Je nachdem, wo die Dämmung angebracht wird, unterscheidet man Unter-, Zwischen- und Aufsparrendämmun-

WEITERE TYPISCHE MÄNGEL

Mangel	Bauschaden	H
Wärmedämmung lückenhaft bzw. mit Fehlstellen	Herabgesetzte Dämmqualität	Sehr oft
Einbau einer beschädigten Dampfbremse (Risse, Perforationen)	Keine Luftdichtigkeit, Eindringen von Innenraum-feuchte in die Dämmung/Dachkonstruktion	Sehr oft
Dampfbremse/-sperre fehlerhaft eingebaut (z. B. mit Durchhang bzw. ohne Entlastungsschlaufe oberhalb des Klebepunkts)	Undichtigkeiten, Eindringen von Innenraumfeuchte in die Dämmung/Dachkonstruktion	Sehr oft
Mangelhafte Verklebung der Folienstöße (z. B. mit nicht zugelassenem Klebeband)	Undichtigkeiten, Eindringen von Innenraumfeuchte in die Dämmung/Dachkonstruktion	Sehr Oft

gen, wobei auch eine Kombination, etwa aus Unter- und Zwischensparrendämmung, zum Einsatz kommen kann.

Bei der Untersparrendämmung werden die Dämmplatten unterhalb der Dachsparren angebracht. Nachteil: Durch diese Art der Dämmung geht Wohnraum unter dem Dach verloren. Bei Variante zwei, der Zwischensparrendämmung, wird das Dämmmaterial (zum Beispiel Matten aus Dämmwolle) zwischen den Sparren angebracht. Hier ist darauf zu achten, dass die Höhe der Sparren ausreicht, um Dämmmaterial in der laut EnEV erforderlichen Dicke zu befestigen. Ist dies nicht der Fall, müssen die Sparren auf der Unterseite verstärkt werden, was ebenfalls mit Wohnraumverlust einhergeht. Schließlich hat eine Aufsparrendämmung (zum Beispiel mit Hartschaumplatten) den Vorteil, dass sie keinerlei Wohnraumverluste mit sich bringt. Da jedoch die Temperaturschwankungen an der Außenseite erhöhte Anforderungen an die Formstabilität des Dämmmaterials stellen, ist eine Aufsparrendämmung deutlich teurer.

Ein weiterer wichtiger Teil des Dachaufbaus ist die sogenannte Dampfsperre. Dabei handelt es sich um eine Schicht aus Spezialfolie (zum Beispiel aus Polyethylen, PE-Folie), die verhindern soll, dass Innenraumluft bzw. Wasserdampf in die Wärmedämmung bzw. Dachkonstruktion eindringt. Dies könnte zum Ausfall von Tauwasser führen. Im Gegensatz zur Sperre soll eine Dampfbremse das Diffundieren von Wasserdampf nur behindern, aber nicht vollständig unterbinden. Dies hat den Vorteil, dass durch Fehlstellen eingedrungenes Wasser zum Raum hin verdunsten kann.

Die Dampfsperre bzw. -bremse wird raumseitig, d.h. auf der Innenseite der Dämmschicht angebracht.

Die Dichtheit („Wasserdampf-Diffusionswiderstand") der Sperrschicht findet ihren Ausdruck im sd-Wert. Je höher dieser ist, desto dichter die Folie. Die Grenze zwischen Dampfbremse und -sperre verläuft bei einem sd-Wert von 1500. Welche Variante zum Einsatz kommt, hängt von der Konstruktion der Gebäudehülle ab. Diese muss nach außen hin immer diffusionsoffener werden. Hat bereits die Dachhaut bzw. Unterspannung einen hohen sd-Wert, muss die (darunter liegende) Dampfsperre demnach einen noch höheren sd-Wert aufweisen. Relativ neu sind Polyamidfolien mit variabler Durchlässigkeit: Während sie im Winter ganz normal das Eindringen von Feuchtigkeit in die Dämmschicht verhindern, werden diese Folien im Sommer durchlässig. Dringt dann warme, feuchte Außenluft im Bestreben nach Druckausgleich ein, ermöglicht die Folie das Austrocknen von Holz und Dämmmaterial zur Raumseite hin.

SANIERUNG

Betroffene Anschlüsse müssen überarbeitet bzw. erneuert werden. Ist Feuchtigkeit in die Dämmung bzw. die Dachkonstruktion eingedrungen, muss diese getrocknet werden.

FOLGESCHÄDEN

Werden fehlerhafte Anschlüsse nicht fachgerecht saniert, kann sich Tauwasser in der Dämmschicht bilden. Die Folge sind Schimmelbefall bzw. Holzschäden im Dachstuhl.

E	V	Sanierung	Folgeschäden ohne Sanierung
Für Laien nahezu unmöglich	Sehr hoch	Ausbessern der Fehlstellen	Verminderte Energieeffizienz, erhöhte Heizkosten, Tauwasserausfall
Für Laien nahezu unmöglich	Sehr hoch	Entfernen der Verkleidung, Austausch der Dampfbremse, evt. Dämmung entfernen	Kondensatbildung, Feuchtigkeitsränder auf der Verkleidung, Schimmel, Holzschäden
Eher schwierig	Sehr hoch	Entfernen der Verkleidung, Austausch der Dampfbremse, evt. Dämmung entfernen	Kondensatbildung, Feuchtigkeitsränder auf der Verkleidung, Schimmel, Holzschäden
Eher schwierig	Sehr hoch	Entfernen der Verkleidung, Austausch der Dampfbremse, evt. Dämmung entfernen	Kondensatbildung, Feuchtigkeitsränder auf der Verkleidung, Schimmel, Holzschäden

Werden Bleche in Anschlussbereichen (im Bild: Anschluss Schornstein/Eindeckung) nicht fachgerecht angebracht, leiten sie das Niederschlagswasser nicht zuverlässig ab. So kann dieses zum Beispiel hinter die Eindeckung laufen.

ANSCHLÜSSE UND EINFASSUNGEN

Von der Regenrinne bis zur Gaubenverkleidung – Bleche spielen auf dem Dach eine entscheidende Rolle. Sie verhindern das Eindringen von Wasser und leiten es, etwa in Form von Kehlen, nach unten ab. Fehler bei der Ausführung können fatale Folgen haben.

HINTERGRUND

Zimmerer und Dachdecker erfüllen wesentliche Aufgaben bei der Dachkonstruktion. Die einen stellen die Holzkonstruktion her, die Lasten aufnimmt und für Stabilität sorgt, die anderen dichten das Dach ab und schützen es so vor Witterungs- und Klimaeinflüssen.

Hinzu kommt der Klempner (landschaftlich auch als Spengler, Flaschner oder Blechner bezeichnet), der Blechbauteile für das Dach herstellt und installiert und so für dessen Abdichtung und Entwässerung sorgt. Heute werden dafür hochwertige, nicht rostende Materialien wie Kupfer, Titanzink, Edelstahl und Aluminium verwendet, die eine lange

WEITERE TYPISCHE MÄNGEL

Mangel	Bauschaden	H
Metallkehlen nicht gerade geschnitten	Eindringendes Niederschlagswasser	Oft
Metallkehlen liegen nicht vollflächig auf Lattung auf	Eindringendes Niederschlagswasser	Oft
Anschlussbleche nicht hoch genug geführt bzw. oberer Abschluss nicht ausreichend gesichert	Eindringendes Niederschlagswasser	Sehr oft
Kontaktkorrosion durch Materialmix (z. B. Stahlschraube im Kupferblech)	Unedleres Metall wird zerstört, dadurch Lösen der Verbindung	Oft

Lebensdauer besitzen und nur einen geringen Wartungsaufwand erfordern.

Im Rahmen der Klempnerarbeiten auf dem Dach kommt – neben Dachrinnen und Fallrohren – den Randbereichen (First, Ortgang und Traufe) sowie den Anschlüssen aufeinanderstoßender Dachflächen entscheidende Bedeutung zu. Stoßen zwei Dachflächen spitz zusammen („Außenecke"), spricht man von einem Grat, im umgekehrten Fall („Innenecke") von einer Kehle. Kehlen haben die Aufgabe, sich in ihnen sammelndes Niederschlagswasser zur Dachrinne abzuleiten. Sie werden je nach Art der Eindeckung als unterlegte, eingebundene oder Metallkehlen ausgebildet. Die konstruktiven Anforderungen für Grate entsprechen denen für Firste.

Neben Blechen für An- und Abschlüsse sorgt der Klempner auf dem Dach für die Firstentlüftung inklusive Flugschneesicherung und installiert Schneefang- und Blitzschutzeinrichtungen, Stufen, Leitern etc. Darüber hinaus gehört das Abdecken von Mauervorsprüngen, Attiken etc. sowie das Einfassen von Kaminen, Dachfenstern und Gauben zu seinen Aufgaben. Soll das gesamte Dach mit einer Metalleindeckung versehen werden, ist ebenfalls der Klempner zuständig.

Stoßen verschiedene Metalle aufeinander, ist stets zu berücksichtigen, dass beim Einwirken von Feuchtigkeit ein Ionentransport stattfindet: Das unedlere Metall bildet die Anode, das edlere die Kathode. Das Wasser bzw. die feuchte Luft wirkt als Elektrolyt und stellt die leitende Verbindung her. Vor allem an der Anode treten in der Folge Korrosionserscheinungen auf, die eine mehr oder weniger zerstörerische Wirkung haben können. Dies ist zum Beispiel der Fall, wenn ein Blech aus Edelstahl mit einem Stahlblech verschraubt wird. Unverträgliche Metalle sind deshalb konstruktiv zu trennen. Ferner ist zu beachten, dass herabfließendes Regenwasser Metallionen transportieren und auf darunterliegenden Metallteilen ebenfalls Korrosionserscheinungen hervorrufen kann.

Das Problem der Kontaktkorrosion können Bauherren vermeiden, indem sie mit dem Vertragspartner vereinbaren, dass für sämtliche Dacharbeiten dasselbe Metall verwendet wird.

SANIERUNG

Erfüllen Bleche die ihnen zugedachte Funktion nicht oder unzureichend, müssen sie nachgearbeitet bzw. ausgetauscht werden. Vor Beginn der Arbeiten ist an den betroffenen Stellen die Eindeckung zu entfernen und nach erfolgter Sanierung zu erneuern.

FOLGESCHÄDEN

Ohne Sanierung drohen Feuchteschäden und Schimmelbildung innerhalb der Dachkonstruktion.

E	V	Sanierung	Folgeschäden ohne Sanierung
Eher schwierig	Hoch	Betroffene Kehlen austauschen	Wassereintrag in die Konstruktion, Durchfeuchtung der Dämmung, Schimmelbildung
Eher schwierig	Hoch	Kehlen ausbauen und entsprechenden Unterbau herstellen	Wassereintrag in die Konstruktion, Durchfeuchtung der Dämmung, Schimmelbildung
Eher schwierig	Eher gering	Einfassung überarbeiten oder sogar erneuern	Wassereintrag in die Konstruktion, Durchfeuchtung der Dämmung, Schimmelbildung
Relativ gut	Hoch	Austausch betroffener Materialien	Wassereintrag in die Konstruktion, Durchfeuchtung der Dämmung, Schimmelbildung

Sind Dachrinnen oder Fallrohre verbeult oder anderweitig beschädigt, kann dies neben optischen Beinträchtigungen zu einem Wasserstau führen.

DACHRINNEN UND FALLROHRE

Läuft Regenwasser an der Fassade herab oder prasselt auf den Boden, funktioniert die Dachentwässerung nicht – oft ist dann einfach die Dachrinne zu klein oder wurde falsch montiert.

HINTERGRUND

Dachrinnen sammeln das von der geneigten Dachfläche ablaufende Regenwasser an der Traufe und leiten es einem Fallrohr zu. Von dort wird es einer Abwasserleitung zugeführt und über diese abtransportiert – oder in einer Zisterne oder Regentonne zur weiteren Nutzung aufgefangen.

Durch die Dachentwässerung werden zum einen Schäden an der Bausubstanz (Dachkonstruktion, Wände, Sockel, Wege) vermieden, zum anderen Hausbewohner bzw. Verkehrsteilnehmer vor herabstürzendem Wasser geschützt.

Dachrinnen werden für verschiedene Zwecke (zum Beispiel vorgehängte oder innenliegende Rinne), in unter-

WEITERE TYPISCHE MÄNGEL

Mangel	Bauschaden	H
Im Verhältnis zur Dachfläche bzw. Regenmenge falsch dimensionierte Dachrinnen und Fallrohre	Kein vollständiger Abtransport des Niederschlagswassers möglich, Überlaufen	Sehr oft
Vordere Kante der Dachrinne höher als hintere Kante bzw. auf gleicher Höhe	Überlaufendes Wasser dringt in Dachkonstruktion ein bzw. läuft an der Hauswand herab	Oft
Unterste Ziegelschicht ragt zu weit in die Dachrinne hinein	Ablaufendes Wasser schießt über die Rinne hinaus	Sehr oft
Verbindungen zwischen Dachrinnenelementen bzw. zu Fallrohren nicht fachgerecht	Undichtigkeiten, Leckagen	Oft
Dachrinnen ohne Dehnungsausgleicher	Konstruktion nimmt Längenausdehnung nicht auf	Oft
Keine Revisionsöffnungen in Fallrohren	Verstopfungen, Rückstau	Oft

schiedlichen Profilen (zum Beispiel halbrund, kastenförmig) und aus verschiedenen Materialien (zum Beispiel Titanzink, verzinktes Stahlblech, Kupfer, Edelstahl, PVC) hergestellt. Bei der Auswahl des Werkstoffs sind unter anderem dessen Preis, Langlebigkeit sowie Aussehen zu berücksichtigen. Zu bedenken sind auch Veränderungen des Farbtons im Zeitablauf: Während verzinktes Stahlblech und Titanzink bald statt ihres zu Beginn glänzenden Aussehens einen grauen Ton annehmen, verwittert Kupfer von rot zu schwarz und wird schließlich von einer grünen Patina überzogen.

Die Dimensionierung einer Dachrinne sowie Anzahl und Durchmesser der Fallrohre hängen davon ab, wie groß die zu entwässernde Dachfläche und wie stark diese geneigt ist. Außerdem spielen Stärke und Dauer des am Standort zu erwartenden Regens eine Rolle.

Eine vorgehängte Dachrinne wird in der Regel aus einzelnen Elementen mit Hilfe von Verbindungsschalen zusammengesteckt und auf sogenannten Rinnenhaltern befestigt, die wiederum auf der untersten Dachlatte („Traufbohle") oder an Sparren angebracht werden. Dabei kann ein Gefälle in Richtung Ablauf eingehalten werden, muss aber nicht. Allgemein gilt stehendes Wasser in einer Dachrinne als unkritisch – sofern deren Querschnitt ausreicht, um es aufzunehmen. Sieht allerdings die Leistungsbeschreibung ausdrücklich ein Gefälle vor, muss es auch realisiert werden. Der hintere Rand der Dachrinne muss zudem stets um

mindestens 8 Millimeter höher sein als der vordere. So soll das Überlaufen der Rinne zum Haus hin vermieden werden. Damit das Wasser nicht über die Rinne hinausschießt, darf die unterste Schicht der Eindeckung nicht zu weit in die Rinne hineinragen.

Da sich eine Dachrinne – je nach Material – bei Temperaturschwankungen in der Länge ausdehnen bzw. zusammenziehen kann, ist beim Einbau für einen Bewegungsausgleich zu sorgen, der sich mit Hilfe von Fugen oder speziellen Formteilen (Dehnungsausgleicher) realisieren lässt.

Fallrohre bestehen in der Regel aus Kunststoff, verzinktem Stahl- oder Kupferblech, Titanzink oder Faserzement. In ein Fallrohr lassen sich weitere Bauteile wie Filter, Sieb sowie Regenwassersammler oder Laubfangkörbe integrieren, bevor das Fallrohr schließlich in ein robusteres Standrohr übergeht, das meist bis ca. einen Meter über der Geländeoberkante aus der Erde ragt und die Verbindung zum Abwasserkanal herstellt.

SANIERUNG

Beschädigte Dachrinnen/Fallrohre müssen entfernt und instandgesetzt bzw. ausgetauscht werden.

FOLGESCHÄDEN

Ohne Instandsetzung drohen Wasserschäden am Haus sowie eine Verminderung der technischen Lebensdauer.

E	V	Sanierung	Folgeschäden ohne Sanierung
Relativ gut	Eher gering	Austausch der betroffenen Dachrinnen/Fallrohre	Feuchteschäden an der Holzkonstruktion des Dachstuhls und der Fassade
Für Laien nahezu unmöglich	Eher gering	Rinne und Rinnenhalter neu justieren	Feuchteschäden an der Holzkonstruktion des Dachstuhls und der Fassade
Für Laien nahezu unmöglich	Eher gering	Ziegel kürzen oder Rinneneisen neu anbringen	Stauwasser am Boden, Schäden an erdberührten Wänden durch Sickerwasser
Eher schwierig	Eher gering	Verbindungen überarbeiten	Feuchteschäden an Dachstuhl und Fassade, Stauwasser am Boden, Schäden an erdberührten Wänden durch Sickerwasser
Relativ gut	Eher gering	Ausgleicher einbauen	Undichtigkeiten, Verformungen
Für Laien nahezu unmöglich	Eher gering	Reinigung betroffener Rohre, Einbau von Revisionsöffnungen	Überlaufen, Schädigung der Bausubstanz

HÄUFIGKEIT (H)
Oft
ERKENNBARKEIT (E)
Relativ gut
VERDECKUNGSGEFAHR (V)
Eher gering

Werden die Anschlussfugen nicht tragender Innenwände (im Bild: Trockenbauwand an Trägerbalken) nicht dauerelastisch ausgebildet, können Risse und Verformungen die Folge sein.

INNENWÄNDE

Innenwände werden in unterschiedlichen Bauweisen und für verschiedene Anforderungen konstruiert. Baumängel gehen fast immer auf fehlerhafte Ausführung zurück. Sie betreffen vor allem einen ungenügenden Schallschutz sowie den Anschluss an angrenzende Bauteile.

HINTERGRUND

Innenwände haben die Aufgabe, die einzelnen Räume eines Hauses voneinander abzugrenzen und für den nötigen Sicht- und Schallschutz zu sorgen. Innenwände können in Massiv- und in Leichtbauweise errichtet werden, verputzt sein oder als Sichtmauerwerk architektonische Akzente setzen. Unterschieden werden sie in tragende und nicht tragende Innenwände. Als Wandmaterial für Innenwände aus Mauerwerk eignen sich etwa Porenbeton- oder Kalksandsteine. In der Leichtbauweise kommen vor allem Gipsfaser- sowie Gipskartonplatten zum Einsatz, darüber hinaus sind auch Metall- bzw. Holzständerwände gebräuchlich.

Betrachtet man zunächst die tragenden Innenwände, so müssen diese laut DIN 1053-1 mindestens 11,5 Zentimeter

WEITERE TYPISCHE MÄNGEL

Mangel	Bauschaden	H
Innenwand zu früh gemauert bzw. verputzt	Verformungen bzw. Rissbildung durch Absenken der Decke bzw. des Estrichs	Sehr oft
Anschluss zwischen Innenwand und Außenmauerwerk nicht fachgerecht	Rissbildung durch unterschiedliche starkes Schwinden oder Quellen	Oft
Ungeeigneter Putzaufbau in Sanitärräumen	Rissbildung in Fliesen	Oft

dick sein. Außerdem kommt das Thema Wärmeschutz ins Spiel – nämlich dann, wenn die Wand einen beheizten von einem unbeheizten Raum trennt. Das bedeutet, dass die betreffende Innenwand wärmegedämmt sein muss. Sie darf einen maximalen Wärmedurchgangskoeffizienten (U-Wert) von 0,35 W/m²K aufweisen. Eine solche Wärmedämmwirkung lässt sich entweder durch ausreichend dickes Mauerwerk erzielen oder durch Anbringen einer zusätzlichen Wärmedämmung. Dafür eignen sich zum Beispiel Mineraldämmplatten, die mit Hilfe eines Leichtmörtels auf der betreffenden Wand befestigt werden.

Nicht tragende Innenwände dienen lediglich dazu, Räume voneinander abzutrennen und übernehmen innerhalb der Gesamtkonstruktion keine statischen Aufgaben. Ihre Standsicherheit wird durch die Verbindung zu angrenzenden Bauteilen (Wände, Decken) gewährleistet. Dabei sind von diesen eventuell ausgehende Kräfte zu berücksichtigen. Diese lassen sich durch das Herstellen gleitender Anschlüsse (Nuten, Profile, Gleitschichten) ausgleichen.

Nicht tragende Innenwände werden entweder aus leichten Mauersteinen oder – wenn Wohnfläche gewonnen werden soll – mit dünneren Trockenbaukonstruktionen hergestellt. Bei letzterer Variante lässt sich aufgrund der geringen Wandstärke Wohnraum gewinnen. Im Bad- und Sanitärbereich kommen sogenannte Installationswände zum Einsatz. Bei ihnen handelt es sich um wandhohe bzw. halbhohe Vorwandinstallationen, in denen sich sämtliche Leitungen sowie Zu- und Abflüsse unterbringen lassen.

Je nach Raumnutzung gibt es für die Oberflächengestaltung von Innenwänden verschiedene Alternativen – von verputzten bzw. gestrichenen Wänden bis hin zu Tapeten, Fliesen oder anderen Wandbelägen.

Grundsätzlich sind Innenwände seltener von Baumängeln betroffen als Außenwände. Treten Mängel auf, steht – insbesondere in Mehrfamilienhäusern – häufig die ungenügende Schalldämmung im Mittelpunkt, die auf Planungs- bzw. Ausführungsfehler zurückgeht. Darüber hinaus kommt es vergleichsweise häufig zu Rissbildungen in nicht tragenden Wänden, die auf das Absenken von darüber befindlichen Geschossdecken bzw. des darunterliegenden Estrichs zurückzuführen sind. Da zudem Außen- und Innenmauerwerk in unterschiedlicher Weise ihre vertikale Form ändern (zum Beispiel durch Schwinden oder Quellen), kann es in Anschlussbereichen ebenfalls zu Rissen kommen.

SANIERUNG
Herstellen von fachgerechten Bewegungsfugen

FOLGESCHÄDEN
Bei nicht tragenden Innenwänden handelt es sich überwiegend um optische Beeinträchtigungen.

E	V	Sanierung	Folgeschäden ohne Sanierung
Für Laien nahezu unmöglich	Sehr hoch	Auftragen eines überbrückenden Anstrichs oder Erneuerung des Putzes durch gewebebewehrten Putz, Anbringen eine verformbaren Tapete (z. B. Textiltapete)	Optische Beeinträchtigung durch Risse, Schallprobleme
Für Laien nahezu unmöglich	Sehr hoch	Auftragen eines überbrückenden Anstrichs oder Erneuerung des Putzes durch gewebebewehrten Putz, Anbringen eine verformbaren Tapete (z. B. Textiltapete)	Standsicherheit, Schallprobleme
Für Laien nahezu unmöglich	Sehr hoch	Austausch des Putzes sowie betroffener Fliesen	Feuchteschäden

HÄUFIGKEIT (H)
Oft
ERKENNBARKEIT (E)
Eher schwierig
VERDECKUNGSGEFAHR (V)
Eher gering

Mangelhafte Materialbeschaffenheit von Fenster- bzw. Türrahmen (im Bild: zu kurzes Dichtprofil auf der Außenseite) führt zu optischen Beeinträchtigungen bis hin zu Undichtigkeiten und Wärmeverlusten.

FENSTER UND TÜREN / MATERIAL

Von der Rahmengröße über die Farbe bis zum U-Wert der Verglasung – Bauherren sollten schon bei der Lieferung kontrollieren, ob es sich wirklich um die bestellten Produkte handelt.

HINTERGRUND

Fenster lassen Sonnenlicht und frische Luft ins Haus – natürlich nur, wenn sie offen stehen. Moderne Fenster sind im geschlossenen Zustand dicht. Ihre Funktion als Öffnung in der Gebäudehülle darf zudem nicht zu Lasten der Sicherheit und des Raumklimas gehen: Fenster müssen Witterungseinflüssen wie Wind und Regen sowie Lärm trotzen können, die Wärme im Haus halten und ungebetenen Gästen das Eindringen verwehren.

Moderne Fenstersysteme bestehen aus verschiedenen Profilen, wie zum Beispiel dem im Mauerwerk verankerten Blendrahmen und dem Flügelrahmen. Hinzu kommen Zubehörprofile wie Glashalteleisten sowie Anschluss- und Verbindungsprofile. Für den Fensterrahmen selbst kommen

WEITERE TYPISCHE MÄNGEL

Mangel	Bauschaden	H
Falsche Verglasung verwendet/vereinbarter U-Wert nicht eingehalten	Wärmeverluste, Abweichung von Wärmeschutz-nachweis, Verstoß gegen die EnEV	Oft
Verglasung beschädigt	Optische Beeinträchtigung, eventuell zusätzlich Wärmeverluste	Oft
Falsche bzw. nicht funktionierende Fensterbeschläge	Einschränkungen in der Funktion, Schwergängigkeit	Oft
Tür- und Fensterelemente in sich instabil	Funktionseinschränkungen, Schwergängigkeit	Oft
Fensterbeschläge ohne Fehlbedienungssperre	Fenstergriff beim Öffnen nicht arretiert, geöffnetes Fenster lässt sich von Dreh- in Kippstellung bringen	Oft
Schadhafte Gummidichtungen	Wärmeverluste	Oft

verschiedene Materialien zum Einsatz, zum Beispiel Holz, Aluminium oder Kunststoff (v.a. PVC). Während PVC-Fensterrahmen wartungsarm sind und aufgrund guter Dämmungs- und durchschnittlicher Festigkeitswerte für normale Wohnhäuser ausreichen, erfordern Holzrahmen bei guten Dämmungs- und Festigkeitswerten über die Nutzungsdauer einige Wartung (zum Beispiel Holzschutz). Aluminium hat aufgrund hoher Festigkeit zwar in statischer Hinsicht Vorteile, leitet jedoch die Wärme stärker, so dass sich der geforderte Wärmeschutz nur über zusätzlich konstruktive Maßnahmen (zum Beispiel thermische Trennung von innerer und äußerer Schale) sicherstellen lässt. Eine Alternative sind Holzrahmen mit Aluminiummantel, die die gute Wärmedämmung von Holz mit der Witterungsbeständigkeit von Aluminium verbinden.

Waren Anfang der 70er Jahre die meisten Fenster in Deutschland noch einfachverglast, trat an deren Stelle zunächst die „Isolierverglasung" – bestehend aus zwei Glasscheiben, die eine wärmedämmende Luftschicht einschlossen. Einen bedeutenden Fortschritt brachte die Verwendung hauchdünn aufgebrachter Metallschichten sowie der Einschluss eines Edelgases (Argon) im Scheibenzwischenraum (Wärmeschutzverglasung), die mit der Wärmeschutzverordnung von 1995 (der heutigen EnEV) zum Standard wurde. Den Durchbruch für energiesparendes Bauen brachte jedoch erst die Dreischeiben-Wärmeschutzverglasung, mit der sich ein Wärmedurchgangskoeffizient (U-Wert) zwischen 0,5 und 0,8 W/m^{2}K erreichen lässt. Zum Vergleich: Bei der Einfachverglasung lag der U-Wert noch bei ca. 5,5 W/m^{2}K. Die jährlichen Wärmeverluste eines Quadratmeters Fensterfläche entsprachen damals dem Energieaufwand von rund 60 Litern Heizöl!

Im Zusammenspiel mit einem gut gedämmten Fensterrahmen und einem thermisch getrennten Randverbund lässt sich der Wärmeverlust eines Fensters auf ein Minimum verringern.

Auch Außentüren (zum Beispiel Eingangstüren) erfüllen viele der genannten Funktionen – und müssen darüber hinaus besonderen Anforderungen an Einbruchsicherheit genügen. Außentüren können transparent oder massiv, mit Oberlichtern oder Seitenfenstern ausgeführt werden. Sie können aus Holz, Metall oder Glas bzw. einer Kombination dieser Materialien bestehen. Der Fantasie sind kaum Grenzen gesetzt, solange die Anforderungen an den Brand-, Schall- und Wärmeschutz eingehalten werden.

SANIERUNG
Bei Beschädigungen oder Einbaufehlern erfolgt der Rückbau und Austausch der jeweiligen Fenster- und Türrahmen.

FOLGESCHÄDEN
Etwaige Wärmebrücken können für ein unbehagliches Raumklima sorgen, ansonsten bleiben auf Dauer lediglich optische Beeinträchtigungen.

E	V	Sanierung	Folgeschäden ohne Sanierung
Für Laien nahezu unmöglich	Eher gering	Austausch der Verglasung	Verlust von Fördergeldern
Relativ gut	Eher gering	Austausch der Verglasung	Evt. wird Glas „blind"
Relativ gut	Eher gering	Austausch der Beschläge	Undichtigkeiten, Zugerscheinungen
Eher schwierig	Hoch	Austausch	—
Relativ gut	Eher gering	Nachrüsten eines Sperrgliedes oder Austausch betroffener Beschläge	—
Relativ gut	Eher gering	Gummidichtung austauschen	Undichtigkeiten, Zugerscheinungen

Fensterrahmen werden oft nicht umlaufend bzw. mit zu großen Abständen befestigt. Dadurch können einwirkende Lasten nicht vorschriftsmäßig abgetragen werden. In der Folge drohen Verformungen bzw. Beschädigungen der betreffenden Fenster (im Bild: nicht fachgerechter Übergang des Fensters zur Brüstung).

FENSTER UND TÜREN/MONTAGE

Der Einbau von Fenstern und Türen ist ein Mängelschwerpunkt auf deutschen Baustellen. Auch wenn im Vorfeld bereits jede einzelne Öffnung des Hauses detailliert besprochen wurde, gilt an dieser Stelle die alte Weisheit „Vertrauen ist gut, Kontrolle ist besser".

HINTERGRUND

Fenster und Türen müssen so am Baukörper befestigt werden, dass sie zuverlässig funktionieren und sich nicht verformen. Um dies sicherzustellen, dürfen keine Zug-, Druck- oder Querkräfte aus dem Baukörper einwirken. Sämtliche anderen Kräfte (zum Beispiel infolge Eigen-, Wind- bzw. Nutzlasten) müssen sicher in den Baukörper oder Baugrund abgeleitet werden. Dies geschieht bei der Fenstermontage unter anderem mit Hilfe von Tragklötzen, die unter dem Blendrahmen in Eckbereichen angebracht werden. Diese

WEITERE TYPISCHE MÄNGEL

Mangel	Bauschaden	H
Fensterrahmen mit Bauschaum befestigt bzw. Fugen ausgemörtelt	Keine kraftschlüssige Verbindung zum Mauerwerk	Sehr oft
Unzureichende Verankerung der Fenster in den Laibungen	Keine kraftschlüssige Verbindung zum Mauerwerk	Sehr oft
Fenster nicht lot- bzw. nicht fluchtgerecht eingebaut	Optische Beeinträchtigung	Sehr oft
Mindestbreiten für Anschlussfugen nicht eingehalten	Kraftübertragung aus angrenzendem Mauerwerk, dadurch „Zwängungen" bzw. Sprünge im Rahmen	Sehr oft
Oberer Anschluss bei Fenstern mit Rollädenkästen mangelhaft	Zugerscheinungen	Sehr oft
Holzkeile zur Fixierung nach Montage nicht entfernt	Keine kraftschlüssige Verbindung zum Mauerwerk	Sehr oft

Tragklötze müssen auf die Dicke des Rahmens abgestimmt sein und dürfen der Abdichtung nicht im Weg stehen. Dagegen müssen Keile, die während der Montage als Fixierhilfe dienen, wieder entfernt werden.

Grundsätzlich werden Fenster und Türen mechanisch im Baukörper befestigt. Im Fensterbereich kommen in der Regel Montagedübel und Laschen sowie Maueranker zum Einsatz. Mit Ortschäumen, Klebern oder ähnlichen Baumaterialien ist dagegen keine sichere Befestigung möglich. Die Befestigungsmittel sind in vorgeschriebenen Abständen anzubringen: Bei Fenstern aus Kunststoff darf der Abstand maximal 70, bei Fenstern aus Holz und Aluminium maximal 80 Zentimeter betragen. Jede Fensterseite muss dabei an mindestens zwei Stellen verankert werden. Der Abstand zu Innenecken muss 10 bis 15 Zentimeter betragen. Die Befestigungspunkte sollten zudem möglichst nahe an den Last-Übertragungspunkten (zum Beispiel Schließstücke) liegen.

Die Art der Montage sowie die verwendeten Montagemittel hängen vom Material des Fensters, der Beschaffenheit des Mauerwerks und der zu erwartenden Belastung ab. Dabei stellen moderne, energetisch optimierte Außenwände ungleich höhere Anforderungen an den Fensterbauer als etwa eine einfache Ziegelwand. Mehrschalige Wandaufbauten bringen es häufig mit sich, dass Fensterrahmen in der Dämmebene anzubringen sind („auskragende Montage"). Dies macht den Einsatz von Hilfskonstruktionen aus Metall erforderlich. Dazu werden biegesteife Laschen, Konsolen und Winkel am Baukörper verschraubt oder an vorher ins Mauerwerk eingelassenen Metallprofilen verschweißt. Sie sind in der Lage, größere Lasten in Fensterebene bzw. ins Bauwerk abzutragen.

Damit es nicht zu Mängeln bzw. Schäden kommt sind bei der Montage die zulässigen Randabstände der Befestigungsmittel (Dübel, Schrauben) sowie die Festigkeit der Baustoffe zu beachten. Die Lastaufnahme ist insbesondere bei hochwärmedämmenden Lochsteinen bzw. porösen Steinen deutlich herabgesetzt.

Bei Haus-, Terrassen- und Balkontüren bereitet erfahrungsgemäß insbesondere der von Schlagregen gefährdete Schwellenbereich Schwierigkeiten, denn niedrige und barrierefreie Schwellen stellen hohe Anforderungen an eine fachgerechte Abdichtung.

SANIERUNG

Ergänzen, Verstärken bzw. Austauschen der Befestigungsmittel laut Anforderungen, z. B. den Güterichtlinien des Rosenheimer Instituts für Fenstertechnik e. V.

FOLGESCHÄDEN

Undichtigkeiten, Zugerscheinungen, Funktionsbeeinträchtigungen, Risse in den Scheiben

E	V	Sanierung	Folgeschäden ohne Sanierung
Relativ gut	Sehr hoch	Kraftschlüssige Verbindung herstellen	Undichtigkeiten, Zugerscheinungen, Funktionseinschränkungen, Scheibenrisse
Eher schwierig	Sehr hoch	Kraftschlüssige Verbindung herstellen	Undichtigkeiten, Zugerscheinungen, Funktionseinschränkungen, Scheibenrisse
Relativ gut	Eher gering	Rückbau, Fenster neu justieren und erneut einbauen	Undichtigkeiten, Zugerscheinungen, Funktionseinschränkungen, Scheibenrisse
Eher schwierig	Sehr hoch	Fensteröffnungen entsprechend nacharbeiten	Undichtigkeiten, Zugerscheinungen, Funktionseinschränkungen, Scheibenrisse
Relativ gut	Sehr hoch	Kraftschlüssige Verbindung herstellen	Undichtigkeiten, Funktionseinschränkungen, Scheibenrisse
Relativ gut	Sehr hoch	Holzkeile entfernen und kraftschlüssige Verbindung herstellen	Undichtigkeiten, Zugerscheinungen, Funktionseinschränkungen, Scheibenrisse

Umlaufende Fugen müssen beim Einbau fachgerecht abgedichtet werden. Werden vorkomprimierte Fugendichtbänder verwendet, ist darauf zu achten, dass diese unbeschädigt sind und richtig verklebt werden. Sonst drohen Undichtigkeiten in der Gebäudehülle.

FENSTER UND TÜREN / ABDICHTUNG UND WÄRMEDÄMMUNG

Fugen zwischen Fenster- bzw. Türrahmen und dem Baukörper sind vorschriftsgemäß abzudichten. In Zeiten der Energieeinsparverordnung ist das eine komplexe Angelegenheit – die Fugen sollen zwar luftdicht sein, andererseits aber auch „atmen" können.

HINTERGRUND

Früher wurde der Zwischenraum zwischen Baukörper und Fensterrahmen in aller Regel mit Montageschaum (PU-Schaum) ausgefüllt und anschließend verputzt. Dieser Schaum bildete dann zwar eine Dämmschicht, die Fuge blieb aber dennoch luftdurchlässig. Heute schreibt die

Energieeinsparverordnung (EnEV) für Neubauten eine dauerhaft luftdichte Gebäudehülle vor. Auch Fensterfugen müssen deshalb lückenlos luftdicht ausgebildet werden.

Beim Abdichten der Fensterfuge wird grundsätzlich zwischen äußerer, mittlerer und innerer Ebene unterschieden. Alle drei Ebenen müssen zusammenwirken, um Tauwasser-

WEITERE TYPISCHE MÄNGEL

Mangel	Bauschaden	H
Innere Abdichtung nicht luftdicht ausgeführt	Zugluft, Tauwasserbildung, Wärmeverluste	Sehr oft
Fehlende innere Abdichtung zur Bodenplatte bei Tür- und bodentiefen Fensterelementen	Zugluft, Tauwasserbildung, Wärmeverluste	Sehr oft
Fußpunktabdichtung im Schwellenbereich von Türen oder bodentiefen Fensterelementen fehlt oder ist beschädigt	Eindringende Feuchtigkeit, Feuchte in der Dämmschicht	Sehr oft
Äußere Abdichtung als Wetterschutz nicht schlagregendicht und diffusionsoffen ausgeführt	Eindringende Feuchtigkeit, Feuchte in der Dämmschicht	Oft
Mittlere Abdichtung/Dämmebene: Umlaufende Fuge nicht fachgerecht mit Dämmstoff verfüllt	Wärmeverluste	Sehr oft

bzw. Schimmelbildung wirksam zu vermeiden. Die äußere Abdichtung fungiert als Wetterschutz und muss daher schlagregendicht sein. Zudem muss sie diffusionsoffen sein, das heißt bei niedrigen Außentemperaturen der Diffusion von Wasserdampf aus dem Hausinneren möglichst wenig Widerstand entgegensetzen. Die mittlere Ebene zwischen Baukörper und Fensterrahmen bildet den Dämmbereich gegen Wärmeverluste und Schallübertragung und ist mit geeignetem Material auszufüllen. Auf der Innenseite ist der Zwischenraum von Wand und Fensterrahmen luftdicht abzudichten – in der Regel mit einem Fugendichtband, das am Fensterrahmen und dem Mauerwerk der Fensterlaibung verklebt wird. Um den Maueranschluss luftdicht zu gestalten, muss das Mauerwerk an der Klebefläche vorgeputzt sowie Griffmulden und Öffnungen geschlossen werden. Diese innere Ebene muss bei niedrigen Außentemperaturen die Diffusion von Wasserdampf in die Fuge wirksam behindern – zum anderen idealerweise bei umgekehrten Temperaturverhältnissen eine Diffusion von außen gewährleisten, damit Fuge bzw. Dämmschicht abtrocknen können. Insgesamt gilt: Mit von innen nach außen abnehmender Dichtigkeit steigt die Diffusionsoffenheit.

Fensteranschlüsse lassen sich auf verschiedene Weise abdichten. Als komfortable Variante haben sich selbstklebende Fugendichtbänder (zum Beispiel aus Schaumstoff) etabliert, die die Funktion aller drei Ebenen übernehmen können. Diese Dichtbänder sind vorkomprimiert: Sie dehnen sich während und nach der Montage aus, stellen so die Verbindung zu den Fugenflanken her und können kleinere Unebenheiten ausgleichen. Um auch an den Ecken des Blendrahmens Kontakt zum Mauerwerk herzustellen, müssen hier beim Aufkleben Dichtband zugegeben und Laschen ausgebildet werden. Nachdem der Rahmen in die Fensteröffnung eingesetzt und festgekeilt wurde, befestigt ihn der Fensterbauer mit Hilfe von Spezialschrauben im Mauerwerk. Danach wird die Fuge mit Montageschaum verfüllt und das Fugendichtband darüber bis auf das Mauerwerk verklebt. Je nach Produkt kann das Aufkleben des Fugendichtbands auch nach dem Einbau der Rahmen und dem Ausschäumen der Fuge erfolgen.

Mit Hilfe von inneren bzw. äußeren Anputzdichtleisten oder spritzbaren Dichtstoffen auf Basis von Acryl oder Silikon lässt sich eine luftdichte Abdichtung herstellen.

SANIERUNG

Kleinere Hohlräume lassen sich mit Bauschaum ausfüllen. Ist jedoch die luftdichte Hülle betroffen, müssen beispielsweise die Folienanschlüsse neu verklebt und anschließend verspachtelt werden.

FOLGESCHÄDEN

Wird die Fuge nicht fachgerecht abgedichtet bzw. gedämmt, entweicht von innen warme Luft und dringt von außen Feuchtigkeit ein, die zu Schimmelbefall führt.

E	V	Sanierung	Folgeschäden ohne Sanierung
Für Laien nahezu unmöglich	Sehr hoch	Luftdichten Anschluss nachträglich herstellen	Erhöhte Heizkosten
Für Laien nahezu unmöglich	Sehr hoch	Gegebenenfalls Acrylfuge ausbilden	Erhöhte Heizkosten
Für Laien nahezu unmöglich	Sehr hoch	Gegebenenfalls Acrylfuge ausbilden	Verminderte Dämmwirkung, Schimmelbefall
Für Laien nahezu unmöglich	Sehr hoch	Gegebenenfalls Acrylfuge ausbilden	Verminderte Dämmwirkung, Schimmelbefall
Eher schwierig	Sehr hoch	Hohlräume nachträglich mit Bauschaum verfüllen	Erhöhte Heizkosten

HÄUFIGKEIT (H)
Oft
ERKENNBARKEIT (E)
Eher schwierig
VERDECKUNGSGEFAHR (V)
Sehr hoch

Wird der Rollladen oder eines seiner Teile falsch eingebaut (im Bild: Gurtkasten zu hoch montiert), drohen Funktionsein-schränkungen.

ROLLLÄDEN

Sie schützen vor Sonne, Kälte – und neugierigen Blicken. Leider werden Rollläden oft falsch montiert und funktionieren nicht richtig. Für Bauherren heißt das, beim Einbau aufzupassen.

HINTERGRUND

Rollläden erfüllen vielfältige Aufgaben. Sie halten nachts und im Winter die Kälte draußen. Umgekehrt verhindern sie im Sommer, dass die Hausbewohner drinnen vor Wärme „umkommen". Gleichzeitig schützen sie vor Sonnenein-strahlung und stellen darüber hinaus einen wirksamen Wetter-, Schall- sowie Sichtschutz dar. Außerdem können mit einer Einbruchsicherung versehene Rollläden für einen gewissen Schutz vor ungebetenen Gästen sorgen. Rollla-denprofile – also die waagerecht verlaufenden Lamellen –

können aus Holz, Kunststoff, Aluminium oder Stahl beste-hen. Der Rollladen selbst lässt sich – je nach Ausführung – mittels eines Gurtaufwicklers, Kurbelgestänges oder Elek-tromotors bewegen, zum Teil sogar über eine Infrarot-Fern-bedienung. Zusätzlich kann ein Rollladen unter anderem ei-ne in die Lamellen integrierte Dämmschicht oder ein Insek-tengitter besitzen.

Rollladenkästen lassen sich auf verschiedene Weise über dem Fenster anordnen: direkt unter dem Fenstersturz, ohne Sturz an der Geschossdecke befestigt, unter der

WEITERE TYPISCHE MÄNGEL

Mangel	Bauschaden	H
Rollläden beschädigt oder kaputt	Gestörte Bedienfunktion	Sehr oft
Nicht luftdichter Anschluss von Rolllädenkästen (z. B. Anschlussfuge gerissen oder mangelhaft ausgeführt)	Wärmebrücken, verminderter Schallschutz	Sehr oft
Einbau falscher Gurtaufrollkästen	Gestörte Bedienfunktion	Oft
Verschmutzung des Gurtes durch den Maler	Optische Beeinträchtigung	Sehr oft

Decke als tragendes Element sowie vor dem Sturz als hervorstehendes Element der Fassadengestaltung. Vorteil der letzten Variante: Da der Kasten dabei thermisch vom Baukörper getrennt wird, kann sich der Bauherr eine zusätzliche Wärmedämmung sparen.

In die Gebäudehülle integrierte, wärmegedämmte Rollladen- bzw. Sturzkästen werden bereits vor dem Einbau der Fenster eingemauert. Damit der Rollladen bei Fehlfunktionen gut zugänglich ist, besitzt der Kasten in der Regel eine – ebenfalls wärmegedämmte – Revisionsklappe auf der Raumseite.

Sind alle Kästen fachgerecht angebracht, setzt der Handwerker die Rollläden ein. Dabei ist Präzisionsarbeit gefragt. So dürfen Rollläden in den seitlichen Laufschienen weder zu wenig noch zu viel Spiel haben, damit sie nicht klemmen oder aus den Schienen rutschen. Rollläden mit zu großem Spiel fangen bei Wind außerdem an zu klappern. Jede Lamelle muss absolut waagerecht laufen und gegen seitliches Verschieben gesichert sein. Auf der untersten Lamelle müssen obendrein im rechten Winkel Stopper angebracht werden, damit der Rollladen beim Aufrollen nicht plötzlich im Kasten verschwindet.

Für eine dauerhaft problemlose Bedienung eines Rollladens sind der Einbau und die Lagerung der Laufrolle sowie deren Übersetzung zum Gurtwickler bzw. zum Kurbelgestänge entscheidend. Der Gurtaufrollkasten sollte zudem in ausreichendem Abstand zur Fensterlaibung eingebaut werden, damit das seitliche Mauerwerk nicht ausbrechen kann. Wichtig ist auch, dass die Gurtbänder von der oberen Laufrolle bis zum Gurtwickler exakt senkrecht verlaufen und ihr oberes Ende an der im jeweiligen Rollladenkasten befindlichen Gurtscheibe sicher befestigt ist, so dass sich der Gurt beim Ziehen nicht lösen kann..

Der Bauherr sollte insbesondere darauf achten, dass die Lamellengröße mit den Vorgaben der Leistungsbeschreibung übereinstimmt, dass die Rollläden die richtige Farbe und den vereinbarten Wärmedämmwert (U-Wert) besitzen.

Schon in der Planungsphase gilt es, die Anschlüsse der Rollladenkästen an Baukörper und Fenster genau abzuklären, damit sie die Anforderungen der Energieeinsparverordnung (EnEV) an eine durchgehend luftdichte Gebäudehülle erfüllen. Dennoch kommt es durch fehlerhaften Einbau relativ häufig zu Undichtigkeiten, Zugluft und Wärmebrücken. Zudem ist häufig das Auflager von Rollladenkasten nicht ausreichend wärmegedämmt.

SANIERUNG

Je nach Schwere des Mangels müssen betroffene Teile nachgearbeitet bzw. ausgetauscht werden. Ein verkehrt eingebauter Gurtkasten ist so zu versetzen, dass er keine optische Beeinträchtigung mehr darstellt.

FOLGESCHÄDEN

Nicht funktionstüchtige Rollläden sind nicht in der Lage, ihre Aufgaben zu erfüllen. Dadurch ist unter Umständen ein Wärme-, Sicht- oder Einbruchschutz nicht mehr möglich.

E	V	Sanierung	Folgeschäden ohne Sanierung
Relativ gut	Eher gering	Je nach Schwere Reparatur oder Austausch	—
Für Laien nahezu unmöglich	Sehr hoch	Herstellen der Luftdichtigkeit	Tauwasserausfall, Schimmelbildung
Eher schwierig	Sehr hoch	Austausch gegen funktionstüchtige Kästen	—
Relativ gut	Eher gering	Austausch des Gurtes	—

Werden Fensterbänke auf ihrer Unterseite nicht fachgerecht gedämmt, entstehen Wärmebrücken, die zu Energieverlusten führen.

FENSTERBÄNKE

Zu kurz, schief montiert, nicht richtig an den Fensterrahmen angeschlossen – Fensterbänke sind zugegebenermaßen relativ kleine Bauteile. Passieren jedoch beim Einbau handwerkliche Fehler oder wird schlichtweg geschludert, kann dies fatale Folgen haben.

HINTERGRUND

Außenfensterbänke schützen die Fensterkonstruktion sowie unter ihnen befindliche Bauteile vor Niederschlagswasser und transportieren dieses ab. Aufgrund der erheblichen Beanspruchung durch Witterungseinflüsse kommen in der Regel (beschichtetes) Aluminium, Kunststoff oder Natur- stein zum Einsatz, während Fensterbänke im Innenbereich auch aus Holz- oder Holzwerkstoffen bestehen können.

Außenfensterbänke müssen wind- und schlagregendicht sein und sind vom Monteur dicht und fest an den Fensterrahmen anzuschließen, damit kein Wasser eindringen kann. Die Fensterbänke sollten ein ausreichendes

WEITERE TYPISCHE MÄNGEL

Mangel	Bauschaden	H
Mangelhafte Oberflächenbeschaffenheit	Optische Beeinträchtigung	Sehr oft
Rollschicht als Fensterbank ohne Außengefälle gemauert	Staunässe, Algenbildung	Sehr oft
Fehlende Profile bzw. Montagekonsolen (WDVS-Fassade)	Fensterbank nicht fest bzw. nicht dicht angeschlossen	Oft
Stahlwinkelkonstruktionen thermisch nicht getrennt	Wärmebrücken	Sehr oft
Zu geringer Überstand der Fensterbleche	Niederschlagswasser läuft an der Fassade herunter	Oft
Anschluss Fensterrahmen/Fensterbank nicht fachgerecht abgedichtet	Eindringende Feuchtigkeit	Sehr oft

Gefälle aufweisen (laut RAL-Montageleitfaden mindestens 5 Grad bzw. 8 Prozent) und eine so weit nach vorn überstehende Tropfkante (Metall) bzw. Wasserabreißnut (Naturstein) besitzen (laut DIN 18339 ca. 3 bis 5, jedoch nicht weniger als 2 Zentimeter), dass bei Niederschlägen die Fassade nicht durch ablaufendes Wasser verschmutzt wird.

Fensterbänke aus Aluminium sitzen an den Seiten in Bordprofilen, an die später herangeputzt werden kann. Die Fensterbank ist so auszumessen und einzupassen, dass die Profile mit dem Oberputz in der Fensterlaibung bündig abschließen. Unter Aluminium-Fensterbänken empfiehlt sich der Einsatz einer „Anti-Dröhn-Folie", die unerwünschte Geräusche, zum Beispiel durch Schlagregen, unterdrückt und für Schallschutz sorgt. Auf ihrer Unterseite werden Fensterbänke zudem mit einem geeigneten Material (zum Beispiel Mineralwolle) wärmegedämmt. Im Anschlussbereich Fensterbank/Dämmung kommen Dichtbänder zum Einsatz.

Eine Außenfensterbank, die für ein Haus mit Wärmedämmverbundsystem (WDVS) geeignet ist, muss besondere Kriterien erfüllen: Sie muss flexible und statisch ausreichende Halterungen besitzen, eine umlaufende Abdichtung zum Fenster bzw. WDVS (zum Beispiel mittels vorkomprimierter Fugendichtbänder) besitzen und so angebracht werden, dass sie keine Wärmebrücke bildet. Zudem sollte sie so an die Wand angeschlossen werden, dass sie ihre Länge bei Temperaturänderungen problemlos ausdehnen kann. Um Fensterbänke aus Stein oder Metall vom WDVS zu entkoppeln und Rissbildung zu vermeiden, sind oberhalb des Dichtbands Kellenschnitte im Unter- und Oberputz erforderlich.

Bedingt durch immer geringere Mauerwerksdicken haben Außenfensterbänke häufig kein stabiles Auflager mehr, und die Lagerung auf dem WDVS ist zum Beispiel für Fensterbänke aus Naturstein nicht ausreichend. Hier muss die Auflagerung mit Hilfe spezieller Konsolen erfolgen.

Bei der Planung und Ausführung von WDVS-Fassaden sollte den Außenfensterbänken große Aufmerksamkeit gewidmet werden. Von ihnen ausgehende Schäden lassen sich meist nur aufwändig sanieren, wobei auch an der Fassade erhebliche Nachbesserungen erforderlich werden können.

Im Bereich von Terrassentüren werden häufig Fensterbänke aus Aluminium eingebaut, die nicht ausreichend trittfest sind. Hier ist statt dessen die Ausbildung einer Schwelle erforderlich.

SANIERUNG
Lücken in der Wärmedämmung lassen sich durch Ausschäumen der Zwischenräume zwischen Fensterbank und Brüstungsmauerwerk schließen.

FOLGESCHÄDEN
Ohne Sanierung drohen erhöhte Heizkosten in Folge der Energieverluste.

E	V	Sanierung	Folgeschäden ohne Sanierung
Relativ gut	Eher gering	„Kosmetische" Behandlung	—
Relativ gut	Eher gering	Imprägnieren mit spezieller Flüssigkeit („Hydrophobierung")	Schädigung der Bausubstanz
Eher schwierig	Sehr hoch	Winkel nachträglich von unten anbringen	Beschädigung der Konstruktion, dann evt. auch eindringende Feuchtigkeit
Für Laien nahezu unmöglich	Sehr hoch	Bei Schäden durch Kondensat Erneuerung der Konstruktion	Erhöhte Energiekosten
Relativ gut	Eher gering	Verlängerung der Fensterbank	Verschmutzungen an der Fassade
Relativ gut	Hoch	Ausbilden einer dauerelastischen Fuge aus Acryl (überstreichbar) bzw. Silikon	Ohne Sanierung drohen Putzabplatzungen sowie Feuchteschäden in der Konstruktion

Werden elektrische Leitungen nicht in den laut DIN 18015-3 vorgesehenen Zonen verlegt, drohen Probleme bzw. Beschädigungen beim Verlegen weiterer Leitungen (Gas, Wasser, Heizung). Zudem kann der Fußbodenaufbau (Dämmung, Estrich, Nutzbelag) oft nicht mehr problemlos in der geplanten Höhe erfolgen.

ELEKTRO-ROHINSTALLATION

Planung ist alles – diese Binsenweisheit hat bei der Elektroinstallation eines Hauses ihre Berechtigung. Wo sollen Steckdosen eingebaut werden, wo Schalter und Lichtauslässe? Die vor Baubeginn angefertigten Pläne müssen nun vom Elektriker umgesetzt werden.

HINTERGRUND

Mit der Montage der Haustechnik sollte grundsätzlich nicht begonnen werden, ehe der Baukörper durch den Einbau der Fenster geschlossen ist.

Im Bereich der Elektroinstallation muss zunächst durch die Stadtwerke bzw. den vom Bauherren gewählten Versorger der Hausanschluss gelegt und der Hausanschlusskas-

ten (HAK) montiert werden. Der HAK muss an einer leicht zugänglichen Stelle liegen, so dass etwa die Feuerwehr im Schadensfall ungehindert Zugang hat. Hier, an der Übergabestelle, endet die Zuständigkeit des Versorgers und die Verantwortung des Bauherren bzw. des beauftragten Elektroinstallateurs beginnt. Es hat sich bewährt, den HAK in einem separaten Hausanschlussraum unterzubringen. Da-

WEITERE TYPISCHE MÄNGEL

Mangel	Bauschaden	H
Montage beschädigter/falsch gelieferter Teile	Funktionseinschränkungen bzw. -ausfall	Sehr oft
Leitungen nicht ausreichend geschützt	Beschädigung der Leitungen	Sehr oft
Geräteeinbaudosen nicht in korrekter Höhe bzw. Tiefe installiert	Kein bündiger Abschluss mit Wandoberfläche, optische Beeinträchtigung	Sehr oft
Durchdringungen für Steckdosen nicht fachgerecht ausgeführt	Beschädigungen der luftdichten Ebene durch Steckdoseneinsätze	Sehr oft
Kein Potenzialausgleich durchgeführt	Gefahr von Stromunfällen	Oft
Keine ausreichende Anzahl von FI-Schaltern installiert	Gefahr von Stromunfällen	Sehr oft

rin lassen sich alle Anschlusseinrichtungen übersichtlich installieren und ordnungsgemäß warten. Im Hausanschlussraum können auch Hauptverteiler, Zählerschrank, Steuergeräte etc. untergebracht werden – sowie Fernmelde-, Wasser-, Gas- bzw. Fernwärmeanschluss und Entwässerung.

Vom HAK führt die Hauptleitung meist direkt in den Zählerschrank, in dem später der Stromzähler, der Stromkreisverteiler sowie die Sicherungen der einzelnen Stromkreise eingebaut werden.

Die Rohinstallation umfasst das Verlegen aller Leitungen von den Räumen zum Verteilerkasten. Dabei ist darauf zu achten, dass diese vor mechanischen Beschädigungen geschützt sind. Das kann durch ihre Lage oder ihre Verkleidung erfolgen. Leitungen können auf und unter Putz, in Installationsrohren bzw. -kanälen, in Hohlräumen sowie direkt im Mauerwerk bzw. im Beton verlegt werden. Grundsätzlich gilt: Während in Wänden unter Putz liegende Leitungen laut DIN 18015–3 nur senkrecht oder waagerecht verlegt werden dürfen, kann dies in Fußböden/Decken auf dem kürzesten Weg geschehen. Für verputzte Leitungen sind obendrein Installationszonen vorgeschrieben. So sollen Beschädigungen, etwa durch Bohren, vermieden werden.

Um Schalter, Steckdosen etc. in den Wänden unterzubringen werden Gerätedosen benötigt. Weisen diese einen zusätzlichen Verteilerraum auf, können sie gleichzeitig als Abzweigdosen verwendet werden. Auf diese Weise entfällt der Einbau gesonderter Verbindungsdosen, was die Installation insgesamt günstiger macht.

Bei Neuinstallationen ist der Einbau von Fehlerstrom-Schutzschaltern (FI-Schalter/engl. RCD) vorgeschrieben. Produziert ein Gerät zum Beispiel aufgrund fehlerhafter Isolierung einen Fehlerstrom und berührt ein Bewohner dieses Gerät, wird der betroffene Stromkreis bzw. die Gerätegruppe vom Netz getrennt und so folgenschwere Stromunfälle bzw. der Erdschluss über den Körper vermieden.

Um elektrische Potenzialunterschiede zu beseitigen, muss nach DIN VDE 0100–410 zudem ein Potenzialausgleich durchgeführt werden. Dieser dient ebenfalls dem Schutz vor elektrischen Schlägen (siehe auch „Elektro-Fertiginstallation", Seiten 170/171).

SANIERUNG

Wird ein solches Chaos rechtzeitig entdeckt, müssen die Leitungen neu verlegt werden. Wurden korrekt verlegte Leitungen durch Nachfolgearbeiten beschädigt, sind diese leicht auszutauschen. Ist jedoch einmal der Estrich eingebracht, kann man ihn anschließend nur noch aufstemmen und die Leitungen neu verlegen.

FOLGESCHÄDEN

Infolge fehlerhafter Verlegung von Leitungen kann evtl. die geforderte Mindestdicke des Estrichs über dem höchsten Rohrscheitel nicht mehr eingehalten werden, was u.a. zu Schäden im Estrich führen kann. Wurden elektrische Leitungen beschädigt, kommt es zu unzulässigen Abweichungen bei der Messung des Isolationswiderstands.

E	V	Sanierung	Folgeschäden ohne Sanierung
Eher schwierig	Hoch	Austausch/Neumontage betroffener Teile	—
Eher schwierig	Hoch	Austausch betroffener Leitungen	—
Relativ gut	Hoch	Nicht erforderlich	—
Eher schwierig	Sehr hoch	Austausch gegen luftdicht montierte Dosen	Zuglufterscheinungen („Steckdosentaifun")
Für Laien nahezu unmöglich	Sehr hoch	Nachinstallation zwingend erforderlich	Spannungen werden nicht abgeleitet, Unfallgefahr
Für Laien nahezu unmöglich	Hoch	Nachinstallation erforderlich	—

Werden Heizungsrohre nicht fachgerecht gedämmt, kommt es zu Wärmeverlusten beziehungsweise zum Wärmeeintrag in andere Räume des Hauses.

ROHINSTALLATION HEIZTECHNIK

Damit die Heizung später einmal wie gewünscht arbeitet und Bewohner des Hauses bei Bedarf nur am Thermostatventil drehen müssen, sind umfangreiche Vorarbeiten zu leisten.

HINTERGRUND

Heizungsarbeiten werden bei privaten Bauvorhaben meist mit der Sanitär- und Lüftungsinstallation von derselben Firma ausgeführt. Unter Rohinstallation versteht man das Verlegen sämtlicher Leitungssysteme vom Heizkessel bzw. Brenner zu den Heizkörpern. Bei Einbau einer Fußbodenheizung fällt darunter die Montage des Heizkreisverteilers und die Verlegung der Heizkreise in den betreffenden Räumen.

WEITERE TYPISCHE MÄNGEL

Mangel	Bauschaden	H
Verwendung ungeeigneter Rohrmaterialien	Schäden durch Ausdehnung der Rohre, Korrosion	Vereinzelt
Heizungsrohre nicht vorschriftsmäßig montiert (z. B. undichte Verschraubungen)	Wärmeverluste, Undichtigkeiten, Korrosion	Oft
Ungedämmte Rohrleitungen im unbeheizten Kellerbereich	Hohe Wärmeverluste, Fremdwärmeeintrag	Sehr oft
Keine oder falsch positionierte Überschubrohre der Leitungen einer Fußbodenheizung (z. B. im Türbereich)	Heizestrich unter Umständen nicht mit vorgesehenen Bewegungsfugen ausführbar	Oft
Nicht fachgerechte Anordnung der Heizkreisläufe/fehlerhafter Leitungsverlauf	Behagliche Temperaturen in Wohnräumen werden nicht erreicht	Oft
Erforderliche Schall- und Brandschutzmaßnahmen nicht ergriffen	Schallbrücken, unerwünschte Geräusche	Sehr oft

Sämtliche Rohrleitungen zwischen Heizkessel und Heizkörpern müssen entsprechend gesetzlicher Richtlinien gedämmt werden. Die Energieeinsparverordnung (EnEV) schreibt für die Dämmung von Wärmeverteil- und Warmwasserleitungen unter anderem Mindestdicken vor, deren Einhaltung sorgfältig zu prüfen ist. Zudem sind sämtliche Befestigungselemente mit schallgedämmten Einlagen zu versehen, damit der Schall nicht auf die Wände übertragen wird. Leitungen, die durch Wände bzw. Decken verlegt werden, müssen ummantelt sein und dürfen an den Durchstoßpunkten keinen direkten Kontakt haben. An ihren Abzweigen von Anschlussstellen (Heizkreisverteilern) sollten Leitungen eindeutig gekennzeichnet sein, damit sie sich im Bedarfsfall schnell finden und absperren lassen.

Bei der Montage des Brenners hat der Bauleiter unter anderem zu kontrollieren, ob dieser mit den Anforderungen der Leistungsbeschreibung übereinstimmt und die eventuell notwendigen Voraussetzungen vorliegen (zum Beispiel ein Wanddurchbruch für die Zuluft der Heizungsanlage).

Zum Transport von Wasser und Dampf kommen hauptsächlich genormte Kupfer- oder Kunststoffrohre zum Einsatz. Insbesondere heißere sowie in unbeheizten Kellerräumen verlaufende Rohre sollten möglichst kurz verlegt werden, um Wärmeverluste zu minimieren und Heizkosten einzusparen. Die Art der Rohrverbindungen ist abhängig vom Rohrmaterial und dessen Fähigkeit, sich verschrauben, verlöten bzw. verschweißen zu lassen. Dabei kommen Verbindungsstücke (unter anderem Muffen, Bögen, Winkel) zum Einsatz. Stahlrohre werden in aller Regel verschweißt, Kupferrohre verlötet und Kunststoffrohre je nach Werkstoff geklebt, geklemmt oder verschweißt.

Beschädigungen drohen unter anderem in der Phase zwischen dem Verlegen der Heizschleifen einer Fußbodenheizung und dem Einbringen des Estrichs: Niemand sollte in dieser Zeit auf den Rohren herumlaufen bzw. Gegenstände auf ihnen abstellen!

SANIERUNG
Falls zugänglich, müssen betroffene Rohre nachträglich gedämmt werden.

FOLGESCHÄDEN
Erfolgt keine Sanierung, drohen ein nicht erwünschtes Aufheizen anderer Räume und damit eine Minderung des Wohnkomforts sowie erhöhte Heizkosten.

E	V	Sanierung	Folgeschäden ohne Sanierung
Für Laien nahezu unmöglich	Hoch	Erneuerung der Rohrverlegung	—
Für Laien nahezu unmöglich	Hoch	Neumontage zwingend erforderlich	Feuchte- und Schimmelgefahr in Wand und Estrich
Relativ gut	Eher gering	Nachträgliche Dämmung mit Dämmmanschetten	Erhöhte Energiekosten
Für Laien nahezu unmöglich	Sehr hoch	Korrekte Positionierung der Überschubrohre an vorgesehenen Kreuzungen mit Bewegungsfugen	Spannungen bzw. Rissbildung im Estrich, Beschädigungen der Heizungsrohre, dadurch evt. Feuchtigkeitsschäden
Für Laien nahezu unmöglich	Hoch	Heizkreisläufe entsprechend Wärmebedarf neu verlegen	Nur bedingte Nutzung der Anlage möglich
Für Laien nahezu unmöglich	Sehr hoch	Brand- und Schallschutz nach Abwägung gegebenenfalls nachträglich herstellen	—

Werden Wasserleitungen nicht fachgerecht verbunden bzw. angeschlossen,
kann es zu Leckagen und zur Durchfeuch-
tung angrenzender Bereiche kommen.

ROHINSTALLATION SANITÄRTECHNIK

Küche und Bad beherbergen wichtige Orte (und Örtchen). Damit sie zu Wohlfühloasen
werden, müssen Zu- und Abläufe für das benötigte Wasser fachgerecht verlegt werden.

HINTERGRUND

Zur Rohinstallation gehören im Bereich der Sanitärtechnik
die Leitungsführung von Kalt- und Warmwasser zu den Ver-
brauchsstellen, das Ableiten von Abwässern sowie in manchen Fällen die Montage eines separat funktionierenden
Warmwasser-Speichererhitzers.

Das Trinkwasser gelangt in aller Regel über das öffentliche
Netz des Versorgers ins Haus. Vom zentralen Hausanschluss – bestehend aus Hauptabsperrung, geeichtem
Hauswasserzähler und Rückflussverhinderer – werden Leitungen für Kalt- und Warmwasser zu den einzelnen Ver-
brauchsstellen (Waschbecken, Spüle, Dusche etc.) verlegt.

WEITERE TYPISCHE MÄNGEL

Mangel	Bauschaden	H
Warmwasserleitungen unzureichend gedämmt	Energieverluste, Wärmeeintrag in andere Räume	Sehr oft
Rohrbefestigungen bzw. -verbindungen nicht vorschriftsmäßig ausgeführt	Schallbrücken, Leckagen, Korrosionserscheinungen	Sehr oft
Keine ausreichende Anzahl an Revisions- bzw. Reinigungsöffnungen	Zugang zu Leitungen nicht gewährleistet	Oft
Abwasserleitungen nicht ausreichend belüftet	Wasser läuft schlecht ab, „Gluckergeräusche" in den Leitungen	Sehr oft
Keine ausreichende Rückstausicherung	Rückstaugefahr bei verstopfter Kanalisation	Sehr oft
Erforderliche Schall- und Brandschutz-maßnahmen nicht ergriffen	Schallbrücken, unerwünschte Geräusche	Sehr oft

Im Bereich des Hausanschlusses können Maßnahmen zur Filterung bzw. Druckregulierung erforderlich sein. Zapfstellen, von denen durch Rückfluss eine Gefährdung des Trinkwassers ausgehen kann (zum Beispiel Wasch- bzw. Spülmaschine), sind zusätzlich zu sichern. Bei der Auswahl des Leitungsmaterials (meist Kupfer, Stahl oder Kunststoff) spielen Qualität, Druck und Temperatur des angelieferten Wassers eine Rolle.

Bei der Installation der Leitungen kommt es auf fachgerechte Wärmedämmung und das Einhalten vorgeschriebener Schallschutzmaßnahmen an. Analog zu Heizungsrohren geben auch schlecht gedämmte Warmwasserleitungen Wärme an die Umgebung ab, was erhöhte Energiekosten für die Aufbereitung von warmem Wasser zur Folge hat. An ungedämmten Kaltwasserleitungen kondensiert die Raumluft, was zu Korrosionserscheinungen führt. Im Bereich der Warmwasserleitungen regelt die Energieeinsparverordnung (EnEV) die Mindestdicke von Dämmschichten. Einschlägige Werte für Kaltwasserleitungen liefert die DIN 1988–2. Beide müssen in der Planungsphase berücksichtigt werden.

Damit Leitungsgeräusche nicht auf Wände übertragen werden, müssen alle Leitungen schalltechnisch entkoppelt montiert werden. Dies lässt sich über Gummieinlagen realisieren, die in die jeweilige Halterung eingelegt werden. Zudem dürfen die Leitungen keinen direkten Kontakt zu Wänden und Decken aufweisen.

Nach Abschluss der Rohinstallation ist eine Dichtheitsprüfung erforderlich, bevor Wasserleitungen zum Beispiel durch Verlegen eines Estrichs nicht mehr zugänglich sind.

Jeder Entnahmestelle im Haus ist grundsätzlich ein Ablauf zuzuordnen. Im Abwasserbereich steht vor allem der Schallschutz im Mittelpunkt. Auch hier sind die Rohre sind mit schalldämmenden Halterungen an Decken und Wänden zu befestigen, damit sich Fließgeräusche nicht ins Mauerwerk übertragen. Auch die Rohre selbst sollten ausreichend schallgedämmt sein, vor allem wenn sie durch dauerhaft bewohnte Bereiche, zum Beispiel Kellerwohnräume, verlaufen.

SANIERUNG

Betroffene Bereiche sind trockenzulegen. Im dargestellten Fall ist die Trockenbau-Konstruktion zu entfernen, die Installation fachgerecht zu erneuern und anschließend die Trockenbau-Konstruktion wiederherzustellen.

FOLGESCHÄDEN

Ohne Sanierung drohen erhebliche Wasserschäden sowie eventuell Schimmelbefall in betroffenen Bauteilen.

E	V	Sanierung	Folgeschäden ohne Sanierung
Eher schwierig		Nachträgliche Dämmung	Erhöhte Energiekosten
Eher schwierig		Erneuerung	Leckagen im Rohr
Für Laien nahezu unmöglich		Nachträglicher Einbau, wenn erforderlich	Verstopfungen
Für Laien nahezu unmöglich		—	Eingeschränkte Ableitung von Kanalgasen bzw. kein Druckausgleich im Rohrsystem
Für Laien nahezu unmöglich		Rückstausicherung nachträglich installieren	Austreten von Abwasser aus den Hausanschlüssen, Flutung von Kellerräumen
Eher schwierig		Nachrüsten, wenn angemessen	—

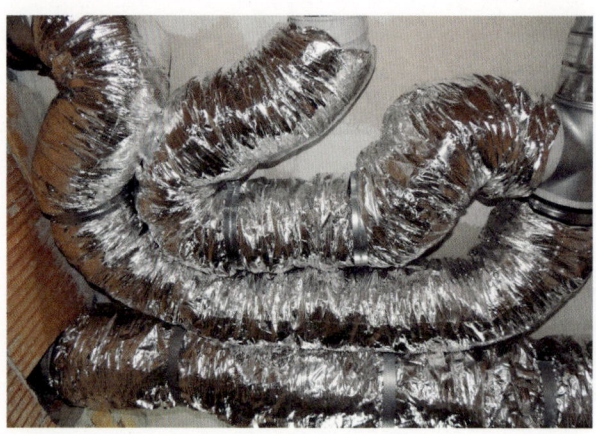

HÄUFIGKEIT (H)
Sehr oft
ERKENNBARKEIT (E)
Eher schwierig
VERDECKUNGSGEFAHR (V)
Hoch

Werden Lüftungsrohre in einem Winkel von 90 Grad oder sogar weniger verlegt, sammelt sich an diesen Stellen im Lauf der Zeit Schmutz an.

ROHINSTALLATION LÜFTUNGS-/KLIMATECHNIK

Je dichter das Haus, desto wichtiger der Luftaustausch. Moderne Lüftungsanlagen leiten Gerüche, Feuchtigkeit und Wärme ab und lassen frische Luft nachströmen.

HINTERGRUND

Grundform der Lüftung ist die sogenannte natürliche oder freie Lüftung, über die heute mehr als 90 Prozent der Häuser gelüftet werden. Dabei erfolgt der Luftaustausch durch Öffnen der Fenster oder – bei ausreichendem Winddruck – durch Spalten, Löcher und Risse in der Gebäudehülle („Fugen- bzw. Selbstlüftung"). Da Fensterlüftung einen relativ hohen Aufwand erfordert und die Fenster oft wegen Straßenlärms, Einbruchschutzes, Nachtruhe etc. geschlossen bleiben müssen, kann so kein kontrollierter Luftaustausch

erfolgen. Da zudem die Energieeinsparverordnung (EnEV) für Neubauten eine luftdichte Gebäudehülle vorschreibt, machen mechanische Lüftungsanlagen mit einem oder mehreren Ventilatoren der natürlichen Lüftung zunehmend Konkurrenz: Eine wichtige Rolle spielt dabei unter anderem die Entscheidung zwischen einer dezentralen Lüftung einzelner Räume und einer zentralen Lüftungsanlage für das ganze Haus.

Die Lüftungsanlage hat die Aufgabe, in der Raumluft befindliche Wärme, Feuchtigkeit, Schadstoffe (zum Beispiel

WEITERE TYPISCHE MÄNGEL

Mangel	Bauschaden	H
Lüftungsrohre nicht mit Schallschutzhaltern befestigt	Schallbrücken	Sehr oft
Lüftungsrohre im zu engen Winkel verlegt	Keine ausreichende Wartungsmöglichkeit	Sehr oft
Rohre nicht den Vorgaben entsprechend gedämmt	Wärmeschutz nicht ausreichend	Sehr oft
Bei Wand- und Deckendurchführungen erforderliche Brandschutzschellen bzw. -mörtel nicht verwendet	Brandschutz nicht ausreichend	Sehr oft

Emissionen aus Möbeln und Bodenbelägen) bzw. Gerüche (zum Beispiel Körpergerüche, Tabakrauch) nach draußen abzuführen. Ziel ist es, die Behaglichkeit zu erhöhen sowie Bauschäden durch Kondensatbildung zu vermeiden.

Die zentrale Lüftung größerer Hausbereiche bzw. des ganzen Hauses wird auch als als kontrollierte Wohnungslüftung (KWL) bezeichnet. In ihrer einfacheren und preiswerteren Variante besteht eine KWL aus einer reinen Abluftanlage. Diese eignet sich auch für luftdichte, gedämmte Neubauten. Ihr Prinzip: Ein oder mehrere Ventilatoren saugen verbrauchte Luft aus Feuchträumen (Bäder, Küche) ab und leiten sie über das Dach nach draußen, während durch schallgedämmte Lufteinlässe in den Außenwänden von Schlaf- und Wohnräumen frische Luft nachströmt. Da beim Absaugen in den Feuchträumen ein leichter Unterdruck entsteht, fließt die frische Luft quasi automatisch in diese Bereiche. Nachteil: Die abtransportierte Wärmeenergie geht verloren.

Soll diese genutzt werden, ist die Installation einer teureren Zu-/Abluftanlage sinnvoll, bei der zusätzlich zum Abluftsystem ein zweites Leitungssystem verlegt wird – vorzugsweise in Decken/Böden und Installationsschächten. Hinzu kommt auch ein Zuluftventilator, der die Außenluft ansaugt und Verunreinigungen (zum Beispiel Staub, Pollen) herausfiltert. Zu-/Abluftsysteme lassen sich mit einem Mechanismus zur Wärmerückgewinnung ausrüsten, bei dem die Abluft im Winter ihre Wärme an die tendenziell kalte Zuluft abgibt. Um den dafür verwendeten Wärmetauscher nicht zu stark zu beanspruchen, kann die Zuluft – falls es

die Gegebenheiten zulassen – vor dem Eintritt ins Haus über einen Erdwärmetauscher vorgewärmt werden.

Grundsätzlich sollten Lüftungskanäle einen geringen Strömungswiderstand bieten, müssen deshalb gerade und auf kürzestem Weg verlegt werden. Aus Gründen des Schallschutzes müssen die Kanäle mit schalldämmenden Halterungen befestigt werden und dürfen mit anderen Bauteilen (Putz, Mörtel) nicht in direktem Kontakt stehen. Die Kanäle bestehen zumeist aus feuerverzinktem Stahlblech oder Faserzement und können rund (kleinere Querschnitte) oder rechteckig (größere Querschnitte) sein. Insbesondere Zuluftkanäle benötigen Reinigungsöffnungen, um gewartet werden zu können. Wie oft dies geschehen muss, hängt unter anderem von der Staubbelastung und dem verwendeten Luftfilter ab. Führen Luftkanäle mit warmer Luft durch unbeheizte Räume, sind die Rohre gegen Wärmeverlust und Kondensat im Inneren zu dämmen.

SANIERUNG

Richtungsänderungen von 90 Grad sollten wenn möglich durch zwei Richtungsänderungen von jeweils 45 Grad ersetzt werden.

FOLGESCHÄDEN

Ohne Sanierung kommt es zu einer zunehmenden Verunreinigung der Rohre, da die Reinigung bei einem derartigem Verlegungswinkel kaum möglich ist. In den Rohren können sich häufig Schimmelpilze entwickeln. Von ihnen geht dann in jedem Fall eine Verschmutzung der Innenraumluft aus.

E	V	Sanierung	Folgeschäden ohne Sanierung
Für Laien nahezu unmöglich	Hoch	Befestigung lösen und Zwischenlage aus Gummi integrieren	—
Relativ gut	Eher gering	Oft keine Sanierung möglich	Schimmelpilzentwicklung im Rohr
Für Laien nahezu unmöglich	Eher gering	Nachträgliche Dämmung	Entwicklung von Kondenswasser an der Außenseite
Für Laien nahezu unmöglich	Sehr hoch	Austausch betroffener Schellen	Brandübertragung

Wird eine Betondecke im Anschlussbereich zu einer nicht tragenden Innenwand nicht entkoppelt, kommt es zu Schwind- bzw. Kriechverformungen, die an der Wand zu langen, horizontal verlaufenden Putzrissen führen können.

INNENPUTZ

Mit seiner Hilfe lassen sich Oberflächen nach Wunsch gestalten. Darüber hinaus wirkt der Innenputz als Feuchtepuffer und beeinflusst das Raumklima. Fast immer zeigen sich nach einiger Zeit Risse im Putz, die Folge von Baumängeln sein können – aber nicht müssen.

HINTERGRUND

Der Innenputz übernimmt im Massivbau die Funktion der luftdichten Ebene. Er sollte eine gleichmäßige, abriebfeste und diffusionsoffene Schicht bilden, die anschließend gestrichen, gefliest oder tapeziert werden kann. Je nach Qualität der Oberfläche wird Innenputz in die Klassen Q1 bis Q4 eingeteilt, die jeweils andere Oberflächenqualitäten aufweisen. Q2 bezeichnet die normale Ebenheit, die dann noch tapeziert werden muss. Wichtig: Putzarbeiten dürfen nie bei unter 5 Grad Celsius ausgeführt werden!

In Räumen mit normaler Luftfeuchte kommen oft Gipsputze zum Einsatz. Durch ihre Fähigkeit, Wasser aufzuneh-

WEITERE TYPISCHE MÄNGEL

Mangel	Bauschaden	H
Wahl des falschen Putzes (z. B. in Feuchträumen)	Feuchteschäden im Putz, Risse, Abplatzungen	Sehr oft
Ungenügende Vorbehandlung des Putzgrunds	Haftung nicht ausreichend, Putz löst sich vom Untergrund	Sehr oft
Fensterlaibungen nicht lotrecht verputzt	Optische Beeinträchtigung	Sehr oft
Eckausbildungen nicht ordnungsgemäß	Unebenheiten	Sehr oft
Materialübergänge nicht fachgerecht verputzt	Putzrisse	Sehr oft
Fehlende Entkopplung beim Übergang zu flankierenden Bauteilen (z. B. Innenwand bis zur Decke verputzt)	Schallübertragung, Putzrisse	Sehr oft

men und kontrolliert wieder abzugeben, können sie das Raumklima positiv regulieren. Gipsputze haben zudem wärmedämmende und feuerhemmende Wirkung. Eine noch bessere Fähigkeit zur Wasseraufnahme haben Kalkputze. Auch sie sind diffusionsoffen und besitzen zudem das Vermögen, Schadstoffe (zum Beispiel CO_2- und SO_2-Belastungen der Raumluft) zu neutralisieren. Außerdem wirken sie aufgrund ihres hohen pH-Wertes desinfizierend, schützen so vor Algen-, Schimmel- und Pilzbefall. Die Vorteile beider Putzarten vereinen moderne Kalk-Gips-Putze. In Feuchträumen kommen häufig Zement- oder Lehmputze zum Einsatz.

Bevor jedoch der Putzer (auch „Gipser" genannt) zur Tat schreiten kann, ist sicherzustellen, dass der Untergrund (Putzgrund) den Putz auch tragen kann. Dazu muss er trocken, fest und frei von Mörtelüberständen sowie losen Partikeln sein. Im zweiten Schritt muss der Putzgrund vorbereitet werden. Besteht er aus stark saugendem Material (zum Beispiel Porenbeton), muss er grundiert werden. Sonst würde er dem Putz zu viel Feuchtigkeit entziehen und dieser zu schnell trocknen, was wiederum zu Rissen führt. Auf Betonwände ist eine Schicht aufzubringen, auf der der Putz auch haften kann. Diese „Haftbrücke" besteht in der Regel aus einer Acrylatdispersion, die Quarzkörner enthält.

In Fensterlaibungen muss lotrecht zum Fenster geputzt werden. Um Ecken und Kanten leichter verputzen und kleinere Unebenheiten besser ausgleichen zu können, kommen Putzprofile zum Einsatz. Diese schützen Eckbereiche auch vor späterer Beschädigung. Werden Innenwände nach dem Putzen gefliest, sollten auf ihnen zusätzlich Einputzschienen angebracht werden. Wurden Elektroleitungen in Mauerschlitzen verlegt, müssen diese vor dem Verputzen mit Mörtel und, falls nötig, einer Gewebearmierung geschlossen werden. Geht am Putzgrund ein Material in ein anderes über, ist in die Putzschicht ebenfalls eine Armierung einzulegen, die Bewegungen ausgleicht. Rollladenkästen sind vor dem Verputzen vollflächig mit Gewebearmierung zu versehen. Beim Anschluss von Putzflächen an andere Bauteile (zum Beispiel Fensterrahmen) können Anschlussfolien eingeputzt werden, die die Luftdichtheit sicherstellen.

Grundsätzlich gilt: Nicht konstruktiv verbundene Bauteile (zum Beispiel Wand aus Mauerwerk und Betondecke) dürfen auch in der Putzschicht nicht verbunden sein. Die Trennung kann mittels eines Kellenschnitts bzw. Profils oder Hartschaumstreifens erfolgen.

SANIERUNG

Zuerst ist zu prüfen, ob sich der Putzriss noch verändert. Falls nicht, wird der Putz um den Riss entfernt, eine Trennlage und ein Putzträger aufgebracht und neu verputzt.

FOLGESCHÄDEN

Wird der Riss nicht beseitigt, stellt er auf Dauer eine optische Beeinträchtigung dar.

E	V	Sanierung	Folgeschäden ohne Sanierung
Für Laien nahezu unmöglich	Eher gering	Erneuter Putzauftrag mit ausreichender Haftung	Andauernde Feuchteprobleme
Für Laien nahezu unmöglich	Sehr hoch	Erneutes Auftragen des Putzes	Putz kann u. U. nicht überstrichen, sondern muss tapeziert werden
Eher schwierig	Eher gering	Ausbessern/Beispachteln	—
Relativ gut	Hoch	Ausbessern/Beispachteln	—
Für Laien nahezu unmöglich	Sehr hoch	Übergänge freilegen und Gewebeeinlage in den Putz integrieren	Trennung der Oberflächen
Eher schwierig	Hoch	Kellenschnitt bzw. Trennung des Putzes zur Decke	Spannungsrisse durch unterschiedliche Materialausdehnung

Werden beim Verputzen von Außenflächen Eck- und Anschlussbereiche (z. B. an Fensterrahmen) nicht fachgerecht ausgebildet (im Bild: mangelhafter Anschluss des Sockelputzes und Beschädigung der Abdichtung im Eckbereich), drohen Schäden durch eindringende Feuchtigkeit.

AUSSENPUTZ

Die äußere Haut schützt das Mauerwerk vor Witterungseinflüssen und verhindert das Auskühlen des Hauses. Außerdem prägt der Außenputz den „Look" der eigenen vier Wände.

HINTERGRUND

Putz an Außenflächen hat die Aufgabe, den Baukörper vor Witterungseinflüssen und eindringender Feuchtigkeit zu schützen. Um umgekehrt Wasserdampf von innen nach außen abtransportieren zu können, muss Außenputz diffusionsoffen sein. Obendrein fungiert er durch seine Struktur und Farbe als prägendes Gestaltungselement.

Außenputz wird in der Regel in zwei aufeinander sowie auf den Untergrund abgestimmten Schichten aufgebracht. Dabei gilt der Grundsatz: Nie hart auf weich putzen! Anders gesagt: Der Oberputz muss weicher sein als der Unterputz. Auf Außenwänden kommen mineralische Putze (zum Beispiel auf Kalk- oder Kalk-Zementbasis mit Zuschlägen aus Sand und Steinmehlen) aber auch Silikat- und Silikonharz-

WEITERE TYPISCHE MÄNGEL

Mangel	Bauschaden	H
Untergrund (z. B. Porenbeton) nicht vorgenässt	Rissbildung in der Putzschicht	Sehr oft
Fehlerhafter Anschluss der Putzschicht an Fensterrahmen oder Holzverschalungen (Dachkasten)	Rissbildung in der Putzschicht, ungenügende Dichtigkeit gegen Schlagregen	Sehr oft
Trennungen in Anschlussbereichen nicht ausgeführt (z. B. Trennfugen, Fugenbänder usw.)	Aufbrechende Fugen	Sehr oft
Unterschiedliche bzw. unzureichende Dicke der Putzschicht	Rissbildung, eindringende Feuchtigkeit	Sehr oft
Gittergewebe nicht korrekt in den Unterputz eingearbeitet	Kein Ausgleich von Dehnungsspannungen, Risse auf der Putzoberfläche	Sehr oft
WDVS-Fassade: Putz nicht kompatibel mit Dämmmaterial	Risse auf der Putzoberfläche	Sehr oft

putze sowie Produkte auf Kunstharzbasis (Dispersionsputze) zum Einsatz. Die Struktur der Putzschicht lässt sich frei gestalten: Man unterscheidet unter anderem zwischen geriebenem Putz, Kratz-, Spritz- und Kellenwurfputz.

Außenputz darf nur auf einen festen, sauberen und trockenen Untergrund aufgebracht werden. Dieser ist unter Umständen vorzunässen, zu grundieren bzw. mit einer Haftbrücke zu versehen. Zur Sicherung der Gebäudekanten sollten Sockelabschluss- und Eckschutzprofile verwendet werden. Im Übergangsbereich zu anderen Baustoffen und auf problematischen Untergründen (zum Beispiel Rollladenkästen oder gedämmten Deckenstirnseiten) sind Bewehrungen („Armierungen") aus alkalifestem Glasgittergewebe oder engmaschigen Edelstahlmatten erforderlich, die in der Mitte bzw. im oberen Drittel der Putzschicht einzubetten sind. So lässt sich die Zugfestigkeit des Putzes erhöhen und der Bildung sichtbarer Risse vorbeugen.

Die Energieeinsparverordnung (EnEV) stellt hohe Anforderungen an die Fassadendämmung von Neubauten. Grundsätzlich lassen diese sich auch ohne separate Dämmschicht, zum Beispiel durch die Verwendung dämmstoffgefüllter Ziegel oder von Porenbetonsteinen ausreichender Dicke erfüllen. Alternativ kommt häufig ein Wärmedämmverbundsystem (WDVS) zu Einsatz, wobei auf dem Mauerwerk zunächst Dämmplatten (zum Beispiel aus Hartschaum oder Mineralwolle) befestigt werden. Auf diese wird die Putzschicht aufgebracht. Sie wird zunächst mit einem Armierungsmörtel (Unterputz) versehen, in dessen oberem Drittel ein Armierungsgewebe eingebettet wird. Diese Schicht kann Dehnungsspannungen aufnehmen und bietet die Grundlage für die Außenbeschichtung. Den Abschluss des Systems bildet ein Oberputz, der zum Beispiel aus Kalk-Zement- oder Kunstharzputz besteht. Die meisten Oberputze können je nach Erfordernissen bzw. gestalterischen Wünschen angestrichen werden. Da Putzschichten auf Dämmstoffen höheren hygrothermischen Belastungen ausgesetzt sind, sind das exakte Abstimmen der Materialeigenschaften sowie eine hohe Ausführungsqualität wichtig.

Im Bereich des Sockels ist zu beachten, dass laut DIN 18195–4 die Abdichtung erdberührter Außenwände im fertigen Zustand nur dann etwa auf Höhe der Geländeoberkante enden kann, wenn im darüber liegenden Bereich „ausreichend wasserabweisende Bauteile" verwendet werden, zum Beispiel wasserabweisende Sockelputze, Schlämmen oder Beschichtungen.

SANIERUNG
Herstellen eines fachgerechten Anschlusses durch Instandsetzen der beschädigten Abdichtung, Nacharbeiten des Gittergewebes sowie erneutes Aufbringen des Putzes

FOLGESCHÄDEN
Weiteres Abplatzen des Putzes, Feuchteschäden in angrenzenden Bauteilen, Schimmelbildung

E	V	Sanierung	Folgeschäden ohne Sanierung
Eher schwierig	Sehr hoch	Gewebeeinlage und Putzschicht erneuern	—
Eher schwierig	Hoch	Nachträgliches Anbringen einer Putzprofilabdeckung	Eindringen von Feuchtigkeit in die Konstruktion
Für Laien nahezu unmöglich	Hoch	Gegebenenfalls Aufschneiden und Trennen betroffener Bereiche	Eindringen von Feuchtigkeit in die Konstruktion
Für Laien nahezu unmöglich	Eher gering	Aufbringen eines (ausgleichenden) Beiputzes	Eindringen von Feuchtigkeit bzw. nicht ausreichender Schutz gegen Witterung
Für Laien nahezu unmöglich	Sehr hoch	Aufbringen eines Beiputzes	Ständige Rissbildung
Für Laien nahezu unmöglich	Sehr hoch	Erneuerung der Putzschicht	—

HÄUFIGKEIT (H)
Oft

ERKENNBARKEIT (E)
Relativ gut

VERDECKUNGSGEFAHR (V)
Eher gering

Sind die Fugen zwischen den Platten einer Trockenbauwand nicht fachgerecht verspachtelt, hat dies häufig Unebenheiten zur Folge (im Bild: durch fehlerhaften Voranstrich der Platten mit verdünntem Leim statt einer fachgerechten Grundierung aufgequollene Ränder an der Spachtelung eines Plattenstoßes).

TROCKENBAU

Nicht tragende Innenwände müssen nicht aus Mauerwerk bestehen. Schneller und günstiger erledigt das der Trockenbauer – das gilt auch für die Verkleidung von Deckenflächen.

HINTERGRUND

Unter Trockenbauarbeiten versteht man zum einen das Verkleiden von Wand- und Deckenflächen mit Trockenbauplatten (zum Beispiel aus Gipskarton, auch als „Rigips" bekannt) ohne Mörtel (trocken), wie sie unter anderem in Dachgeschossen häufig anzutreffen sind. Auch nicht tragende Zwischenwände werden oft in Trockenbauweise her-

gestellt. Dies geht schneller und ist günstiger als etwa das Errichten von Mauerwerk, zudem entsteht nur wenig zusätzliche Baufeuchte durch Spachtel und Putz. Trockenbauwände erfüllen bei fachgerechter Ausführung die bauphysikalischen Anforderungen unter anderem an Schall-, Wärme-, Brand- und Feuchteschutz ebenso wie vergleichbare massive Konstruktionen.

WEITERE TYPISCHE MÄNGEL

Mangel	Bauschaden	H
Ungenügende Befestigung der Trockenbauplatten auf der Unterkonstruktion	Belastbarkeit der Konstruktion nicht gegeben	Sehr oft
Spachtelarbeiten (Fugen) nicht fachgerecht ausgeführt	Keine planebene Oberfläche	Sehr oft
Verwendung nicht imprägnierter Gipskartonplatten in Feuchträumen	Eindringen von Feuchtigkeit in die Konstruktion	Oft
Kein fachgerechter Anschluss zu angrenzenden Bauteilen (z. B. Fehlen eines elastischen Trennstreifens zwischen Metallprofil und Betondecke)	Fehlende schalltechnische Entkopplung	Sehr oft
Steckdose in leichter zweischaliger Ständerwand liegt auf hinterer Gipskartonplatte auf	Hintere Gipskartonwand wirkt als Resonanzboden, dadurch Schallübertragung	Oft

Trockenbauwände (auch Ständerwände genannt) bestehen aus einer Unterkonstruktion aus vorgefertigten Metall-, bei leichteren Konstruktionen auch aus Holzprofilen. Diese werden beidseitig mit Platten beplankt. Die Fugen dieser Verkleidung werden verspachtelt. Nach dem Verputzen kann die Wand gestrichen, tapeziert oder gefliest werden. Im Dachbereich werden die Platten auf die Sparren oder eine Unterkonstruktion aus Dachlatten geschraubt.

Bei Metallprofilen der Unterkonstruktion unterscheidet man zwischen den an Decken und Böden zu befestigenden UW-Profilen und den darin im Abstand von 62,5 Zentimetern senkrecht einzustellenden Ständern, den CW-Profilen. Ist der Abstand korrekt, lassen sich die standardmäßig 125 Zentimeter breiten Platten genau auf den Profilen verschrauben. Für den Einbau von Türen werden spezielle Aussteifungsprofile verwendet, die später den Türzargen besseren Halt geben. Bevor die Unterkonstruktion mit angrenzenden Bauteilen verschraubt wird, wird ein Dichtungsband bzw. Kitt aufgetragen, um die erforderliche akustische Entkopplung zu gewährleisten. Wichtig: Auf Estrich stehende Trockenbauwände sollten nur „schwimmend" mit Kittmasse fixiert und nicht geschraubt werden!

Die Wände können mit einer oder – bei hohen Anforderungen an den Schallschutz – zwei Ständerreihen als Unterkonstruktion ausgeführt werden. Die Ständerreihen dürfen sich dabei nicht berühren. Der Hohlraum wird mit Dämmmaterial (zum Beispiel Mineralfasermatten) ausge-

füllt. Die Beplankung kann ein- oder mehrschalig erfolgen, was ebenfalls Auswirkungen auf den Schallschutz hat.

Innerhalb von Ständerwänden lassen sich Leitungen (zum Beispiel Wasser, Strom) verlegen. Dazu werden in den Profilen Bohrungen angebracht. Bei der Auswahl der Metallprofile ist der Leitungsdurchmesser zu berücksichtigen.

Metallständerwände kommen standardmäßig auch bei der Vorwandinstallation von Bädern und Toiletten zum Einsatz. Wasserzuleitungen und Abwasserrohre werden dabei auf der Wand montiert und verkleidet. Für Waschbecken und WCs gibt es spezielle Montageelemente, die an Boden und Wand befestigt werden und unter anderem den Spülkasten enthalten. Dadurch verkleinert sich zwar der Raum, doch die Montage geht schneller und die Rohre sind von vornherein akustisch von der Wand entkoppelt. Bei halbhoher Ausführung ergibt sich zudem hinter Waschbecken, Badewanne oder WC eine praktische Ablagefläche.

SANIERUNG

Die Tapete ist in betroffenen Bereichen zu entfernen und die Verspachtelung nachzuschleifen. Anschließend sind die Flächen fachgerecht zu grundieren und neue Tapetenbahnen aufzukleben.

FOLGESCHÄDEN

Optische Beeinträchtigungen bzw. Nicht-Erreichen der geforderten Oberflächenqualität

E	V	Sanierung	Folgeschäden ohne Sanierung
Eher schwierig	Sehr hoch	Platten nachträglich festschrauben bzw. Unterkonstruktion anpassen	Platten lösen sich teilweise oder brechen im Randbereich
Relativ gut	Sehr hoch	Nachspachteln	—
Eher schwierig	Sehr hoch	Austausch gegen imprägnierte Platten oder Auftragen einer Imprägnierung	Fäulnis
Eher schwierig	Sehr hoch	Nachträgliches Trennen betroffener Bereiche (auch bei unterschiedlichen Materialuntergründen bzw. Bauteilen)	Spannungen und Rissbildung in der Gipskartonfläche
Eher schwierig	Sehr hoch	Nachrüsten eines Installationskanals zur Minderung des Schallschutz-Risikos	Dauerhafte Schallübertragung, evt. leichte Kokelschäden im Gips

HÄUFIGKEIT (H)
Sehr oft
ERKENNBARKEIT (E)
Eher schwierig
VERDECKUNGSGEFAHR (V)
Hoch

Wird der Randdämmstreifen fehlerhaft angebracht (im Bild: zu hoch verlegt), kommt der Estrich in Kontakt zu anderen Bauteilen. Die Folge sind Schallbrücken.

FUSSBODEN / WÄRME- UND SCHALLDÄMMUNG

Eine fachgerecht geplante und ausgeführte Fußbodendämmung schluckt den Schall und hält die Heizenergie im Haus. „Fußkalte" Räume sollten der Vergangenheit angehören.

HINTERGRUND

Fußböden haben vor allem in Mehrfamilienhäusern die Aufgabe, die Übertragung von Trittschallgeräuschen zu verhindern. Außerdem sollen sie – wo erforderlich – mittels einer Dämmung vor Wärmeverlusten schützen und durch eine angenehme Oberflächentemperatur den Bewohnern ein behagliches Wohngefühl vermitteln. Eine Dämmung hilft, Geld zu sparen. Altbauten mit ungedämmtem Fußboden verlieren so im Winter rund zehn Prozent der Heizenergie!

Je nach ihrer Lage im Gebäude kann sich der Aufbau der zu dämmenden Fußböden unterscheiden und damit Lage und Aufgaben der Dämmschicht. Um Heizenergie im Haus zu halten und Bauschäden zu vermeiden, ist es wichtig, den Kellerboden zu dämmen. Bei nicht unterkellerten Häusern gilt dies für den Fußboden des Erdgeschosses. Eine angenehmere Temperatur des Bodens lässt sich bei Häusern ohne Keller bereits dadurch erreichen, indem das Haus rundum ca. 50 Zentimeter ins Erdreich hinein gedämmt wird. So kann im Winter der Frost der Bodenplatte keine Wärme entziehen.

Die größte Wirkung entfaltet eine Dämmschicht unter der Bodenplatte („Perimeterdämmung", siehe Seiten 108/109) – möglich ist jedoch auch das Anbringen einer Dämmschicht auf der „warmen" Seite der Bodenplatte.

WEITERE TYPISCHE MÄNGEL

Mangel	Bauschaden	H
Material der Wärmedämmung nicht ausreichend druckbelastbar	Beschädigungen bei Belastung, Verlust der Dämmwirkung	Oft
Wärmedämmung wird auf nasser Decke verlegt	Durchfeuchtung der Dämmschicht, Verlust der Dämmwirkung	Sehr oft
PE-Folie zum Schutz der Dämmschicht nicht mit ausreichender Überlappung verlegt	Durchfeuchtung der Dämmschicht beim Gießen des Estrichs, Verlust der Dämmwirkung	Sehr oft

Wichtig ist, dass sich unter der Dämmung eine Feuchtigkeitssperre in Form einer Spezialfolie befindet, die die Dämmschicht vor aufsteigender Nässe schützt. Darauf werden zum Beispiel trittfeste Dämmplatten verlegt. Gegen Feuchtigkeit von oben schützt eine Trennfolie über der Dämmschicht.

Zwischen Deckenplatte und Dämmschicht werden Heizungsrohre und Elektroleitungen verlegt. Die Dämmung muss dabei mittels Aussparungen sauber um diese herumgelegt werden. Rohre sollten zudem im Kreuzungsbereich nicht so hoch verlegt sein, dass keine Dämmung mehr auf ihnen verlegt werden kann – durch den Verbund mit der Estrichplatte käme es sonst zur Trittschallübertragung.

Bei Kellern, die unbeheizt bleiben sollen, weil sie zum Beispiel nur als Lagerraum genutzt werden, wird nicht der Boden gedämmt, sondern die Decke. Dazu wird sie von unten mit einer mindestens 6 Zentimeter dicken Dämmschicht versehen. Wer keine Raumhöhe einbüßen will, kann die Kellerdecke auch von oben dämmen lassen. Zu beachten ist bei beiden Varianten jedoch, dass bei einem eventuellen späteren Ausbau des Kellers die Bodenplatte nachträglich „von oben" gedämmt werden muss.

Auch Geschossdecken zu unbeheizten Dachräumen müssen gegen Wärmeverluste gedämmt werden. Hier kommt zum Beispiel das Verlegen eines Estrichs mit Wärmedämmung in Frage, wobei in diesem Fall die Trittschalldämmung nur eine untergeordnete Rolle spielt. Zwischen Decke und Dämmschicht ist dagegen eine Dampfsperre erforderlich, über der Dämmschicht eine Abdeckung.

Moderne Hochleistungsdämmstoffe ermöglichen eine optimale Dämmwirkung bei oftmals geringer Schichtdicke. Bei der Wahl des geeigneten Dämmmaterials ist jedoch stets der gesamte Fußbodenaufbau zu berücksichtigen. Dessen Komponenten – unter anderem Estrich, eventuell eine Fußbodenheizung sowie der Belag (Nutzschicht) – müssen dabei als Gesamtpaket harmonieren. Neben der Druckstabilität des Dämmstoffs spielen auch seine Wärmeleitgruppe, seine Feuerfestigkeit sowie seine schalldämmenden Eigenschaften eine Rolle.

In Verbindung mit den im Wohnbereich fast ausschließlich eingesetzten „schwimmenden" Estrichen (siehe Seiten 168/169) kommen spezielle Dämmplatten zum Einsatz, die in der Lage sind, sowohl Wärmeverluste zu begrenzen als auch die Übertragung von Trittschall zu verhindern. Auf eine solche Dämmschicht wird, falls der Untergrund uneben ist, eine Ausgleichsschüttung aufgebracht. Darüber kommt dann nochmals eine Lage Dämmplatten, damit sich die Ausgleichsschüttung nicht verschiebt. Anschließend wird eine Folienschicht verlegt, damit der Estrich die Dämmschicht nicht durchfeuchtet.

Absolut unerlässlich ist es zudem, nach dem Aufbringen des Innenputzes, jedoch vor dem Einbringen des Estrichs an den Wänden einen lückenlosen Randdämmstreifen anzubringen. Er nimmt Bewegungen des Estrichs auf und dient der Schall- und Wärmedämmung.

SANIERUNG

Erfüllt der Dämmstreifen seine Aufgabe nicht, bekommt der nachfolgend eingebrachte Estrich Kontakt zu aufsteigenden Bauteilen. Er muss dann aufgestemmt, der Dämmstreifen korrekt verlegt und der Estrich erneuert werden.

FOLGESCHÄDEN

Andauernde Übertragung von Trittschallgeräuschen

E	V	Sanierung	Folgeschäden ohne Sanierung
Für Laien nahezu unmöglich	Sehr hoch	Austausch der Wärmedämmung	Estrich sinkt ab und bricht
Relativ gut	Sehr hoch	Trocknung bzw. Schimmelpilzsanierung	Schimmelbildung unter dem Estrich
Eher schwierig	Sehr hoch	Trocknung	Einseitige mechanische Belastung

HÄUFIGKEIT (H)
Oft
ERKENNBARKEIT (E)
Relativ gut
VERDECKUNGSGEFAHR (V)
Sehr hoch

Wird der Estrich nicht in der für die geplante Nutzschicht erforderlichen Dicke bzw. Festigkeit eingebracht, kann er unter der anschließenden Belastung brechen (im Bild: Mindestdicke unterschritten, dadurch Estrichplatte gebrochen).

FUSSBODEN / ESTRICHPLATTE

Der Estrich bildet im Wortsinn die Grundlage eines Fußbodens. Private Bauherren haben es meist mit Estrichen zu tun, die auf einer Dämmschicht „schwimmen" – sowie Estrichen, die eine Fußbodenheizung umschließen. Beide erfordern hohes handwerkliches Können.

HINTERGRUND

Als Estrich bezeichnet man den Teil des Fußbodens, der den Untergrund für dessen Belag bildet. Daneben bringt der Estrich das Fußbodenniveau auf die vorgegebene Höhe. In manchen Fällen dient seine Oberfläche auch unmittelbar als Nutzschicht. Estriche werden nach ihren Bindemitteln

WEITERE TYPISCHE MÄNGEL

Mangel	Bauschaden	H
Ungenügende Dicke des Estrichs bzw. mangelhafte Überdeckung der Fußbodenheizung	Risse im Estrich	Sehr oft
An Kreuzungen von Heizungs-, Wasser- und elektrischen Leitungen liegt Estrich direkt auf	Weiterleitung des Trittschalls in die Decke	Sehr oft
Mangelhafte Oberflächenbeschaffenheit (z. B. Unebenheiten bzw. abfallende Raumecken)	Keine Ebenheit der Oberfläche gegeben, Probleme beim weiteren Fußbodenaufbau	Sehr oft
Nach Einbringen des Estrichs Randdämmstreifen auf Estrichhöhe abgeschnitten	Übertragung von Trittschallgeräuschen	Sehr oft
Notwendige Bewegungsfugen nicht oder nicht ordnungsgemäß ausgebildet	Spannungen bzw. Rissbildung im Estrich	Oft
Estrich vor dem Verlegen der Fliesen nicht ausreichend getrocknet	Fliesenkleber haftet nicht, Risse in Fliesen	Oft
Estrichplatte liegt teilweise hohl	Riss- und Bruchgefahr	Sehr oft

unter anderem in Zement-, Kalziumsulfat- und Gussasphaltestriche unterschieden. In Wohnbereichen werden bevorzugt Estriche auf Zementbasis eingesetzt. Sie sind preiswert und relativ unempfindlich, trocknen jedoch relativ langsam ab. Zementestriche bestehen aus Zement, Sand, Wasser und verschiedenen Zusatzmitteln. Sogenannten Heizestrichen – die eine Fußbodenheizung umschließen – wird ein Fließmittel zugesetzt, damit sie die Heizungsschlangen besser umfließen können. Andere Zusätze beschleunigen den Trocknungsprozess oder erhöhen die Festigkeit. Der Einsatz von Bewehrungen ist umstritten, empfiehlt sich jedoch unter Belägen aus Stein oder Keramik.

Ein Zementestrich wird im zähflüssigen Zustand mit einer Pumpe eingebracht. Anschließend wird er per Hand verteilt und abgerieben. Der Estrich darf in der Regel frühestens nach zwei Tagen betreten und frühestens nach einer Woche belastet werden. Bevor der Bodenbelag verlegt wird, sollte die Restfeuchte des Estrichs gemessen werden.

Während in Kellern, Geräteschuppen o.ä. Estriche auf Trennschicht bzw. Verbundestriche zum Einsatz kommen, sind in Wohnräumen Estriche auf Dämmschicht (schwimmende Estriche) Standard. Diese liegen auf einer mit Polyethylen-Folie (PE-Folie) geschützten Dämmschicht und dürfen keinerlei Kontakt zu anderen, insbesondere aufsteigenden Bauteilen (Wände, Treppen, Pfeiler) haben, da sonst Schall- und Wärmebrücken entstehen. Wichtig: Der Überstand des Randdämmstreifens darf erst abgeschnitten werden, wenn die Nutzschicht verlegt (Parkett, Laminat) und verspachtelt (textile Beläge) bzw. verfugt (Bodenfliesen) ist!

Beim Verlegen des Estrichs sind die Höhen der Bodenbeläge zu beachten. Grenzt etwa ein Fliesen- an einen Parkettbelag, muss der Estrich die Aufbauhöhen ausgleichen.

Da schwimmende Estriche auf Zementbasis aufgrund ihres unterschiedlichen Verhaltens beim Austrocknen zu Verformungen (zum Beispiel Absenkung der Randbereiche) neigen, empfiehlt sich eine anschließende Prüfung der zulässigen Ebenheitstoleranzen. Um Spannungsrisse zu vermeiden, ist der Estrich in gewissen Abständen bzw. an Türen durch Bewegungsfugen in einzelne Felder zu trennen.

SANIERUNG

Freilegen betroffener Bereiche, Erneuern des Estrichs sowie erneutes Aufbringen des Bodenbelags

FOLGESCHÄDEN

Fortschreitende Beschädigung des Estrichs

E	V	Sanierung	Folgeschäden ohne Sanierung
Eher schwierig	Sehr hoch	Estrich entfernen und fachgerecht erneuern	Zunehmende Anzahl von Rissen und Brüchen in der Estrichplatte
Für Laien nahezu unmöglich	Sehr hoch	Trennung von Estrichplatte und Rohren, Einbringen einer Trittschalldämmung	Rissbildungen, dauerhafte Trittschallübertragung
Eher schwierig	Eher gering	Auftragen einer dünnen Schicht Fließestrich	—
Relativ gut	Hoch	Oberbodenbelag mit Abstand zur Wand verlegen	Bei Anstoßen des Bodenbelags an die Wand kommt es zur Trittschallübertragung
Für Laien nahezu unmöglich	Sehr hoch	Nachträgliche Trennung der Estrichplatte	—
Eher schwierig	Sehr hoch	Neuverlegung der Fliesen	Fliesen teilweise lose
Eher schwierig	Sehr hoch	Injektion in Hohlräume	—

Die Anschlussfahne des Fundamenterders (Bildmitte) darf laut DIN 18014 nicht mehr verzinkt sein. Sie muss aus rostfreiem Edelstahl oder kunststoffummanteltem Runddraht bestehen.

ELEKTRO-FERTIGINSTALLATION

Der Elektriker ist fertig – endlich gehen die Lichter an! Doch längst nicht immer wurden Schalter und Steckdosen fehlerfrei angebracht. In anderen Fällen fehlt eine fachgerechte Erdung der gesamten Anlage. Der Bauherr sollte beizeiten einen kritischen Blick riskieren.

HINTERGRUND

Unter der Fertiginstallation versteht man die Installation des Zähler- bzw. Netzwerkschranks, den Einbau der Sicherungen und des Zählers sowie den Anschluss der verlegten Leitungen an den Stromkreisverteiler. Außerdem sind in allen Räumen des Hauses die Steckdosen und Schalter zu installieren, Telefon-, Antennen- und Netzwerkanschlüsse herzustellen und schließlich die vorgesehenen Einbaugeräte zu installieren.

Bei der Entscheidung, ob er in Sachen Lichtschalter eine elegante und teure oder eine eher schlichte weil preisgünstige Ausstattungsvariante wählt, kommt es ganz auf den persönlichen Geschmack sowie den Geldbeutel des Bauherren an. In jedem Fall sollte er jedoch darauf achten, dass die Schalter in Farbe und Stil zur sonstigen Ausstattung der Wohnräume passen.

Schalter und Steckdosen werden in den im Zuge der Rohinstallation installierten Geräteeinbaudosen unterge-

WEITERE TYPISCHE MÄNGEL

Mangel	Bauschaden	H
Steckdosen im Außenmauerwerk nicht vollständig eingegipst	Beschädigung der luftdichten Hülle, Eindringen kalter Luft	Sehr oft
Einbaugeräte nicht oder nicht fachgerecht installiert	Funktionseinschränkungen	Sehr oft
Anschlussfahne des Fundamenterders nicht an Potenzialausgleichsschiene angeschlossen	Kein Potenzialausgleich	Oft

bracht. Spätestens jetzt zahlt sich eine rechtzeitige Planung von Schaltern, Steckdosen, Lichtauslässen etc. aus. Ein Nachrüsten „vergessener" Steckdosen ist nur mit erheblichem Aufwand möglich. Umgekehrt ist es bereits vorgekommen, dass korrekt installierte Einbaudosen einfach unter der Wandbekleidung verschwanden und erst auf Intervention des Bauherren wieder freigelegt wurden. Der Bauherr sollte außerdem darauf achten, dass Steckdosen und Schalter in allen Räumen einheitlich hoch sowie in gefliesten Bereichen tatsächlich erst nach dem Fliesen montiert werden. Liegen Schalter an Türen, ist zu kontrollieren, ob sie an der richtigen Öffnungsseite angebracht wurden und ein ausreichender Abstand (ca. 15 Zentimeter) zur Türlaibung eingehalten wurde.

Ferner sollte der Bauherr unter anderem darauf achten, dass freie Kabelenden durch Lüsterklemmen gesichert werden, dass Außensteckdosen sich von innen ein- und ausschalten lassen und dass der Elektriker alle von ihm hergestellten Durchbrüche und Aussparungen am Ende wieder ordnungsgemäß schließt.

Um elektrische Potenzialunterschiede zu beseitigen, muss ein Potenzialausgleich durchgeführt werden. Dieser dient dem Schutz vor gefährlichen Körperströmen. Berührt ein Mensch zwei leitende Gegenstände mit unterschiedlich hoher Spannung (Potenzialdifferenz) bzw. ein leitendes Teil, während er mit den Füßen auf der Erde steht (Erdpotenzial), erleidet er einen elektrischen Schlag, der im schlimmsten Fall zum Tod führt.

Für den Potenzialausgleich werden die leitfähigen Rohrleitungen (Heizung, Wasser, Gas etc.) und Gebäudeteile sowie berührbare leitfähige Teile von elektrischen Einrichtungen im Haus miteinander verbunden. Dies geschieht mittels Erdungs- und Schutzleitungen sowie einer zumeist im Hausanschlussraum angeordneten und mit Schraubklemmen versehenen Potenzialausgleichsschiene (PA-Schiene). Durch die Verbindung werden alle Bauteile auf ein einheitliches Erdpotenzial gebracht. Damit auch die PA-Schiene selbst geerdet ist und das ganze System funktioniert, wird sie über die Anschlussfahne des Fundamenterders mit diesem verbunden. Zusätzlich zu diesem Hauptpotenzialausgleich empfiehlt sich ein zusätzlicher örtlicher Potenzialausgleich bzw. eine Fehlerstrom-Schutzschaltung in Räumen mit besonderer elektrischer Gefährdung (zum Beispiel Badezimmer).

SANIERUNG

Um nachträglich eine ordnungsgemäße Anschlussfahne herzustellen, ist die Bodenplatte mindestens 50 Zentimeter entlang der vorhandenen verzinkten Leitung freizustemmen. Dort ist eine Edelstahlleitung anzuschweißen und der Beton inklusive Estrich und Bodenbelag zu ergänzen.

FOLGESCHÄDEN

Ohne Instandsetzung steigt die Gefahr, dass die Zinkummantelung der Anschlussfahne abplatzt, der darunter liegende Bandstahl korrodiert und der Fundamenterder seine Funktion nicht mehr erfüllt. Dann drohen Stromunfälle.

E	V	Sanierung	Folgeschäden ohne Sanierung
Eher schwierig	Eher gering	Nachträgliches Herstellen eines luftdichten Anschlusses	Energieverluste, erhöhte Heizkosten, Feuchteschäden
Eher schwierig	Hoch	Installation fachgerecht aufbereiten	Kein sicherer Betrieb möglich
Eher schwierig	Eher gering	Nachträglicher Potenzialausgleich durch Anschluss an PA-Schiene	Keine Erdung der elektrischen Anlage, dadurch Gefahr von Stromunfällen

Wurden Zu- und Ablauf von Heizkörpern nicht fachgerecht installiert (im Bild: eingefliestes Heizungsrohr), hat dies optische Beeinträchtigungen zu Folge. Außerdem kann es zu Schallbrücken kommen. Entspricht die Position des ganzen Heizkörpers nicht der Planung, ist eine andere Temperaturverteilung im Raum die Folge.

FERTIGINSTALLATION HEIZUNG / LÜFTUNG

Heizungs- und Lüftungsanlagen sind komplexe Systeme, die sorgfältig justiert bzw. einreguliert werden müssen. Bauherren sollten sich Prüfprotokolle vorlegen und die Anlagen vom Schornsteinfeger (Heizung) bzw. planenden Ingenieur (Lüftung) abnehmen lassen.

HINTERGRUND

Zur Fertiginstallation gehören im Heizungsbereich unter anderem die Montage und der Anschluss der Heizkörper. Anschließend muss die gesamte Heizungsanlage einjustiert werden. Werden die Heizkörper montiert, muss der Installa-

teur auf einen ausreichenden Abstand zum Fertigboden sowie zur Wand achten. Genaue Angaben dazu enthalten die Montageanweisungen, die sich der Bauherr zu Kontrollzwecken aushändigen lassen sollte. Zudem sollten die Abmessungen der montierten Heizkörper mit den Angaben

WEITERE TYPISCHE MÄNGEL

Mangel	Bauschaden	H
Heizkörper nicht fachgerecht befestigt	Heizkörper instabil, wackelt, Schallbrücken	Sehr oft
Sichtbare Heizleitungen nicht ausreichend gedämmt	Wärmeverluste	Sehr oft
Hydraulischer Abgleich der Heizungsanlage nicht erfolgt	Weiter von der Wärmequelle entfernte Heizkörper werden nicht warm, Ventile geben Geräusche ab (zu hoher Differenzdruck)	Oft
Keine Funktionsprüfung der Abluftanlage durchgeführt	Funktionseinschränkungen bzw. -ausfall	Oft
Lüftungsanlage nicht fachgerecht einreguliert	Geplante Energieeinsparung wird nicht erreicht, Ansaugen von Außenluft durch Gebäuderitzen	Oft

in der Leistungsbeschreibung bzw. der Wärmebedarfsberechnung übereinstimmen.

Darüber hinaus benötigen Heizkörper eine stabile Befestigung. Auf welche Weise ein Heizkörper an der Wand befestigt wird, hängt unter anderem davon ab, ob er auf seiner Rückseite Befestigungslaschen besitzt oder nicht. Bei empfindlichen Wandmaterialien (zum Beispiel Gipskartonplatten im Dachausbau) ist die Verschraubung mit Standfuß im Boden in der Regel die bessere Alternative.

Nachdem sie befestigt sind, werden die Heizkörper an den Heizkreislauf angeschlossen. Dabei ist darauf zu achten, dass die Verbindungen dicht sind, sonst kommt es zu einem Wasseraustritt (Pfützenbildung!) und Korrosionserscheinungen. Der Bauherr sollte kontrollieren, ob die Heizkörper selbst sowie deren Einstellventile ordnungsgemäß funktionieren. Außerdem sollten Vor- und Rücklaufleitung im Sichtbereich ausreichend gedämmt sein sowie waage- bzw. senkrecht und parallel verlaufen. Eine schräg auf dem Boden liegende Abdeckrosette ist ein sicheres Indiz dafür, dass Vor- und Rücklaufleitung versetzt verlaufen.

Von entscheidender Bedeutung ist das Duchführen eines hydraulischen Abgleichs – dabei wird die Anlage individuell optimiert. Der Bauherr sollte sich zudem Prüfprotokolle und Bescheinigungen, zum Beispiel in Sachen Druckhaltung und Spülung aushändigen lassen und für etwaige Gewährleistungsfälle zu seinen Unterlagen nehmen.

Im Bereich der Lüftung sollte das besondere Augenmerk des Bauherren der Funktionsprüfung sowie der Einregulierung gelten. Unter Einregulierung versteht man das Justieren von Anlagenregelungen und Ventilstellungen auf die vom Planer vorgesehenen Volumenströme. Nur wenn in allen Räumen die projektierten Werte eingehalten werden, lässt sich die angestrebte Energieeinsparung realisieren. Die Volumenströme werden dabei mit einem Messgerät kontrolliert. Wesentlich ist dieser Punkt für Anlagen mit Wärmerückgewinnung. Stimmen die Volumenströme von Ab- und Zuluft nicht genau überein, wird die Differenz über Restundichtigkeiten des Gebäudes gezogen. Aus diesen „Leckströmen" kann keine Wärme zurückgewonnen werden. Zudem besteht die Gefahr, dass warme und feuchte Raumluft in Bauteile des Hauses gedrückt wird und zu Bauschäden führt. Die Einregulierung wird erleichtert, wenn im Zu- und Abluftstrang je eine Messblende eingebaut ist.

SANIERUNG

Je nach Schwere des Mangels kommen eine Dämmung der Rohre, die Erneuerung der Installation bzw. das Versetzen der Heizkörper entsprechend den Vorgaben in Betracht.

FOLGESCHÄDEN

Bleibt es bei der alten Position, ist mit Schallübertragung bzw. einem erhöhten Aufwand an Heizenergie zu rechnen.

E	V	Sanierung	Folgeschäden ohne Sanierung
Eher schwierig	Hoch	Erneuern der Befestigung	—
Eher schwierig	Eher gering	Nachträgliche Dämmung	Höherer Energiebedarf
Für Laien nahezu unmöglich	Sehr hoch	Falls möglich nachträglicher hydraulischer Abgleich	Energieverschwendung durch Erhöhen der Vorlauftemperatur bzw. der Leistung der Umwälzpumpe, hohe Energiekosten
Für Laien nahezu unmöglich	Sehr hoch	Funktionsprüfung nachträglich durchführen	Abluftanlage läuft nicht effizient
Für Laien nahezu unmöglich	Sehr hoch	Fachgerechtes Messen der Volumenströme und Nachjustieren der Regelungen und Ventilstellungen	Eindringen feuchter Raumluft in Bauteile, Schimmelbildung

Werden Sanitärobjekte fehlerhaft installiert, kommt es zu Einschränkungen der Gebrauchstauglichkeit (im Bild: Fensterflügel schleift an der Betätigungsplatte der Toilettenspülung).

FERTIGINSTALLATION SANITÄRTECHNIK

Edle Keramik, glänzende Armaturen, teure Einbauten – in Bad und Küche erfüllen sich Bauherren gern Träume. Doch hat der Installateur geschludert, folgt schnell ein böses Erwachen.

HINTERGRUND

Küchen, Bäder und eventuell vorgesehene Wellness-Bereiche sind die teuersten Räume eines Neubaus. Die Vielfalt an Einrichtungsgegenständen nimmt ständig zu, und gerade im Bad möchten sich die meisten Bauherren gern etwas gönnen. Um Mängel und Mehrkosten zu vermeiden, bedürfen Planung und Ausführung jedoch besonderer Sorgfalt.

Die Architektur eines Bades wird wesentlich von der Größe und dem Zuschnitt des zur Verfügung stehenden Raumes bestimmt. In aller Regel müssen sinnvolle Lösungen für begrenzte Flächen gefunden werden – auch was die Anordnung von Sanitärobjekten (zum Beispiel Badewanne, Waschbecken, WC-Becken) anbelangt. Um die gewünschte Nutzung zu gewährleisten, müssen Installationsfirmen die

WEITERE TYPISCHE MÄNGEL

Mangel	Bauschaden	H
Sanitärobjekte beschädigt eingebaut	Optische Beeinträchtigung bzw. Funktionsminderung	Sehr oft
Badarmaturen nicht ordnungsgemäß installiert bzw. keine Funktionsprüfung erfolgt	Funktionseinschränkungen bzw. -ausfall, Wasseraustritt	Sehr oft
Sichtbare Rohrleitungen nicht ausreichend gedämmt	Wärmeverluste	Sehr oft
Fehlender Elektroanschluss für Betrieb des Badheizkörpers im Sommer	Funktionsausfall	Oft
Warm- und Kaltwasserleitung beim Anschluss an der Mischbatterie vertauscht	Mischbatterie funktioniert „falschherum"	Oft

Abmessungen und Positionen der einzelnen Objekte den Planungsunterlagen entnehmen und vor Ort verbindlich anzeichnen. So ist für einen Doppelwaschtisch eine Breite von etwa 120 und eine Tiefe von 55 Zentimetern zu veranschlagen, für ein Waschbecken 50 x 40, für eine Badewanne 170 x 75 und für ein WC mit in der Wand eingebautem Spülkasten 40 x 60 Zentimeter. Genauso wichtig sind die Abstände zwischen einzelnen Objekten. Von ihnen hängt die Bewegungsfreiheit im Bad entscheidend ab.

Bei der Sanitärinstallation kommt es häufig zu Fehlern. Diese reichen vom Einbau falscher oder beschädigter Teile über undichte Anschlüsse bis hin zu nachträglichen Beschädigungen bereits eingebauter Objekte. Deshalb sollte der Bauherr zum einen bereits bei der Anlieferung prüfen, ob die Sanitärobjekte in Typ und Farbe der Bestellung entsprechen und Fehlstellen o.ä. aufweisen. Zum anderen ist es wichtig, darauf zu achten, dass sichtbare Flächen von – vor dem Umfliesen zu montierender – Badewannen und Duschtassen während der folgenden Arbeiten sorgfältig geschützt werden. Beide müssen zudem schalltechnisch vom Baukörper entkoppelt werden, zum Beispiel durch Unterbauten aus Styropor.

Bei der Auswahl der Armaturen sollte der Bauherr auf gute Verarbeitung und geringe Geräuschentwicklung bei der Wasserentnahme achten – insbesondere wenn die betreffende Badwand an das Schlafzimmer grenzt. In solchen Fällen sollten grundsätzlich Armaturen der Gruppe I instal-liert werden. Auch bei Armaturen ist zu prüfen, ob die bestellten Fabrikate geliefert wurden und evt. Schäden aufweisen. Schließlich sollte die Lage von Zubehörteilen wie Handtuchhaltern, Seifenschalen, Toilettenpapierhalterungen gemeinsam mit den Handwerkern festgelegt werden.

Der Bauherr muss dafür Sorge tragen, dass er Planungsunterlagen rechtzeitig übergeben bekommt und während der Arbeiten stets im Bild ist. Dies ist auch deshalb wichtig, da etwa bei Schäden durch mangelhaft abgedichtete Badewannen die Versicherung keinen Cent zahlt.

SANIERUNG

Mangelhafte Befestigungen, etwa von Waschbecken und WC-Becken, sind in jedem Fall nachzuarbeiten. Dasselbe gilt für undichte Anschlüsse. Wurde ein Sanitärobjekt an einer falschen Stelle angebracht, ist abzuwägen, ob und in welchem Umfang der Mangel die Gebrauchstauglichkeit beeinflusst. Ist dies der Fall, muss das Sanitärobjekt entsprechend den Vorgaben versetzt werden.

FOLGESCHÄDEN

Ohne Instandsetzung droht eine Einschränkung bzw. ein Verlust der Gebrauchstauglichkeit und damit einhergehend eine Minderung des Wohnwerts. Undichte Anschlüsse führen zu Feuchteschäden und Schimmelbefall.

E	V	Sanierung	Folgeschäden ohne Sanierung
Relativ gut	Eher gering	Austausch durch unbeschädigtes Sanitärobjekt	—
Eher schwierig	Hoch	Nachinstallation bzw. nachträgliche Funktionsprüfung	Feuchteschäden
Relativ gut	Eher gering	Nachträgliche Dämmung der Leitungen	Erhöhter Energiebedarf
Relativ gut	Eher gering	Anschließen des Heizkörpers mit Hilfe eines Verlängerungskabels	—
Relativ gut	Eher gering	Nach Möglichkeit erneuter und korrekter Anschluss	Risiko von Verbrühungen

HÄUFIGKEIT (H)
Sehr oft
ERKENNBARKEIT (E)
Relativ gut
VERDECKUNGSGEFAHR (V)
Eher gering

Werden Innentüren fehlerhaft eingebaut, haben die Türblätter unten zu viel „Luft", klemmen oder schleifen oder sind in sich instabil und schwergängig (im Bild: zu großer Abstand vom Türblatt zum Boden).

INNENTÜREN

Ob klassisch oder modern, verglast oder Dekor – Türen sind Ausdruck von Wohnkultur und schaffen Atmosphäre. Dass sie tadellos funktionieren, setzt man eigentlich voraus ...

HINTERGRUND

Neben dem Verkleiden von Holzecken, dem Einbau von Möbeln sowie Holztreppen gehört auch der Einbau hölzerner Innentüren zu den Aufgaben des Tischlers (Schreiners).

In der Regel werden schon im Rohbau Normmaße für die Türaussparungen vorgesehen. Der Tischler misst diese vor Ort nach. Für den Bauherren empfiehlt es sich, bei dieser Gelegenheit gleich die Aufschlagrichtung der Türen zu besprechen und zum Beispiel auf der Rohdecke mit Kreide zu markieren. Um bei später eventuell auftretenden Streitigkeiten nicht in Beweisnöte zu geraten, sollte zudem jede Kreidemarkierung fotografiert werden.

Nach dem Maßnehmen fertigt der Tischler in seiner Werkstatt die Türrahmen (auch Türzargen oder Türfutter

WEITERE TYPISCHE MÄNGEL

Mangel	Bauschaden	H
Mangelhafte Oberflächenbeschaffenheit bzw. Holzqualität	Optische Beeinträchtigung	Sehr oft
Beschläge/Schlösser weisen Funktionsmängel auf	Funktionseinschränkung bzw. -ausfall	Sehr oft
Türblätter sind verzogen	Tür schließt nicht bzw. nicht bzw. nicht dicht	Sehr oft
Fehlerhafte Verglasung	Optische Beeinträchtigung, Minderung der Wohnqualität	Oft
Umlaufender Spalt zwischen Türzarge und Wand nicht oder nicht komplett ausgestopft bzw. ausgeschäumt	Schallbrücken	Sehr oft

genannt) sowie Türblätter an bzw. bestellt die benötigten Bauelemente. Da sich Türblätter schnell verziehen, sollten sie so angeliefert werden, dass sie auf der Baustelle nicht gelagert werden müssen. Der Bauherr sollte darauf achten, dass Rahmen und Türblätter in der richtigen Holzart, Oberfläche und im richtigen Farbton geliefert werden und keine Beschädigungen aufweisen. Glaseinsätze in Türblättern müssen korrekt ausgeführt sowie frei von Kratzern, Sprüngen etc. sein. Wichtig: Türen zu unbeheizten Kellerräumen müssen wärmegedämmt sein!

Die Rahmen sollten grundsätzlich erst nach dem Verlegen des Fußbodenbelags eingebaut werden. Dies hat den Vorteil, dass Teppich-, Fliesen- oder Parkettbelag nicht an die Türrahmen angeschlossen werden müssen, sondern bis unter diese laufen können, was in aller Regel besser aussieht. Die Rahmen sind lotrecht in den Wandlaibungen zu befestigen. Der Bauherr sollte darauf achten, dass dabei der Putz nicht beschädigt wird und der Rahmen außen jeweils dicht an der Wand anliegt. Die Rahmen nehmen in aller Regel die Scharniere auf, an denen die Türblätter befestigt werden. Auf der jeweils gegenüberliegenden Seite der Zarge wird das Schließblech für die Schlossfalle angebracht. Die Türblätter sollten ebenfalls so montiert werden, dass sie exakt im Lot stehen und sich – in der richtigen Aufschlagrichtung – frei bewegen lassen, allerdings ohne von selbst aufzugehen bzw. zuzufallen! Wurden in Türrahmen umlaufende Gummidichtungen eingebaut, müssen

sich die geschlossenen Türen dicht an diese anschließen, ohne dass man sie mit Gewalt zudrücken muss. Dabei ist allerdings zu bedenken, dass sich die Dichtungen erst im Lauf der Zeit endgültig anpassen.

Türen müssen ohne Kraftaufwand ins Schloss fallen und dieses muss ohne Kraftaufwand verriegelbar sein. Dazu muss der Bauherr selbstverständlich sämtliche Schlüssel ausgehändigt bekommen, was nicht immer der Fall ist.

SANIERUNG

In leichteren Fällen genügt ein Nachjustieren an den Scharnieren, ansonsten muss das Türblatt ausgebaut und eventuell die Unterseite abgeschliffen werden. Verhindert ein Dichtungsband das Schließen der Tür, ist dieses gegen ein Band geringerer Dicke auszutauschen.

FOLGESCHÄDEN

Ohne Sanierung drohen dauerhafte Funktionseinschränkungen (zum Beispiel Schwergängigkeit), Zuglufterscheinungen bei zu großem Spalt sowie umgekehrt – bei zu geringem Abstand – Schäden im Fußbodenbelag (zum Beispiel Schleifspuren in Laminat oder Parkett).

E	V	Sanierung	Folgeschäden ohne Sanierung
Relativ gut	Eher gering	Entweder „kosmetische" Behandlung oder Austausch	Minderung der Wohnqualität
Relativ gut	Eher gering	Erneuerung betroffener Beschläge	Tür verzieht sich
Eher schwierig	Eher gering	Türblatt neu einstellen bzw. austauschen	—
Relativ gut	Eher gering	Austausch der Verglasung	—
Relativ gut	Eher gering	Nachträgliches Ausschäumen des Spaltes	—

HÄUFIGKEIT (H)
Sehr oft
ERKENNBARKEIT (E)
Relativ gut
VERDECKUNGSGEFAHR (V)
Eher gering

Werden Fliesen an Durchdringungen nicht fachgerecht verlegt bzw. abgedichtet, besteht – neben der optischen Beeinträchtigung – die Gefahr, dass Wasser in den Bodenaufbau bzw. die Wand eindringt (im Bild: nicht abdeckbare Fehlstellen unter einem Waschtisch).

FLIESENARBEITEN

Muster, Fugenbild, Bordüren – beim Verlegen von Fliesen sind exakte Planung und konkrete Absprachen die halbe Miete. Doch selbst die schützen nicht immer vor Mängeln.

HINTERGRUND

Was haben Küchen, Bäder/WCs, Hauswirtschaftsräume und Flure gemeinsam? In ihnen werden Böden sowie Sockel- und Wandbereiche mit keramischen Fliesen bekleidet. Diese lassen sich unterscheiden nach der Zusammensetzung ihrer Rohstoffe, der Brenntemperatur sowie ihrer Fähigkeit, Wasser aufzunehmen.

Fliesen mit hoher Wasseraufnahmefähigkeit haben im gebrannten, aber noch unglasierten Zustand offene Poren. Sie sind porös und nicht frostbeständig. Demgegenüber stehen Fliesen mit niedriger Wasseraufnahme (Steinzeug- oder Feinsteinzeugfliesen). Sie sind im unglasierten Zustand dicht, geschlossenporig und frostbeständig. Es gibt sie auch in glasierter Ausführung.

WEITERE TYPISCHE MÄNGEL

Mangel	Bauschaden	H
Ungeeignetes Fliesenmaterial (z. B. falsche Abriebgruppe) verwendet	Laufspuren auf den Fliesen	Oft
Fugenbild nicht nach Maß	Optische Beeinträchtigung	Sehr oft
Fehlerhafte Abdichtung in Feuchtebereichen	Eindringen von Feuchtigkeit	Oft
Untergrund nicht grundiert bzw. gespachtelt	Unebenheiten, Fliesen „zahnen", einzelne Fliesen stehen zu hoch aus der Fläche	Oft
Notwendiges Gefälle zum Abfluss fehlt	Staunässe auf dem Boden	Sehr oft
Nach Auftragen des Klebers zu lange gewartet	Fliesen sitzen locker an der Wand	Oft
Sockelfliesen mit Mörtel statt dauerelastischer Fuge an Bodenfliesen angeschlossen	Weiterleitung des Trittschalls in die Wände	Sehr oft
Keine ausreichende Dehnungsfuge in den Ecken	Kein Spannungsausgleich möglich	Oft

Nach der Korngröße ihrer Gefügebestandteile lassen sich Fliesen zudem in in Fein- und Grobkeramik unterteilen. Zur Feinkeramik gehören alle Fliesen, die für Wand- und Bodenbeläge verwendet werden. Im Gegensatz dazu werden Fliesen aus Grobkeramik auch als Platten bezeichnet.

Material, Verlegungsart und Fliesenformat hängen hauptsächlich vom Geschmack des Bauherren ab. Bei der Planung sollten daneben auch die Nutzung des betreffenden Raumes sowie dessen Proportionen eine Rolle spielen. Vor Beginn der Arbeiten sollte der Bauherr mit dem Fliesenleger die zu fliesenden Bereiche vor Ort durchgehen und die Angaben in den Plänen prüfen: Wo sind spezielle Verlegemuster bzw. Sonderfliesen und Bordüren vorgesehen? Außerdem ist bei dieser Gelegenheit zu prüfen, ob die gelieferten Fliesen den Mustern entsprechen.

Im Innenbereich werden Fliesen meist im Dünnbettverfahren verlegt. Dafür wird auf dem Untergrund ein zwei bis drei Millimeter dicker Klebemörtel aufgebracht, auf den die Fliesen aufgesetzt werden. Alle Fugen sollten gleichmäßig breit sein – und werden mit einem zur Kachelart passenden abriebfesten und schnell härtenden Fugenmörtel gefüllt. Eck-, Wand- und Bodenanschlusspunkte werden mit dauerelastischer Fugenmasse geschlossen. An Übergängen zu anderen Bodenbelägen werden meist Messingschienen eingelassen, um die Fliesenkanten zu schützen.

Um Trittschallgeräusche zu dämpfen, müssen Boden- und Wandfliesen schalltechnisch entkoppelt werden. In der Regel wird dazu im Anschlussbereich ein Hohlkehlprofil aus Kunststoff verlegt. In gefliesten Räumen mit Bodenablauf ist für eine ausreichende Abdichtung des Untergrunds (zum Beispiel Anstrich oder Schutzfolie) sowie ein ausreichendes Gefälle zum Ablauf zu sorgen. Durchdringungen, zum Beispiel Wandauslässe für Armaturen, sind mit formgerecht ausgeschnittenen Fliesen zu umrahmen und fachgerecht abzudichten – das Anstückeln von Fliesenresten ist eine Unsitte, die der Bauherr nicht hinnehmen sollte.

Im Außenbereich kommen ausschließlich frostbeständige Fliesen und Mörtel zum Einsatz, vor allem als Balkon- und Terrassenbelag. Die Fliesen werden im Dünn- oder Dickbettverfahren (1 bis 2 Zentimeter Mörteldicke) verlegt. An den Anschlusspunkten des Fliesenbodens und bei großen Flächen sind Trennfugen erforderlich, um Rissbildungen zu vermeiden. Als Alternative kommen Betonwerksteinplatten in Frage, die zum Beispiel lose in einem Bett aus verdichtetem Kies verlegt werden und sich bei Beschädigungen einfach austauschen lassen.

SANIERUNG

Sind Fehlstellen nicht mit einer Rosette abdeckbar, muss der Fliesenbelag erneuert werden. Nicht abgedichtete Durchdringungspunkte sind nachträglich abzudichten.

FOLGESCHÄDEN

Dringt Wasser ein, drohen Feuchteschäden.

E	V	Sanierung	Folgeschäden ohne Sanierung
Für Laien nahezu unmöglich	Eher gering	Erneuern des Fliesenbelags	Fortschreitende Beeinträchtigung der Oberfläche
Relativ gut	Eher gering	Erneuern des Fliesenbelags	—
Eher schwierig	Hoch	Fliesen entfernen, Abdichtung herstellen	—
Relativ gut	Hoch	Erneuern betroffener Fliesen	Keine sichere „Barfußbegehung" möglich, Minderung der Wohnqualität
Relativ gut	Eher gering	Erneuern des Belags, Gefälleausbildung	—
Relativ gut	Hoch	Erneutes Verlegen betroffener Bereiche	Fliesen reißen oder brechen
Relativ gut	Eher gering	Trennen der starren Verbindung	Fliesen reißen
Eher schwierig	Hoch	Trennung der starren Ecke (z. B. mit „Flex")	Fliesen reißen

Wird eine Holzverschalung nicht fachgerecht angebracht, drohen – neben der optischen Beeinträchtigung – Feuchteschäden an der Verschalung (im Bild: teilweise abstehende Stülpschalung aufgrund fehlender Dehnfugen zwischen den Brettern bzw. unzureichender Hinterlüftung, die zur Bildung von Kondensat führte).

AUSSENWANDBEKLEIDUNGEN / HOLZVERSCHALUNG

Eine Holzverschalung für die Fassade ist vergleichsweise teuer und braucht Pflege. Im Gegenzug eröffnet sie vielfältige Gestaltungsmöglichkeiten und bildet eine schützende Hülle gegen Witterungseinflüsse – vorausgesetzt, sie wurde mängelfrei angebracht.

HINTERGRUND

Außenmauerwerk bzw. Dämmplatten können verputzt und gestrichen werden (siehe Seiten 162/163), lassen sich jedoch wetterseitig auch mit einer Bekleidung versehen. Darunter versteht man das Anbringen einer Verschalung mit Bauteilen aus Holz, Schiefer, Aluminium, Kunststoff, Glas oder anderen Materialien bzw. das Herstellen eines Verblendmauerwerks (siehe Seiten 120/121). An dieser Stelle wird auf die gängigste Form der Außenwandbekleidung, die Holzverschalung, eingegangen.

Holzverschalungen können auf Außenwänden aus Holz oder Mauerwerk angebracht werden und aus Brettern (Paneelen) oder Schindeln bestehen. Während sich bei Holzwänden die Wärmedämmung zwischen der Holzkonstruktion befindet, bringt man sie bei massiv gebauten Außenwänden zwischen hölzerner Unterkonstrukti-

WEITERE TYPISCHE MÄNGEL

Mangel	Bauschaden	H
Material- bzw. Oberflächenbeschaffenheit nicht nach Vorschrift	Optische Beeinträchtigung	Oft
Ebenheitstoleranzen überschritten	Unebenheiten	Oft
Anschlüsse an andere Bauteile nicht fachgerecht ausgeführt	Eindringende Feuchtigkeit, Feuchteschäden	Sehr oft
Schalungsbretter nicht waagerecht bzw. lotrecht angebracht	Optische Beeinträchtigung	Oft

on und Verschalung auf. Über der Dämmschicht wird als zusätzlicher Schutz vor Niederschlagswasser eine dampfdurchlässige Folie beziehungsweise Werkstoffplatte verlegt, die von der Dachtraufe bis zum Fußpunkt der Konstruktion reicht.

Grundsätzlich darf eine Holzverschalung nur bei trockenem Wetter angebracht werden. Auch die Verschalung selbst sowie der jeweilige Untergrund sollten ausreichend trocken sein. Ist das Holz der Verkleidung zu feucht, können sich beim weiteren Austrocknen unschöne Risse bilden. Durch diese wiederum kann Feuchtigkeit in unbehandelte Bereiche des Holzes eindringen, was zu Insekten- und Pilzbefall führen kann. Um auf Nummer sicher zu gehen, sollte sich der Bauherr vom Lieferanten eine Bescheinigung ausstellen lassen, aus der die Holzfeuchte hervorgeht.

Analog zu Verblendmauerwerk wird auch die Bekleidung einer tragenden Wand mit Holz in der Regel mit einer Lüftungsebene versehen, die vom Sockel zur Traufe reicht. Um die ausreichende Hinterlüftung einer vertikalen Verschalung zu gewährleisten, sollte sie auf einer horizontalen Konterlattung angebracht werden, die sich wiederum auf einer vertikal verlaufenden Lattung befindet. Bei einer horizontalen Verschalung genügt eine vertikale Lattung. Der Abstand zwischen Hauswand und Verschalung sollte 24 Millimeter auf keinen Fall unterschreiten.

Beim Anbringen von Lattung und Konterlattung ist zum einen darauf zu achten, dass der Abstand der einzelnen Latten nicht zu groß ist, und zum anderen, dass bei der Montage auf einer Holzkonstruktion keine darunterliegenden Folien verletzt werden.

Holzverschalungen sollten im Sockelbereich nicht bis ganz ans Erdreich geführt werden, sondern mindestens 30 Zentimeter Abstand zur Geländeoberkante aufweisen. Zeigen Schnittflächen vertikal verlegter Paneele offen zum Erdreich, bedürfen sie zudem eines besonderen Holzschutzes. Unabhängig davon, ob die Verschalung vertikal oder horizontal angebracht wird, müssen benachbarte Paneele einander um zwölf Prozent ihrer Breite, mindestens jedoch um zehn Millimeter überdecken.

Besonderes Augenmerk sollte der Bauherr auf die Ausbildung der Hausecken, Anschlüsse an Türen und Fenster sowie Übergänge zu anderen Bauteilen wie Sockel, Dach und Balkon legen. An Fenster- und Türlaibungen sowie Brüstungs- und Schwellenbereichen ist darauf zu achten, dass sich an diesen Stellen weder Schlagregen noch an der Fassade herablaufendes Wasser stauen bzw. hinter die Verschalung laufen können.

SANIERUNG

Austausch der schadhaften Bretter, Korrektur der Verlegung und Sicherstellen einer ausreichenden Hinterlüftung

FOLGESCHÄDEN

Ohne Sanierung muss der Bauherr – neben der optischen Beeinträchtigung – mit Feuchteschäden bzw. Fäulnis in der Holzverschalung rechnen.

E	V	Sanierung	Folgeschäden ohne Sanierung
Eher schwierig	Eher gering	Nur bei konstruktiven Problemen erforderlich	—
Eher schwierig	Eher gering	In der Regel nicht erforderlich	Optische Beeinträchtigung
Eher schwierig	Eher gering	Nachbessern betroffener Anschlüsse	Fäulnis
Realtiv gut	Eher gering	In der Regel nicht erforderlich	—

HÄUFIGKEIT (H)
Sehr oft
ERKENNBARKEIT (E)
Relativ gut
VERDECKUNGSGEFAHR (V)
Eher gering

Wird beim Tapezieren von Räumen das verwendete Malervlies (z. B. zum Kaschieren von Unebenheiten bzw. Putzrissen) nicht fachgerecht aufgeklebt, kann es in den betroffenen Bereichen unter anderem zu „Knittererscheinungen" kommen (s. Bild).

MALERARBEITEN

Farbe verspritzt, unsauber tapeziert, schlecht gespachtelt – auch Maler schludern schon mal. Das heißt aber noch lange nicht, dass jeder Laie selbst zu Pinsel und Farbe greifen sollte.

HINTERGRUND

Malerarbeiten sind ein klassischer „Eigenleistungsbereich", insbesondere im Inneren eines Hauses. An der Außenseite gehen die Schwierigkeiten schon damit los, dass in aller Regel ein Gerüst aufzubauen ist. Wer angesichts solcher Erwägungen bzw. fehlender handwerklicher Fähigkeiten den Farbauftrag von einer Malerfirma erledigen lässt, sollte zumindest über ein paar Grundkenntnisse verfügen, damit alles nach Wunsch und vor allem mängelfrei vonstatten geht.

Im Innenbereich hat der Maler die Aufgabe, Decken und Wände zu streichen bzw. zu tapezieren. Dafür benötigt er eine bestimmte Oberflächenqualität des Untergrunds.

WEITERE TYPISCHE MÄNGEL

Mangel	Bauschaden	H
Untergrund nicht ausreichend getrocknet	Mangelnde Haftung der Farbe	Sehr oft
Oberflächen (z. B. Fensterscheiben, Fensterbänke, Geländer) nicht vor Farbe geschützt	Verunreinigungen, Farbspuren, evt. Kratzer	Sehr oft
Vor dem Streichen von Fenstern und Türen Beschläge nicht abgeklebt	Verunreinigungen, Farbspuren	Oft
Fassadenfarbe passt nicht zum Außenputz (z. B. aufgrund geringerer Diffusionsoffenheit)	Abtransport von Wasserdampf nach außen nur eingeschränkt möglich	Oft
Tapete über Eck verklebt	Optische Beeinträchtigung	Oft
Dachüberstand nicht gestrichen	Kein ausreichender Witterungsschutz	Oft

Oft muss er diesen nachschleifen oder spachteln, damit er eben ist. Dies gilt besonders, wenn der Anstrich direkt auf den Putz erfolgen soll. Vor allem bei seitlich einfallendem Licht (Streiflicht) ist jede kleine Unebenheit zu erkennen!

Vor dem Anbringen von Tapetenbahnen trägt der Maler einen sogenannten Tiefengrund auf, der zunächst etwa einen Tag trocknen muss, um der mit Kleister bestrichenen Tapete den nötigen Halt zu geben. Ist diese ohne Luftblasen an Wand oder Decke befestigt, kann sie – nach Ablauf der jeweils benötigten Trockenzeit – überstrichen werden. Der in Baubeschreibungen für Wände und Decken oft verwendete Begriff „tapezierfertig" bedeutet, dass diese so schlecht gespachtelt sein dürfen, dass eine Tapete zwingend nötig ist, um die Spachtelung zu überdecken! In solchen Fällen schuldet die Handwerkerfirma die Oberflächengüte Q2. Wer keine Tapete will, sondern vorhat, direkt auf den Putz zu streichen, muss eine höhere Oberflächengüte vereinbaren.

Ungleich höhere Ansprüche an die Ausführungsqualität stellt der Anstrich im Außenbereich – vor allem bedingt durch die sehr raue Oberfläche des Außenputzes. Zudem ist die Farbe der Witterung ausgesetzt und manche Stellen sind nur schwer zu erreichen. Für Fassaden bietet der Handel witterungsbeständige Acryl-, Kunstharzlatex- oder Kunststoffdispersionsfarben an, die gestrichen bzw. aufgespritzt werden – letzteres besonders bei sehr rauer Oberfläche. Was den Farbton betrifft, sind der Fantasie keine Grenzen gesetzt. Jedoch sollten unter anderem die Farbgebung umliegender Häuser bzw. die natürliche Umgebung in die Überlegungen einbezogen werden. Sinnvoll ist es deshalb, zunächst eine Probefläche zu streichen bzw. streichen zu lassen und dann – eventuell mit fachkundiger Hilfe – zu entscheiden, ob dieser Farbton wirklich für die gesamte Fassade geeignet ist.

Der Bauherr sollte bei Arbeiten auf der Außenseite vor allem darauf achten, dass der Maler nicht den Putz, die Wärmedämmung oder Fallrohre der Dachentwässerung beschädigt, indem er etwa Gerüstanker durch den Putz bohrt. Abhilfe schafft hier das vorherige Festlegen der Verankerungsmöglichkeiten.

SANIERUNG

In betroffenen Bereichen ist die Vliesbahn zu entfernen und zu erneuern.

FOLGESCHÄDEN

Wird nichts unternommen, sind dauerhafte optische Beeinträchtigungen die Folge.

E	V	Sanierung	Folgeschäden ohne Sanierung
Für Laien nahezu unmöglich	Sehr hoch	Erneuern des Anstrichs	Optische Beeinträchtigung, Minderung des Wohnwerts
Relativ gut	Eher gering	Austausch betroffener Verglasungen bzw. aufwändige Säuberung	Optische Beeinträchtigung, Minderung des Wohnwerts
Relativ gut	Eher gering	Säuberung der betroffenen Stellen	Optische Beeinträchtigung, Minderung des Wohnwerts
Für Laien nahezu unmöglich	Eher gering	—	Verlust zugesicherter Eigenschaften, Minderung des Wohnwerts
Relativ gut	Eher gering	Schnittbildung in betroffenen Ecken	Rissbildung
Relativ gut	Eher gering	Nachstreichen des Überstands	Evt. Feuchteschäden

Übernimmt der Fußbodenleger zu hohe Ebenheitstoleranzen bzw. wird der Untergrund nicht fachgerecht nachbehandelt (z. B. mit Nivelliermasse), weist auch die Nutzschicht (im Bild: Bodenfliesen) Unebenheiten bzw. einen Höhenversatz auf.

FUSSBODENBELAG

Funktionell und strapazierfähig soll ein Fußbodenbelag sein – und ästhetischen Ansprüchen genügen. Beim Verlegen sind je nach Material unterschiedliche Anforderungen zu beachten.

HINTERGRUND

Holz, Stein, Kork, Linoleum, Laminat, PVC, Textilfasern – wer für die Räume seines Hauses Fußbodenbelag sucht, hat die Qual der Wahl. Einen wichtigen Schritt nach vorn hat der Bauherr getan, wenn er eine konkrete Vorstellung davon hat, welchen Zweck der jeweilige Fußbodenbelag erfüllen und welche mechanischen Beanspruchungen er

aushalten soll. Dabei ist der Belag stets im Zusammenhang mit dem Fußbodenaufbau zu sehen, denn auch Tragschicht (Bodenplatte bzw. Geschossdecke) sowie Unterkonstruktion (Estrich bzw. Systemboden) bestimmen Eigenschaften wie Tragfähigkeit und Belastbarkeit entscheidend mit.

Bodenbeläge als „Nutzschichten" von Fußbodenkonstruktionen haben wichtige Funktionen zu erfüllen. Sie sind

WEITERE TYPISCHE MÄNGEL

Mangel	Bauschaden	H
Anschlussfuge von Parkettboden zur Wand zu gering dimensioniert	Längenausdehnung behindert, „Zwängungen", Aufwölbung von Teilflächen des Parketts	Sehr oft
Fehlende Sperrschicht unter Parkettboden	—	Oft
Untergrund für Laminat mangelhaft vorbereitet	Höhenversatz benachbarter Platten über Toleranz	Oft
Sockelleisten nicht bis an Türrahmen geführt bzw. vertikale Fuge mit Acryl verschmiert	Optische Beeinträchtigung, Schallbrücke	Sehr oft
Über Eck zusammenstoßende Leisten nicht im 45-Grad-Winkel abgeschnitten	Optische Beeinträchtigung	Sehr oft
„Verdrehtes" Verlegemuster von Parkettstäben in angrenzenden Räumen	Optische Beeinträchtigung	Oft

es, die tägliche Lasten zu tragen haben und den damit verbundenen Beanspruchungen widerstehen müssen. Darüber hinaus dienen Bodenbeläge dem Feuchte-, Schall- und Wärmeschutz und erfüllen sicherheitsrelevante Anforderungen. So müssen sie unter anderem rutschhemmende Wirkung besitzen, schwer entflammbar sein und in Sachen Schadstoffemissionen strengen Kriterien genügen. Nicht zuletzt sind Bodenbeläge durch ihr Material, ihre Oberflächenstruktur und ihre Farbe wichtige Elemente der Gestaltung von Innenräumen und schaffen bestimmte optische und haptische Eindrücke. Obendrein können die Bewohner eines Hauses mit der Wahl bestimmter Bodenbeläge persönliche Einstellungen und Werte zum Ausdruck bringen, indem sie etwa ausschließlich Beläge aus nachwachsenden Rohstoffen verwenden.

Je nach Rohmaterial und stofflicher Beschaffenheit werden manche Arten von Bodenbelägen mit einer Versiegelung bzw. Deckschicht versehen, um sie strapazierfähiger zu machen. Dies geschieht etwa bei Bodenfliesen durch Glasuren, bei Parkett- und Holzdielenböden mit Hilfe von Ölen, Wachsen bzw. der Versiegelung. Dabei sind stets die Vorgaben des Herstellers zu befolgen. Um Schadstoffen begegnen zu können, ist zudem rechtzeitig die Zusammensetzung der Versiegelung/Deckschicht zu prüfen.

So kommt es etwa beim Verlegen eines Parkettfußbodens entscheidend auf die Einbaufeuchte des Holzes sowie die Luftfeuchtigkeit der Umgebung an. Parkett sollte darüber hinaus niemals auf der Baustelle gelagert und in Folie eingepacktes Parkett erst unmittelbar vor dem Verlegen ausgepackt werden! Generell ist bei Holzböden zu beachten, dass sie unterschiedlich auf Veränderungen der sie umgebenden Raumfeuchte reagieren und ungleichmäßig schwinden bzw. quellen. Dies ist etwa beim Ausbilden einer ausreichend breiten Randfuge zu beachten. Veränderungen des Holzes – unter anderem auch bedingt durch Fußbodenheizungen – können zu Spannungen und diese wiederum zur Bildung von unerwünschten Fugen im Fußboden führen. Dem lässt sich unter anderem durch die Wahl unempfindlicher Holzarten sowie kleinerer Elemente aus Massivholz entgegenwirken, die als Mosaik oder im Würfelverband verlegt werden.

SANIERUNG

Entdeckt der Bauherr den Mangel vor dem Verlegen der Nutzschicht, sollte er Unebenheiten verspachteln lassen. Ist der Belag bereits verlegt, kommt bei Holzbelägen ein Verschleifen betroffener Bereiche in Frage. In gravierenden Fällen hilft nur das Entfernen des Belags, eine fachgerechte Behandlung des Untergrundes und erneutes Verlegen.

FOLGESCHÄDEN

Es droht eine dauerhafte Beeinträchtigung der Gebrauchstauglichkeit. Hinzu kommen eine erhöhte Stolper- und damit Unfallgefahr.

E	V	Sanierung	Folgeschäden ohne Sanierung
Eher schwierig	Eher gering	Anschlussfuge vergrößern durch Schneiden der Parkettfläche	Evt. Hohllage des Parketts
Für Laien nahezu unmöglich	Sehr hoch	Nachträglicher Einbau der Sperrschicht und Erneuern des Parketts	Restfeuchte des Estrichs überträgt sich in das Parkett
Relativ gut	Eher gering	Nacharbeiten des Untergrunds	Stolperfalle, Unfallgefahr
Relativ gut	Eher gering	Sockelleiste ergänzen	—
Relativ gut	Eher gering	Anschluss mit sauberem Gehrungsschnitt erneuern	—
Relativ gut	Eher gering	Entfernen und Erneuern des Belags	—

HÄUFIGKEIT (H)
O<small>FT</small>

ERKENNBARKEIT (E)
Relativ gut

VERDECKUNGSGEFAHR (V)
Sehr hoch

Werden Garagenfundamente fehlerhaft verlegt, kann es zu statischen Problemen u.a. aufgrund unterschiedlicher Bodensetzungen kommen (im Bild: quer zur Hauswand verlaufendes Streifenfundament für Typengarage ohne Abfangung sowie auf Hinterfüllung der Baugrube statt auf gewachsenen Boden gegründet).

GARAGE / CARPORT

Neben dem Wetterschutz fürs Auto bieten Garagen und Carports oft auch Platz, um Gartengeräte und Fahrräder unterzustellen – oder lassen sich sogar als Dachterrasse nutzen.

HINTERGRUND

Zum Bau eines Hauses gehören für die meisten Menschen auch eine Garage oder ein Carport. Beide werden von den Herstellern jeweils mit einem oder mehreren Auto-Stellplätzen angeboten. Zwar braucht der fahrbare Untersatz nicht zwingend ein Dach über dem Kopf – allerdings kann ihn dieses vor Beschädigungen durch Unwetter, zum Beispiel Hagel, schützen. Zudem heizt sich ein in der Garage oder im Carport geparktes Auto im Sommer nicht wie ein Glutofen auf und kann im Winter ohne vorheriges Schneeschippen benutzt werden.

Egal ob Massivbau oder Fertigkonstruktion – Garagen haben im Vergleich zu Carports einige Vorteile. Das Auto ist in einer Garage zum einen besser vor Diebstahl und Vandalismus geschützt – dasselbe gilt für Witterungsunbilden wie Schnee und Eis. In einer Garage sind auch die Schläuche im Motorraum des Autos Marderbissen nicht schutzlos ausgeliefert. Eine Garage lässt sich zudem aufgrund ihrer meist größeren Abmessungen als Mehrzweckraum verwenden, zum Beispiel als Werkstatt bzw. zur Lagerung von Reifen. Nicht zu vernachlässigen ist außerdem die Tatsache, dass

WEITERE TYPISCHE MÄNGEL

Mangel	Bauschaden	H
Elektrozuleitung fehlt	Funktionsbeeinträchtigung	Sehr oft
Flachdach ohne ausreichendes Gefälle	Pfützenbildung auf dem Dach, mangelhafte Entwässerung	Sehr oft
Flachdach der Garage undicht	Eindringen von Niederschlagswasser	Oft

die Kfz-Versicherung Haltern eines Garagenfahrzeugs bei der Prämie einen Rabatt einräumt.

Auf der anderen Seite ist eine Garage meist deutlich teurer als ein Carport. Außerdem kann warme, feuchte Luft in schlecht belüfteten Garagen eher zur Bildung von Rost am Auto führen, während durch die offene Bauweise eines Carports Feuchtigkeit schneller abtransportiert wird. Dies macht sich vor allem dann bemerkbar, wenn der Hausbesitzer sein regennasses Fahrzeug im Carport abstellt und es bereits nach kurzer Zeit abgetrocknet ist.

Hinzu kommen ästhetische Gesichtspunkte: Ein Carport aus Holz lässt sich besser an die Gegebenheiten des Grundstücks anpassen und wirkt nicht so wuchtig. Handwerklich versierte Bauherren können obendrein die Selbstmontage ihres Carport-Bausatzes in Betracht ziehen und so weitere Kosten einsparen. Auf ein Betonfundament kann man in der Regel verzichten – der Carport benötigt lediglich Verankerungen für die tragenden Stützen. Übrigens: Wer auf Abstellflächen für Gartengeräte, einen Fahrradunterstand oder geschlossene Seitenwände nicht verzichten will, muss nicht zwingend auf eine Garage setzen, sondern findet längst auch im Carport-Bereich interessante Lösungen.

Sowohl Carports als auch Garagen sind meist mit einem Flachdach versehen, das ein leichtes Gefälle von ungefähr zwei Prozent besitzen muss, um Regen- und Schmelzwasser sicher abzuleiten. Extra-Tipp: Wer das Wasser über ein Fallrohr in eine Regentonne leitet, kann es anschließend im Garten verwenden.

Schwerer zu realisieren und tendenziell teurer sind begrünte Dächer, Solardächer sowie Dächer, die sich in Form (als Satteldächer) und Eindeckung (zum Beispiel Dachziegel oder Faserzementplatten) an das Haus anlehnen. Sie benötigen aufgrund der höheren Dachlast einen stabileren Unterbau. Im Gegenzug eröffnet dieser Unterbau die Möglichkeit, Flachdach-Konstruktionen begehbar zu gestalten und als Dachterrasse zu nutzen.

Sowohl Garage als auch Carport können entweder frei stehen oder ans Haus angeschlossen und über dieses betreten werden. Dabei kommen jedoch Aspekte der eigenen Sicherheit ins Spiel: Besitzt etwa die Garage einen direkten Zugang zum Wohnhaus, muss dieser ähnlich gut gesichert sein wie der Haupteingang.

Garagen und Carports werden am besten bereits bei der Planung des Hauses berücksichtigt. Bezüglich des Standorts (zum Beispiel an der Grundstücksgrenze) sollte rechtzeitig beim Bauamt nachgefragt werden, was erlaubt ist und was nicht. Je nach Bundesland kann es überdies nötig sein, vor Beginn der Arbeiten eine Baugenehmigung einzuholen.

SANIERUNG

Wegbaggern der fehlerhaften Fundamente und Neugründung der Garage

FOLGESCHÄDEN

Fundamente drücken im Beispielfall gegen die Hauswand und zerstören dort die ohnehin fehlerhafte ausgeführte Abdichtung. Wird der Mangel nicht behoben, steht zu erwarten, dass sich die Garage durch Bodensetzung oben an die Hauswand anlegt.

E	V	Sanierung	Folgeschäden ohne Sanierung
Relativ gut	Eher gering	Zuleitung nachträglich verlegen	Keine Nutzung der Elektrik möglich
Eher schwierig	Hoch	Nur bei statischer Belastung durch tiefe Pfützenbildung	Höhere Dauerbelastung der Dachbahn
Relativ gut	Eher gering	Reparatur bzw. Erneuerung der Dichtungsbahn	Durchfeuchtung der Konstruktion

Werden befestigte Flächen im Außenbereich nicht ordnungsgemäß, etwa mit starken Unebenheiten bzw. ohne Gefälle, hergestellt, drohen eine Einschränkung der Gebrauchstauglichkeit, u.a. durch die Bildung von Pfützen sowie eine erhöhte Unfallgefahr (im Bild: Stolpergefahr durch hohen Versatz am Regenwassereinlauf).

WEGE, ZUFAHRTEN UND EINFRIEDUNGEN

Ist das Haus endlich fertig, soll es auch bequem erreichbar sein. Bei der Planung von Wegen und Zufahrten ist deshalb unter anderem zu klären, wie stark sie genutzt, wie sie entwässert und beleuchtet werden sollen. Dann müssen nur noch die Handwerker mitspielen ...

HINTERGRUND

Die Außenanlagen sind eine der Visitenkarten des Hauses. Eine wesentliche Rolle spielen dabei die Art sowie die Gestaltung von Zufahrten und Wegen. Gehwege sollten aus rutschfestem, trittsicherem und langlebigem Material bestehen. Geeignet sind unter anderem Naturstein (zum Beispiel Granit) oder aus Ton gebrannte Pflasterklinker.

Da Zufahrten (Fahrwege) höheren Beanspruchungen ausgesetzt sind als Gehwege, werden sie oft aus einem widerstandsfähigeren Material hergestellt. Für die Einfahrt zur Garage oder dem Carport eignen sich Schotter oder Kies, die sich zum Beispiel mit Wabenplatten fixieren lassen. Gängige Beläge sind auch Pflaster- und Rasenkammersteine, Natursteinplatten sowie Pflasterklinker auf einem Fundament aus Kies oder Splitt. Bei sehr befahrenen Einfahrten kann sogar eine Asphaltschicht in Frage kommen.

Die Breite von Fahr- und Gehwegen sollte sich an ihrer Nutzung orientieren. So sollte etwa eine Garagenzufahrt ausreichend dimensioniert sein, um keine „Balanceakte" des Hausbesitzers zu erfordern. Dazu gehört eine voll-

WEITERE TYPISCHE MÄNGEL

Mangel	Bauschaden	H
Plattenbeläge mit Gefälle zum Haus verlegt	Feuchteschäden im Sockelbereich bzw. Untergeschoss	Sehr oft
Entwässerung des Grundstücks vom Regenwasser nicht ordnungsgemäß	Versumpfung des Grundstücks, Moosbildung	Sehr oft
Keine fachgerechte Rigole ausgebildet	Unkontrolliertes Versickern des Regenwassers	Sehr oft
Einfriedungen nicht ordnungsgemäß hergestellt	Konstruktion hält Belastungen nicht stand	Oft

flächige Befestigung im Bereich der Einfahrt, die im weiteren Verlauf in eine befestigte Fahrspur übergehen kann. Der Gehweg vom Gartentor zum Hauseingang sollte so breit sein, dass zwei Personen bequem nebeneinander gehen können, also mindestens 1,20 Meter. Diese Breite ist für einen normalen Gartenweg natürlich nicht erforderlich. Wichtig: Zu viele und zu breite Wege verkleinern die nutzbare Grundstücksfläche!

Beim Anlegen von Wegen spielt deren Entwässerung eine entscheidende Rolle. Oberflächenwasser durch Niederschläge muss schnell ablaufen können, zum Beispiel durch ausreichend dimensionierte Fugen bzw. eine geringe Querneigung des Weges. Zudem ist für einen ausreichend starken Unterbau der Wege zu sorgen (zum Beispiel aus Splitt, Kies oder Schotter), damit sich die Platten bei Frost nicht heben oder sogar brechen. Aufpassen: Je bindiger der Boden ist, desto dicker muss der Unterbau sein (im Normalfall 15 bis 20 Zentimeter).

Regenwasser, das nicht ohne Weiteres im Boden versickern kann, lässt sich über eine Rohrleitung in eine Rigole einleiten – einen unterirdischen Speicher, der mit Kies, Sand oder Lavagestein ausgekleidet ist. Eine Rigole nimmt Niederschlagswasser auf und lässt es gezielt versickern. Damit sie sich im Lauf der Zeit nicht zusetzt, ist ein Feststoffsammler bzw. Sandfang anzubringen, der Schmutz, Steine, Kies etc. aus dem Regenwasser herausfiltert.

Vor allem in der dunklen Jahreszeit ist es ratsam und hilfreich, das Wegesystem zum Beispiel mit Hilfe von Bewegungsmeldern gut auszuleuchten, um Unfälle zu vermeiden. Dies kann über ein System aus Solarlampen erfolgen, dessen Leistung jedoch besonders im Winter an seine Grenzen stößt. Deshalb kommt auch ein über das eigene Stromnetz betriebenes Beleuchtungssystem in Frage.

Unter Einfriedungen versteht man Mauern, Hecken und Zäune, die zum einen der Abgrenzung und Sicherung des Grundstücks dienen, zum anderen als Gestaltungselemente (zum Beispiel Sichtschutz) fungieren. So sind je nach Vorliebe und Geldbeutel Zäune aus Holz, Eisen, Edelstahl oder Plexiglas zu haben. Bei Holzzäunen (zum Beispiel aus Lärche oder Kastanie) sollte unbedingt auf die Witterungsbeständigkeit geachtet werden. Übrigens: Eine rechtliche Pflicht zum Anbringen einer Einfriedung besteht nur gegenüber öffentlichen Wegen und Flächen.

SANIERUNG

Unebenheiten jenseits zulässiger Toleranzen sind auszugleichen. Um der Pfützenbildung entgegenzuwirken bzw. diese zu vermeiden, ist das Herstellen eines ausreichenden Gefälles erforderlich, so dass das Niederschlagswasser abfließen und versickern kann.

FOLGESCHÄDEN

Werden betroffene Bereiche nicht saniert, ist die Gebrauchsfähigkeit dauerhaft eingeschränkt und die Unfallgefahr erhöht. Im Bereich von Pfützen kommt es unter anderem zu verstärkter Moosbildung.

E	V	Sanierung	Folgeschäden ohne Sanierung
Eher schwierig	Eher gering	Verlegen einer Dränrinne zum Haus	Putzschäden o.ä.
Eher schwierig	Hoch	Nachträgliches Herstellen einer ordnungsgemäßen Entwässerung	—
Für Laien nahezu unmöglich	Sehr hoch	Verlegen einer offenen Rinne	—
Eher schwierig	Eher gering	Raparatur bzw. Erneuerung	—

HÄUFIGKEIT (H)
Oft
ERKENNBARKEIT (E)
Relativ gut
VERDECKUNGSGEFAHR (V)
Eher gering

Besteht der Belag einer Terrasse aus einem ungeeigneten Material oder wird er nicht fachgerecht auf dem Untergrund verlegt, kann es unter anderem zu Unebenheiten und Rissen kommen.

TERRASSE

Eine Terrasse ist der perfekte Ort, um in der warmen Jahreszeit gemeinsam zu essen, den Anblick des Gartens zu genießen und die Seele baumeln zu lassen. Damit die Freude nicht getrübt wird, sollte der Bauherr bereits bei der Planung die Weichen richtig stellen.

HINTERGRUND

Im privaten Wohnungsbau versteht man unter einer Terrasse eine Plattform auf oder unter der Höhe des Erdgeschosses, die für den Aufenthalt im Freien vorgesehen ist. Sie kann zum Beispiel durch den überhängenden Balkon eines Obergeschosses überdacht oder nach oben offen sein.

Als architektonisches Element hat die Terrasse in der Regel die Aufgabe, eine Verbindung zwischen Haus und Garten herzustellen. Sie wird in der Regel als vor Wetter-einflüssen geschützter Bereich gestaltet, wozu eine (teilweise) Überdachung bzw. die Beschattung mittels einer Markise oder Pergola beitragen.

Als Untergrund benötigen alle Terrassen eine etwa 25 Zentimeter starke Tragschicht aus Mineralgemisch. Als Terrassenbeläge kommen zum Beispiel Fliesen, Naturstein, Betonplatten oder Holzdielen in Frage. Während Fliesen für den Außenbereich geeignet, frostsicher und rutschhemmend sein müssen, sollten Bauherren bei einem Holzbelag

WEITERE TYPISCHE MÄNGEL

Mangel	Bauschaden	H
Bei gefliester Terrasse keine Dränagematte zwischen Betonplatte und Fliesen eingebracht	Eindringende Feuchtigkeit, Feuchteflecken, Ausblühungen, Abplatzungen	Sehr oft
Fliesenmörtel nicht hohlraumfrei aufgebracht	Eindringende Feuchtigkeit	Sehr oft
Fliesen aus Steinzeug nicht abriebfest genug bzw. nicht frostsicher	Mechanische Beschädigungen, Frostschäden	Oft
Holzdielenbelag mit nicht ausreichendem Unterbau verlegt (z. B. Latten zu weit auseinander)	Terrassenboden instabil, „federt" beim Gehen	Sehr oft

vor allem auf die vorherige Behandlung des Holzes mit wetterfester Lasur achten. Attraktive Designs bieten Betonplatten aufgrund der Tatsache, dass sich ihre Oberfläche gut bearbeiten lässt (zum Beispiel durch Strahlung oder Marmorierung). Natursteinplatten sind robust und verbreiten mediterranes Flair. Wie Betonplatten sind sie leicht zu verlegen, langlebig und pflegeleicht.

Beläge aus Holz werden auf eine Unterkonstruktion aus Kanthölzern geschraubt, die im Abstand von ca. 50 Zentimetern parallel verlaufen und für die nötige Stabilität sorgen. Da Holz arbeitet, sollten Unterkonstruktion und Terrassendielen möglichst aus dem selben Holz hergestellt sein. Kommen verschiedene Hölzer zum Einsatz, sollten diese zumindest ein ähnliches Quell- und Schwundverhalten aufweisen. Die Latten der Unterkonstruktion müssen bei weicheren Belägen in geringerem Abstand verlegt werden, um ein späteres Federn zu verhindern.

Neben der festen Verlegung (zum Beispiel dem Aufkleben eines Fliesenbelags) besteht für viele Beläge die Möglichkeit des losen Verlegens. Dabei wird der Belag vom Untergrund getrennt, indem die einzelnen Platten zum Beispiel auf Stelzlagern verlegt werden. Dies erspart nicht nur Fugenmaterial bzw. Mörtel, auf diese Weise lassen sich die Platten druckstabil und geräuschhemmend lagern, Frostschäden vorbeugen und teilweise Unebenheiten des Untergrunds mit Hilfe von Ausgleichsscheiben o.ä. begradigen.

Da Außenbeläge von Terrassen nicht wasserdicht sind, müssen sie durch passende Dränagesysteme (zum Beispiel mit einem Vlies kaschierte Kunststofffolien) ergänzt werden – sonst drohen Wasserschäden. Dieses dringt insbesondere durch die Fugen und an Anschlussbereichen zu Türen ein. Sowohl für verklebte als auch lose verlegte Beläge stehen Produkte zur Verfügung, die jeweils zwischen Belag und Unterkonstruktion einzubringen sind. An dieser Stelle sollten Bauherren besonders genau hinschauen, denn viele Balkon- und Terrassenböden sind – oft ausgelöst durch fehlende Dränagen – bereits nach kurzer Zeit Sanierungsfälle. Schon kleinere Planungs- oder Ausführungsfehler können zur Ablösung des Belages, Abplatzungen bzw. Ausblühungen führen.

SANIERUNG

In solchen Fällen sind fehlerhafte Beläge gegen geeignetes Material auszutauschen bzw. nicht ordnungsgemäß verlegte Beläge fachgerecht nachzuarbeiten.

FOLGESCHÄDEN

Liegt der Belag einer Terrasse nicht plan auf dem Untergrund bzw. (bei Belägen aus Holz) der Unterkonstruktion auf, stellt dies zum einen eine optische Beeinträchtigung dar. Zum anderen erhöht sich unter Umständen die Stolper-/Unfallgefahr. Bei nicht fachgerechter Verlegung kann schließlich der Belag beim Betreten wackeln.

E	V	Sanierung	Folgeschäden ohne Sanierung
Relativ gut	Sehr hoch	Schaffung eines starken Gefälles	Ablösen des Belages Frostschäden
Für Laien nahezu unmöglich	Sehr hoch	Injektionen in Hohlräume	Absprengungen von Fliesenteilen bei Frost
Für Laien nahezu unmöglich	Eher gering	Erneuern des Belages	Abplatzen der Oberflächen bzw. Reißen der Fliesen
Eher schwierig	Sehr hoch	Integration zusätzlicher Traglatten in die Zwischenräume	Bruch von Teilflächen

DIE ABNAHME:

DREH- UND ANGELPUNKT

Auf diesen Tag hat der Bauherr gewartet: Er bekommt sein fertiges Haus übergeben. Die Freude darüber sollte ihm jedoch nicht den Blick für die Realität trüben. Bei der Abnahme gilt es, noch einmal kritisch hinter die Fassade zu blicken und den Vertragspartner mit Mängeln zu konfrontieren. Eine voreilige Unterschrift kann sich rächen – denn danach muss der frischgebackene Hausherr dem Unternehmer jeden Baumangel mühsam nachweisen.

ARTEN DER ABNAHME

Die offizielle Bauabnahme ist neben der Unterzeichnung des Vertrags der wichtigste Rechtsakt beim Bauen. Der Begriff „Abnahme" bedeutet zum einen, dass der Besteller, also der Bauherr beziehungsweise Käufer, das Werk, also das Haus, als im Wesentlichen vertragsgemäß akzeptiert, in Besitz nimmt und bezahlt. Im Alltag ist häufig auch von „Übergabe" die Rede. Das ist jedoch nicht dasselbe und bedeutet lediglich, dass dem Bauherren die Schlüssel ausgehändigt werden.

Keine Form vorgeschrieben

Das Bürgerliche Gesetzbuch (BGB) regelt nur, dass eine Abnahme stattzufinden hat – allerdings schreibt es keine Form vor. Deshalb sollte sich der Bauherr schon im Vertrag eine sogenannte „förmliche"

Abnahme zusichern lassen. Die VOB/B trifft dagegen explizite Regelungen. Eine förmliche Abnahme ist jedoch ebenfalls nur dann erforderlich, wenn eine Vertragspartei sie ausdrücklich verlangt – was Bauherren dringend zu empfehlen ist.

Förmliche Abnahme

Die Abnahme eines Hauses sollte stets auf der Baustelle stattfinden. Kluge Bauherren haben sich bereits vor dem offiziellen Abnahmetermin schlau gemacht und sind mit einem neutralen Sachverständigen mindestens einmal auf der Baustelle gewesen. Hier haben sie die Arbeiten sorgfältig in Augenschein genommen und eine detaillierte Mängelliste erstellt, die sie dem Vertragspartner beim offiziellen Abnahmetermin präsentieren.

Alternativ kann der Bauherr den Unternehmer bereits vorab über Mängel informieren, die er bei der Begehung entdeckt hat. Dies gibt diesem die Möglichkeit, die Mängel bis zum offiziellen Abnahmetermin beseitigen zu lassen und so möglicherweise um einen zweiten Abnahmetermin herumzukommen.

Wichtig: Der Bauherr hat ausdrücklich das Recht, zur offiziellen Abnahme einen von ihm beauftragten neutralen Sachverständigen mitzubringen – und sollte dieses nach Möglichkeit wahrnehmen.

BEHÖRDLICHE ABNAHME

Früher war eine behördliche Abnahme gang und gäbe, heute ist sie jedoch im Einfamilienhausbau kaum noch üblich. Bei dieser Art Abnahme schickt die Baubehörde einen Mitarbeiter und lässt prüfen, ob konstruktive Teile beziehungsweise der Rohbau oder das fertige Haus den Vorschriften des öffentlichen Rechts (zum Beispiel der Landesbauordnung oder der Energieeinsparverordnung) entsprechen. In diesem Fall stellt die Behörde einen Abnahmeschein aus. Nicht geprüft wird von der Behörde allerdings, ob das Gebäude auch dem entspricht, was der Bauherr bestellt und bezahlt hat. Dies fällt in den Bereich des Zivilrechts!

Abnahmeprotokoll

Teil der förmlichen Bauabnahme ist das sogenannte Abnahmeprotokoll. Darin sollen alle Mängel aufgelistet werden, die dem Bauherren bekannt beziehungsweise

für ihn offensichtlich sind. Was viele nicht wissen: Dazu gehören auch Mängel, die bereits bei früheren Begehungen festgestellt, eventuell sogar schriftlich festgehalten und noch nicht ordnungsgemäß beseitigt wurden! **Tipp:** Auch ausstehende Restarbeiten stellen in diesem Fall Mängel dar und gehören ins Abnahmeprotokoll (siehe auch Interview „Mündliche Zusagen sind nicht relevant", Seiten 202/203).

Der Bauherr darf allerdings bei der Abnahme nicht einfach nur allgemein an seinem Haus herummäkeln – sondern muss konkrete Angaben dazu machen, was ihn stört: der unebene Boden, ein schlecht schließendes Fenster oder schiefsitzende Fliesen. Fachleute sprechen hier auch von „Mängelsymptomen".

Benennt der Bauherr Mängel dagegen nicht, vergibt er seine Rechte auf Nachbesserung beziehungsweise Minderung. Er kann später nur noch Schadenersatz verlangen, muss diesen jedoch vor Gericht einklagen, was in der Regel langwierig und obendrein riskant ist.

Gibt er jedoch Mängel zu Protokoll, muss sich der Bauherr entscheiden, ob er sie für so wesentlich hält, dass er die Abnahme verweigert – oder ob er das Haus trotzdem abnimmt. Üblich ist eine Formulierung im Protokoll, wonach er das Haus abnimmt, sofern die darin beschriebenen Mängel nachfolgend beseitigt werden. Anders gesagt: Er muss sich bei der Abnahme die Beseitigung der Mängel vorbehalten. Das gilt ebenso für Vertragsstrafen bei Zeitverzug – egal, ob der Bauherr zu diesem Zeitpunkt vorhat, diese überhaupt geltend zu machen.

Zweiter Abnahmetermin

Beanstandet der Bauherr bei der Abnahme Mängel, vereinbaren die Parteien in der Regel einen weiteren Termin, bis zu dem diese beseitigt sein müssen. Auch zu diesem sollte der Bauherr einen Sachverständigen mitnehmen, der beurteilen kann, ob die beim vorigen Mal festgestellten Schäden ordnungsgemäß behoben wurden. Erst dann wird das Haus offiziell abgenommen.

 ZWISCHENABNAHMEN NACH MÖGLICHKEIT VERMEIDEN

Vorsicht ist geboten, wenn der Vertragspartner Zwischenabnahmen nach Baufortschritt verlangt. Auch diese haben rechtliche Bindungskraft. Nimmt der Bauherr Gewerke getrennt ab, werden auch unterschiedliche Gewährleistungsfristen in Gang gesetzt, was zu erheblichen Nachteilen führen kann. Bauherren beziehungsweise Erwerber sollten deshalb lediglich eine rechtsgeschäftliche Abnahme nach Fertigstellung des Hauses durchführen.

Formlose Abnahme

Insbesondere Schlüsselfertiganbieter versuchen immer wieder, ihre Kunden zu einer formlosen Bauabnahme zu drängen. Dies spare angeblich Zeit – ist aber Bauherren nicht zu empfehlen. Bei der formlosen Abnahme ist ein Abnahmeprotokoll nicht zwingend erforderlich. Auftraggeber

und Auftragnehmer nehmen lediglich das fertiggestellte Haus in Augenschein und verständigen sich einvernehmlich auf das weitere Vorgehen. Das bedeutet, sie einigen sich entweder auf

- eine Abnahme ohne Vorbehalt,
- eine Abnahme unter dem Vorbehalt, dass Restarbeiten fertiggestellt oder Mängel behoben werden.

Konkludente Abnahme

Eine konkludente Abnahme liegt – sowohl nach BGB als auch nach VOB/B – vor, wenn der Bauunternehmer aufgrund des Verhaltens des Auftraggebers davon ausgehen kann, dass dieser das Haus abgenommen hat. Dies ist etwa dann der Fall, wenn der Auftraggeber in sein Haus einzieht, die Schlussrechnung bezahlt beziehungsweise den Handwerkern ein abschließendes Trinkgeld überreicht. Von einer konkludenten Abnahme ist ebenfalls auszugehen, wenn der Bauherr von seinem Vertragspartner eine Preisminderung oder Schadenersatz verlangt. In jedem Fall wird bei einer konkludenten Abnahme der Wille unterstellt, das Haus abzunehmen.

Fiktive Abnahme

Eine gesetzlich geregelte Form der fiktiven Abnahme enthält § 640, Abs. 1, Satz 3 BGB: Danach gilt das Werk als abgenommen, wenn der Auftraggeber die Werkleistung nicht innerhalb einer vom Auftragnehmer angemessen gesetzten Frist abnimmt, obwohl das Werk bereits abnahmereif ist.

Eine zweite Variante speziell für Streitfälle findet sich in § 641a BGB: Demnach gilt das Haus ebenfalls als abgenommen, wenn ein Gutachter/Sachverständiger bescheinigt, dass es vertragsgemäß fertiggestellt und frei von den Mängeln ist („Fertigstellungsbescheinigung"). Das gilt auch dann, wenn der Auftraggeber beziehungsweise der von ihm beauftragte Fachmann bei der Besichtigung Mängel festgestellt hat.

Der Gutachter wird entweder von beiden Parteien bestimmt oder auf Antrag des Unternehmens durch eine Industrie- und Handelskammer, eine Handwerks-, Architekten- oder Ingenieurkammer. Den Auftrag für das Gutachten erteilt das Unternehmen. Da jedoch unklare vertragliche Regelungen dem technischen Gutachter häufig die Entscheidung erschweren, welche Leistungen der Unternehmer hätte erbringen müssen, wird dieser Weg nur relativ selten beschritten.

VOB/B: Zwölf Tage Zeit

Für VOB/B-Verträge gilt: Teilt der Bauunternehmer schriftlich mit, dass der Bau fertig ist und zur Abnahme bereit steht, muss der Bauherr diese innerhalb von zwölf Werktagen vornehmen – es sei denn, eine andere Frist wurde vereinbart (§ 12, Abs. 1 VOB/B). Lässt der Bauherr die zwölf Werktage verstreichen, gilt der Bau als „fiktiv" abgenommen (§ 12, Abs. 5 VOB/B). Davon ist auch auszugehen, wenn der Bauherr nach der Mitteilung des Bauunternehmers innerhalb von zwölf Tagen die Schlussrechnung bezahlt.

Eine fiktive Abnahme kann schließlich auch dann unterstellt werden, wenn der Bauherr in sein neues Heim einzieht. Hier gilt eine Frist von sechs Werktagen, bis der Bau als abgenommen gilt.

Im Unterschied zur konkludenten Abnahme wird die fiktive Abnahme auch bei einem gegenteiligen Willen des Auftraggebers angenommen. Der Bauherr kann das Eintreten der fiktiven Abnahme verhindern, indem er entweder eine förmliche Abnahme durchführt oder innerhalb der jeweiligen Frist Mängel schriftlich rügt beziehungsweise eine Vertragsstrafe geltend macht.

RECHTSFOLGEN DER ABNAHME

Ist das Haus abgenommen, bedeutet das, dass der Unternehmer sein „Werk" fertiggestellt hat und dem Auftraggeber die Rechnung übergeben darf. Der Bauherr beziehungsweise Auftraggeber erklärt mit der Abnahme, dass die beauftragte Leistung frei von Sachmängeln ist und der vereinbarten Beschaffenheit entspricht. Daher sollte er sich bei der Abnahme unbedingt von seinem Architekten beziehungsweise einem Sachverständigen technisch beraten lassen.

Fälligkeit des Baupreises

Nimmt der Bauherr sein Haus ab, hat der Bauunternehmer Anspruch auf die vereinbarte Bezahlung. Diese wird mit der Abnahme fällig. Bei BGB-Verträgen hängt die Fälligkeit nicht davon ab, dass der Unternehmer eine prüffähige Schlussrechnung vorlegt – ganz im Gegensatz zu Verträgen nach VOB/B.

„Prüffähig" im Sinn der VOB/B bedeutet: Die Rechnung muss übersichtlich sein und die in den Vertragsbestandteilen enthaltenen Bezeichnungen verwenden. Um Art und Umfang der erbrachten Leistungen nachzuweisen, muss der Unternehmer Mengenberechnungen, Zeichnungen und andere Belege beifügen. In der Rechnung besonders kenntlich zu machen sind Änderungen und Ergänzungen des Vertrages – diese sind auf Verlangen des Auftraggebers getrennt abzurechnen. Die genannten Kriterien sollen gewährleisten,

dass der Bauherr ohne Weiteres nachvollziehen kann, ob der Vergütungsanspruch berechtigt ist oder nicht.

Da der Bauherr in der Regel bereits während der Bauphase Abschlagszahlungen geleistet hat, werden diese gegen die Gesamtsumme aufgerechnet – der Bauherr ist dem Vertragspartner dann nur noch die Differenz beziehungsweise Schlussrate schuldig. Deren Zahlung darf er nur verweigern, wenn er das Haus nicht abnimmt. Dafür wiederum muss er wesentliche Mängel ins Feld führen.

Zurückbehaltungsrecht nutzen

Wer das vom Unternehmer geschuldete Werk dagegen als im Wesentlichen vertragsgemäß billigt, darf die Zahlung nicht verweigern. Der Bauherr darf bei Mängeln jedoch von seinem Zurückbehaltungsrecht Gebrauch machen und einen angemessenen Teil der Schlussrate einbehalten, bis die Mängel beseitigt sind. Als „angemessen" gilt in der Regel das Doppelte der geschätzten Mängelbeseitigungskosten (§ 641, Abs. 3 BGB).

Beginn der Gewährleistungsfrist

Mit der Unterzeichnung der offiziellen Bauabnahme geht der Bauvertrag vom Erfüllungs- in das Gewährleistungsstadium über. Damit beginnt die Verjährungsfrist für Baumängel. Sie beträgt bei Neuverträgen fünf Jahre, bei vor 2009 nach VOB/B abgeschlossenen Verträgen teilweise nur

INFO   EnEV 2009: Mängelzahl steigt mit gesetzlichen Anforderungen

Die aktuelle Energieeinsparverordnung (EnEV 2009) bildet die wesentliche rechtliche und planerische Grundlage für Neubauten. Sie schreibt unter anderem einen um 30 Prozent geringeren Jahresbedarf an Primärenergie vor als die EnEV 2007. Für jeden Neubau ist deshalb eine umfassende Energiebilanz zu erarbeiten. Diese wird in einem Energiebedarfsausweis zusammengefasst, der Teil des bautechnischen Nachweises ist und von qualifizierten Fachleuten ausgestellt werden muss. Erfahrungen aus der Praxis zeigen, dass mit steigenden gesetzlichen Anforderungen Anzahl und Umfang von Schäden zunehmen. Schwerpunkte sind die Gebäudehülle und die Gebäudetechnik, die der Heizung und Warmwasserbereitung dient.

Die 2011 erstellte Studie „Schäden beim energieeffizienten Bauen und Modernisieren" des Bauherrenschutzbunds e. V. und des Instituts für Bauforschung (IFB) ergab, dass Schäden sowohl auf Planungs- als auch auf Ausführungsfehler zurückgehen.

Unter **Planungsfehlern** versteht man fehlerhafte Architekten- oder Ingenieurleistungen. Hier stießen die Experten auf fehlende oder mangelhafte Planungen, Voruntersuchungen sowie Berechnungen. Schwerpunktmäßig handelte es sich um folgende Mängelbereiche:

- Planung der Wärmedämmung (insbesondere WDVS)
- Wärmeschutzberechnung
- Haustechnik/regenerative Energien (vor allem Dimensionierung der Anlage zur Wärmegewinnung, Planung der Leitungsverlegung)
- Lüftungskonzept

Beim Thema **Ausführungsfehler** wurde geprüft, ob örtliche, öffentlich-rechtliche und vertragliche Rahmenbedingungen sowie technische Erfordernisse eingehalten wurden. Mängel traten vor allem in folgenden Bereichen auf:
- Wärmedämmung
- Luftdichtheit der Gebäudehülle
- Haustechnik/regenerative Energien

Als Schadenschwerpunkte in Sachen **Wärmedämmung** erwiesen sich:
- Bauteilanschlüsse und Bauteilabschlüsse
- Bauteilübergänge
- geplante Wechsel der Schichtdicke oder Wärmeleitfähigkeit (Wärmeleitgruppe)
- geplante Wechsel des Wärmedämmprodukts
- Durchdringungen der Wärmedämmung

Im Bereich **Luftdichtheit** ergaben sich folgende Schwerpunkte:

- Bauteilanschlüsse und Bauteilabschlüsse
- Bauteilübergänge
- Durchdringungen der luftdichten Ebene
- Materialkombinationen, insbesondere Klebeverbindungen

Im Bereich **Haustechnik/regenerative Energien** zählen zu den besonders fehlerbehafteten Bereichen:
- Anschlüsse der Anlagen an den Baukörper
- Fehlerhafter Materialeinsatz
- fehlerhafte Dimensionierung der Anlagentechnik

Auftretende Mängel und Schäden haben weitreichende Folgen. Dazu gehören laut Studie vor allem:
- Überschreiten des geplanten Energiebedarfs, dadurch höhere Energiekosten
- Folgeschäden, insbesondere Feuchteschäden und Schimmelbefall
- Verfehlen von Fördervoraussetzungen/Verlust von Fördermitteln sowie drohende Schadenersatzansprüche
- Wertminderung des Gebäudes aufgrund verminderten Komforts

(Quelle: Bauherrenschutzbund e. V.)

vier Jahre. Das heißt: Machen sich während der Verjährungsfrist Mängel bemerkbar, stehen dem Bauherren bestimmte Rechte zu (unter anderem auf Beseitigung der Mängel).

Behält sich der Bauherr im Abnahmeprotokoll die Beseitigung ihm bis dahin bekannter Mängel vor, beginnt die Gewährleistungsfrist für diese Mängel erst nach ihrer erfolgreichen Beseitigung.

Umkehr der Beweislast

Zugleich „dreht" sich mit der Abnahme die Beweislast in Richtung Bauherr: Ab sofort ist es an ihm, dem Bauunternehmer Mängel nachzuweisen, während bis dato der Unternehmer beweisen musste, dass er mangelfrei gearbeitet hat.

Treten Mängel nach erfolgter Abnahme auf, sind Konflikte programmiert: Der Unternehmer wird die Haftung für Kratzer und Fehlstellen mit dem Argument ablehnen, diese seien erst nach dem Einzug (Ingebrauchnahme) entstanden. Hinzu kommt: Lassen sich in der Gewährleistungsfrist auftretende Mängel nicht eindeutig einem Verursacher zuordnen, zieht der Bauherr meist den Kürzeren, denn er ist in der Beweispflicht.

Übergang der Lasten

Schließlich geht mit dem Tag der Abnahme die „Gefahr des zufälligen Untergangs" der Leistungen auf den Bauherren über. Das heißt, er muss sein Haus von nun an selbst gegen Sturm, Brand, Diebstahl oder Vandalismus versichern.

VERWEIGERUNG DER ABNAHME

Die Bauabnahme ist im § 640 Abs.1 BGB gesetzlich geregelt. Laut BGB muss jemand, der ein Haus bauen lässt (laut BGB der „Besteller"), das Werk auch abnehmen. Das heißt, er ist zur Abnahme verpflichtet, sobald der Bauunternehmer seinen Bauvertrag erfüllt hat, das Haus also fertig ist.

Selbst unwesentliche Mängel sind laut BGB dann kein Grund, die Abnahme zu verweigern. Dagegen steht Bauherren sowohl nach BGB als auch nach VOB/B bei wesentlichen Mängeln das Recht zu, die Abnahme zu verweigern. Welche Mängel allerdings unwesentlich sind und welche gravierend, das führt ebenso häufig zum Streit wie die Frage, wann ein Haus wirklich fertig ist.

 ### WERKLOHN TROTZ VERWEIGERUNG FÄLLIG

Nach einer Entscheidung des Bundesgerichtshofs (BGH) kann der Werklohn fällig werden, auch wenn der Bauherr die Abnahme zu Recht verweigert hat. Das ist dann der Fall, wenn der Bauherr nicht mehr auf seinem Erfüllungsanspruch besteht, sondern wegen der mangelhaften Leistung nur noch Schadenersatz oder Minderung verlangt (Az. VII ZR 315/01).

Haus nicht fertig

In den vergangenen Jahren haben sich am Bau zum Teil Verfahrensweisen etabliert, die eindeutig nicht im Sinne privater Bauherren sind. So drängen beispielsweise viele Bauunternehmer auf eine Abnahme des Hauses, obwohl wichtige Dinge noch gar nicht erledigt sind. Oft fehlen die Außenanlagen, die Befestigung der Wege, die Einfriedung des Grundstücks, manchmal müssen noch Treppengeländer oder Vordächer montiert werden, gelegentlich funktioniert auch die Heizung noch nicht.

Klipp und klar gilt: Solche unfertigen Häuser muss der Bauherr nicht abnehmen. Was alles zu einem fertigen Gebäude gehört, das steht im Bauvertrag. Ein böses Erwachen erlebt der Bauherr allerdings, wenn er plötzlich feststellt, dass sein Vertrag gar nicht vollständig ist! Sind etwa die Außenanlagen im Vertrag gar

nicht erwähnt, muss sie der Bauunternehmer auch nicht ausführen. Das Haus gilt dann also ohne Außenanlagen als fertig, und der Bauunternehmer hat einen Anspruch auf die Abnahme.

Wesentliche Mängel

Abnehmen muss der Bauherr den Bau letzten Endes fast immer. Nur bei sogenannten wesentlichen Mängeln darf er die Abnahme verweigern. Nach Angaben des Verbands privater Bauherren e. V. ist das jedoch bei weniger als zehn Prozent der Häuser der Fall. Ein wesentlicher Mangel liegt beispielsweise vor, wenn

- das fertige Haus keine Baugenehmigung besitzt,
- der Wärme- oder Schallschutznachweis fehlt,
- der Keller nicht wasserdicht ist,
- die Dachneigung erheblich von den Vorgaben abweicht,
- Bauteile wie WC oder Geschosstreppe fehlen,
- das Haus nicht den geforderten KfW-Standard erreicht oder
- die im Vertrag zugesicherten Hausanschlüsse nicht ausgeführt wurden.

Rund ein Drittel aller Häuser weist bei der Abnahme keine wesentlichen, wohl aber kleinere Mängel auf. Diese müssen nachgebessert werden, lassen sich aber häufig schnell beheben. Bei kleineren Mängeln kann die Abnahme nur im Ausnahmefall verweigert werden – wenn es nämlich so viele davon gibt, dass ein Einzug schon aufgrund des zu erwartenden Aufkommens an Handwerkern noch nicht zumutbar ist.

Um wesentliche von unwesentlichen Mängeln abzugrenzen, lassen sich unter anderem folgende Kriterien heranziehen:

- Höhe der Mangelbeseitigungskosten,
- Grad der Beeinträchtigung von Funktion oder Gebrauchsfähigkeit des Hauses,
- Ausmaß optischer Beeinträchtigungen,
- Risiko von Folgeschäden.

MÜNDLICHE ZUSAGEN SIND NICHT RELEVANT

Die Abnahme eines Hauses erfolgt nach bestimmten Regeln. Der Bauherr tut gut daran, sich sorgfältig darauf vorzubereiten. Dipl.-Ing. Reimund Stewen, Vorstandsmitglied des Verbands privater Bauherren e. V. aus Köln, erklärt, auf welche Punkte besonders zu achten ist und gibt Einblicke in die Baustellenpraxis.

Was raten Sie Bauherren im Hinblick auf die Abnahme ihres Hauses?

Der Bauherr beziehungsweise Erwerber sollte sich vor dem Termin die Bau- und Leistungsbeschreibung nochmals anschauen und seine Sonderwünsche parat haben. Sinnvoll ist es zudem, wenn er im Vorfeld eine Liste aufstellt, in die er Fragen, Anmerkungen und Mängelpunkte einträgt. Dabei sollte er raumweise vorgehen – und zwar von oben beginnend im Uhrzeigersinn nach unten. Ich empfehle dringend, spätestens zu diesem Zeitpunkt einen unabhängigen Sachverständigen zu beauftragen, der Mängel entdecken und beurteilen kann, ob das Haus abnahmereif ist. Schließlich sollte der Termin der Abnahme so festgelegt werden, dass weder Bauherr noch Unternehmer zeitlich unter Vollzugsdruck stehen.

In welcher Reihenfolge geht man bei der Abnahme vor?

Zunächst begeben sich alle Teilnehmer in den obersten rechten Raum des Hauses, wo relevante Punkte, darunter auch Mängel, angesprochen und geprüft werden. Anschließend bewegen sich alle im Uhrzeigersinn raumweise nach unten und nehmen sich anschließend das Gebäude von außen vor. Danach haben die Parteien Gelegenheit, offene Fragen zu klären, gegebenenfalls Schadenersatz anzumelden und eine eventuell verspätete Fertigstellung samt finanzieller Folgen ins Abnahmeprotokoll aufzunehmen. Zum Schluss unterschreiben die Vertragspartner das Protokoll und definieren den Zeitraum, der für die Beseitigung von Mängeln benötigt wird.

Was ist, wenn das Haus beziehungsweise Außenanlagen zum Termin der Abnahme noch gar nicht fertiggestellt sind?

Grundsätzlich sollte ein Haus zur Abnahme bezugsfertig sein. Dazu gehört, dass Wasser und Abwasser sowie Heizung und Strom funktionieren. Ferner sollte das Haus unfallfrei erreichbar sein. Zeichnet sich frühzeitig ab, dass das Haus noch nicht bezugsreif ist, sollte der Abnahmetermin verschoben werden. Sind dagegen nur kleinere Restarbeiten erforderlich, kann das im Abnahmeprotokoll erwähnt werden – ebenso wie vertragswidrig fehlende Außenanlagen. Deren Wert sollte zusammen mit den Beseitigungskosten für Baumängel von noch offenen Zahlungen einbehalten werden, bis alles erledigt ist.

DIPL.-ING. REIMUND STEWEN gibt Bauherren den dringenden Rat, bei der Abnahme nicht nur neue, sondern auch bereits bekannte Mängel ins Protokoll aufnehmen zu lassen.

Muss der Bauherr sich das Zurückbehaltungsrecht ausdrücklich vorbehalten – oder versteht sich das von selbst?

Ich empfehle, diesen Punkt bereits beim Besprechen des Verhandlungsplans aufzugreifen und zu vereinbaren, dass die letzte Rate in Höhe von 3,5 Prozent der gesamten Bausumme erst nach Beseitigung aller Mängel zu zahlen ist. Die vorletzte Rate sollte zum Abnahmetermin fällig werden. Übersteigt der Wert von Mängelbeseitigung und Restarbeiten die Höhe der letzten Rate, sollte die Differenz bereits von der vorletzten Rate einbehalten werden.

Was gehört in ein Abnahmeprotokoll?

Darin sollten neben den noch auszuführenden Restarbeiten sämtliche Mängel aufgelistet werden – sowie, falls vorhanden, unterschiedliche Auffassungen dazu. Mängel sollten raumweise notiert und genau verortet werden. Maßgeblich ist die Beschaffenheit am Tag der Abnahme. Folglich sind auch bereits bekannte Mängel erneut aufzuzählen. Ins Protokoll gehören außerdem eine eventuell eintretende Bauverzögerung und ihre Folgen sowie Ansprüche auf Schadenersatz. Schließlich sind im Protokoll die Zählerstände für den Strom-, Wasser- und Gasverbrauch zu notieren, denn erst ab diesem Zeitpunkt hat der Bauherr die Kosten zu tragen.

Welche Nachweise sollte der Bauherr bei der Abnahme verlangen?

Neben dem Energieausweis hat der Bauunternehmer die Schlussabnahme des Bauamts und des Bezirksschornsteinfegers vorzulegen. Falls zuvor vereinbart, sind außerdem die Statik sowie die aktuellen Ausführungs- und gegebenenfalls Revisionszeichnungen zu übergeben. Am Ende der Abnahme bekommt der Bauherr ein Exemplar des Abnahmeprotokolls.

Was gilt, wenn der Bauherr einen Mangel entdeckt – der Bauunternehmer dies aber anders sieht?

Dann sollten beide diesen Punkt ausdiskutieren und das Ergebnis ins Abnahmeprotokoll übernehmen. Bleibt es bei Meinungsverschiedenheiten, sind diese ebenfalls zu dokumentieren. Sollten sich die unterschiedlichen Beurteilungen auch in der Folge nicht angleichen, ist ein vereidigter Sachverständiger der jeweiligen Industrie- und Handelskammer einzuschalten, der die Angelegenheit entscheidet. Dessen Rechnung ist von der unterlegenen Partei zu bezahlen.

Was tun, wenn es der Bauunternehmer bei Mängeln bei einer mündlichen Zusage belassen will?

Auf Versuche, Mängel zu bagatellisieren, sollte sich der Bauherr auf keinen Fall einlassen. Jeder auch noch so kleine Punkt ist im Abnahmeprotokoll zu notieren. Mündliche Zusagen während der Abnahme sind nicht einklagbar und damit nicht relevant.

WENN ALLE STRICKE REISSEN...

Der Bauherr und seine Familie haben ihr neues Haus bezogen und freuen sich, dass endlich der Stress nachlässt. Pustekuchen! Schon nach kurzer Zeit ist die Kellerwand feucht und das Parkett geht aus dem Leim. Zum Glück läuft ja die Gewährleistungsfrist. Doch was, wenn der Bauunternehmer jegliche Verantwortung von sich weist – oder sogar inzwischen pleite gegangen ist? Dann muss der Bauherr wissen, wie er seine Ansprüche dennoch durchsetzen kann.

KONFLIKTLÖSUNG VOR GERICHT

Ein Hausbau ohne Konflikte ist die Ausnahme. Baustreitigkeiten werden in Deutschland zum weit überwiegenden Teil vor Gericht ausgetragen. Bauprozesse machen innerhalb des Zivilrechts einen großen Anteil aus. Der Haken an dieser Art der Konfliktlösung: Bis es soweit ist, dass der Richter den Urteilsspruch verkündet, können Jahre vergehen.

Gerichte müssen oft genug aufwändige und Zeit raubende Gutachten in Auftrag geben, um sich erst einmal einen Zugang zur Problematik zu verschaffen. Zudem sind die Kosten eines Bauprozesses für Bauherren nur schwer kalkulierbar. Unbestritten ist dennoch, dass ein vor Gericht erstrittenes Urteil bindende Kraft besitzt und geeignet ist, Konflikte ein für allemal aus der Welt zu schaffen.

Juristischer Beistand nötig

Fest steht auch: Private Bauherren sind in aller Regel weder fachlich noch finanziell auf juristische Auseinandersetzungen vorbereitet. Kommt es während der Bauphase oder nach der Abnahme zum Konflikt mit dem Vertragspartner, sollte der Weg den Bauherren zunächst zu einem Rechtsanwalt führen, der über Kenntnisse und Erfahrungen im Baurecht verfügt. Dabei kann es sich um einen Fachanwalt für Bau- und Architektenrecht handeln – oder aber um einen Anwalt, der bereits vor der Einführung dieses Titels im Bereich des Baurechts tätig war. Idealerweise hatte der Bauherr den Anwalt bereits mit der Vertragsprüfung beauftragt und muss sich nicht erst jetzt auf die Suche nach einem Rechtsbeistand machen.

ANWÄLTE FINDEN

Unterstützung bei der Suche nach einem geeigneten Anwalt bietet unter anderem die Arbeitsgemeinschaft für Bau- und Immobilienrecht des Deutschen Anwaltvereins (DAV). Auf der Internetseite www.arge-baurecht.de finden Interessierte eine Suchfunktion, mit deren Hilfe sich spezialisierte Rechtsanwälte finden lassen.

Mitglieder von Bauherrenverbänden können sich an einen kooperierenden Anwalt (Vertrauensanwalt) wenden, mit dem Vorteil, dass dieser speziell die Belange von Verbrauchern im Blick hat.

Der Anwalt lässt sich zunächst den Sachverhalt schildern, analysiert Chancen und Risiken und entwirft anschließend mit dem Bauherren eine Strategie. Dazu gehört auch eine Einschätzung der zu erwartenden Kosten. Gewinnt der Bauherr den Prozess, bekommt er seine Auslagen erstattet. Geht der Prozess jedoch verloren, muss er zusätzlich die Kosten der Gegenseite tragen. Diese können – je nach Streitwert – erheblich sein.

VERSICHERUNG ZAHLT NICHT

Wer glaubt, dass er das Kostenrisiko mit dem Abschluss einer Rechtsschutzversicherung in den Griff bekommt, ist auf dem Holzweg: Die Versicherer schließen in ihren AGB Streitigkeiten bei der Planung und Errichtung von Bauwerken in der Regel aus. Dies liegt vor allem in der Häufigkeit von Bauprozessen und ihren vergleichsweise hohen Kosten begründet.

Auf Wunsch nimmt der Anwalt Kontakt zum Vertragspartner beziehungsweise dessen Rechtsanwalt auf und sondiert Ansätze zur Lösung des Problems (siehe auch Interview „Stimmt die Chemie nicht…", Seite 216–219). Führen diese nicht zu einer Einigung, steht das Einreichen einer Klage im Raum, denn mit einem gerichtlichen Mahnverfahren lassen sich Geldforderungen eintreiben – nicht aber Ansprüche auf die Beseitigung von Mängeln. Dies ist nur per Klage möglich.

Regeln eines Bauprozesses

Das Einreichen einer Klage ist jedoch nur zulässig, wenn keine anderslautende Regelung in den Vertrag aufgenommen wurde, etwa so, dass im Streitfall ein Schiedsgericht anzurufen ist („Schiedsklausel"). In diesem Fall wird das Gericht den Klageantrag als unzulässig zurückweisen. Dies gilt jedoch nur, wenn die Klausel auf Betreiben des Bauherren aufgenommen wurde. Vertragsklauseln, mit deren Hilfe der Bauunternehmer eine Klage vor Gericht ausschließen will, sind dagegen unwirksam.

Zuständiges Gericht

Welches Gericht zuständig ist, richtet sich zum einen nach dem Streitwert. Das ist – vereinfacht ausgedrückt – die Summe, die der Kläger geltend macht. Faustregel: Bis zu einem Streitwert von 5 000 Euro ist das Amtsgericht zuständig, darüber das Landgericht. Laut Zivilprozessordnung (ZPO) ist das Amts- beziehungsweise Landgericht zuständig, in dessen Bezirk das Haus steht. Obwohl vor Amtsgerichten kein Zwang besteht, sich von einem Rechtsanwalt vertreten zu lassen, ist dies dennoch dringend zu empfehlen. Vor dem Landgericht besteht dagegen Vertretungszwang. Als übergeordnete Instanzen fungieren Oberlandesgericht (OLG) und Bundesgerichtshof (BGH).

Beweislast

Im Rahmen eines Gerichtsverfahrens muss jede Partei beweisen können, dass ihre Sicht der Dinge die zutreffende ist. So muss der Bauherr darlegen und beweisen, dass nach der Abnahme tatsächlich ein Mangel beziehungsweise die Voraussetzungen für eine Vertragsstrafe vorgelegen haben. Dafür stehen unter anderem folgende „Beweismittel" zur Verfügung:

- Besichtigung durch das Gericht (Augenschein)
- Zeugen für Vorgänge in der Vergangenheit
- Sachverständige
- Urkunden
- amtliche Auskunft bei Behörden.

ERST GUTACHTEN, DANN KLAGE

Um vor Gericht nicht in Beweisnöte zu geraten und zugleich dem in Details nicht immer bewanderten Richter hilfreiche und fachkundige Informationen zur Sache zu liefern, empfehlen Bauexperten, einen Bauprozess nur anzustrengen, wenn zuvor ein privat beauftragter Gutachter die Sicht des Bauherren gestützt beziehungsweise bestätigt hat.

Der juristische Vergleich

Laut Gesetz ist das Gericht verpflichtet, zu jedem Zeitpunkt des Verfahrens auf eine gütliche Beilegung des Rechtsstreites hinzuwirken. Nicht zuletzt aus diesem Grund werden die meisten Bauprozesse nicht durch ein Urteil, sondern durch einen Vergleich beendet. Das kann durchaus sinnvoll sein, wenn es darum geht, einen langwierigen, Kosten, Zeit und Nerven aller Beteiligten strapazierenden Prozess zu Ende zu bringen. Andererseits sollte sich kein Bauherr zu einem faulen Kompromiss drängen lassen.

So ist es in vielen Fällen sinnvoll, sich nicht zu früh auf einen Vergleich einzulassen, sondern dem Richter zunächst die Möglichkeit zu geben, sich mittels einer Beweiserhebung die faktische Grundlage für einen fundierten Vergleichsvorschlag zu verschaffen.

Beweisverfahren

Das sogenannte selbstständige Beweisverfahren spielt im Rahmen von Bauprozessen eine wichtige Rolle – und ist besonders wertvoll, wenn es um Baumängel geht. Sinn und Zweck des Beweisverfahrens ist es, Tatsachen festzustellen. Gelingt es dem gerichtlich bestellten Sachverständigen in seinem Gutachten zu klären, dass ein Baumangel vorliegt und wer dafür verantwortlich ist, muss der Verursacher schon gute Gründe haben, um seine Pflicht zur Mängelbeseitigung nicht anzuerkennen. In vielen Fällen kürzt das Beweisverfahren Bauprozesse erheblich ab.

Übrigens: Obwohl das Gericht den Sachverständigen offiziell ernennt, sollten sich die Parteien vorab auf eine bestimmte Person einigen, von der sie glauben, dass sie durch ihre Kompetenz Meinungsverschiedenheiten ausräumen kann. Gelingt dies nicht, riskieren beide Seiten die Ernennung eines in der Sache ungeeigneten Gutachters durch das Gericht.

Ein Beweisverfahren kann bereits während der Bauzeit – also ohne anhängiges Gerichtsverfahren – angestrengt werden, wenn es darum geht, dass Beweise gesichert und Mängel nicht überbaut werden.

◆ ANTRAG OHNE ANWALT

Den Antrag auf ein Beweissicherungsverfahren können Privatpersonen ohne anwaltliche Vertretung stellen – auch beim ab 5 000 Euro Streitwert zuständigen Landgericht. Erst wenn dort über den Beweisantrag mündlich verhandelt wird, greift der Anwaltszwang.

Auch in der Gewährleistungsphase ist das Beweisverfahren ein wesentlicher Bestandteil bei der Durchsetzung von Mängelansprüchen. Weigert sich etwa der Un-

ternehmer, Mängel zu beseitigen, sollte der Bauherr erst dann zur Ersatzvornahme schreiten, wenn zweifelsfrei festgestellt wurde, dass der Unternehmer verantwortlich ist. Wer dagegen Mängel schon vorher beseitigt, läuft im häufig folgenden Bauprozess Gefahr, schon deshalb zu verlieren, weil das Gericht nicht mehr feststellen kann, ob der Unternehmer tatsächlich Schuld war.

Streitwert/Kosten

Ein Bauprozess ist in der Regel teuer: Neben Anwalts- und Gerichtskosten fallen in der Regel auch Gutachterkosten an. Gewinnt man den Prozess, kann einem das weitgehend egal sein – verliert man ihn, ist das auch finanziell eine bittere Pille. Erklärt gar der Bauunternehmer im Anschluss an eine Niederlage seine Insolvenz, kann sogar der Fall eintreten, dass der Bauherr selbst nach einem Sieg auf den Kosten sitzen bleibt.

Diese Kosten orientieren sich in weiten Teilen am Streitwert, der mit einer Klage geltend gemacht wird. Je höher die strittige Summe, desto höher auch Anwalts- und Gerichtskosten. Dies gilt jedoch nicht für Kosten, die für Gutachten von Sachverständigen anfallen. Diese rechnen nach Aufwand ab – ein Kostenfaktor, der sich im Vorfeld allenfalls näherungsweise kalkulieren lässt!

Beispiel: Bei einem Streitwert von 10000 Euro und geschätzten Gutachterkosten von 2 000 Euro muss die unterlegene Partei mit Verfahrenskosten von 5 500 Euro rechnen.

PROZESSKOSTENRECHNER
Zumindest eine näherungsweise Vorstellung der zu erwartenden Kosten eines zivilrechtlichen Verfahrens können sich Bauherren mit Hilfe von Online-Prozesskostenrechnern verschaffen, wie sie unter anderem zahlreiche Anwaltskanzleien auf ihrer Website anbieten. Die Kosten eventuell erforderlicher Gutachten lassen sich allerdings nur grob schätzen.

AUSSERGERICHTLICHE KONFLIKTLÖSUNG

Angesichts der Tatsache, dass eine gerichtliche Auseinandersetzung in der Regel lange dauert und mit erheblichen Kosten (Anwaltskosten, Gerichtsgebühren etc.) verbunden ist, sollte eine Klage gut überlegt sein.

In den vergangenen Jahren haben außergerichtliche Methoden der Streitbeilegung wachsenden Zulauf erfahren. Sie ermöglichen oftmals eine schnellere und kostengünstigere Lösung.

Mediation / Schlichtung

Unter Mediation beziehungsweise Schlichtung versteht man eine strukturierte und systematische Form der Konfliktlösung. Dabei unterstützt ein unparteiischer Konfliktmanager die Vertragspartner darin, eine tragfähige Lösung zu finden. Das kann ein Rechtsanwalt sein – aber auch ein Psychologe.

Die Teilnahme an einem Mediations- oder Schlichtungsverfahren ist für die Konfliktparteien freiwillig. Darüber hinaus sind diese auch selbst für die Ergebnisse verantwortlich. Die besprochenen Inhalte werden sowohl von den Konfliktbeteiligten als auch vom Mediator/Schlichter vertraulich behandelt. Während der Dauer der Mediation wird von den Parteien der rechtliche Status quo nicht verändert. Voraussetzungen für ein sinnvolles Verfahren sind unter anderem,

- dass keine der beteiligten Parteien in der Lage ist, allein und unter Ausschluss der anderen Partei ihr Ziel zu erreichen,
- dass sich die Interessen, Ziele und Bedürfnisse der Parteien nicht vollständig ausschließen,
- dass die involvierten Parteien ergebnisoffen diskutieren und alle Interessen berücksichtigt werden.

Der Schlichtungsprozess ist durch verschiedene Phasen gekennzeichnet: Zunächst wird eine Vereinbarung getroffen, in der das Ziel, die Kosten sowie die Person des Schlichters festgelegt werden. Einer Informations- und Themensammlung folgt in der Regel die Klärung der jeweiligen Interessen. Anschließend folgt die Ideen- und Optionssuche, die im besten Fall zu einer Vereinbarung und deren Umsetzung führt.

Kommt eine Seite oder der Mediator beziehungsweise Schlichter dagegen zu dem Schluss, dass die Voraussetzungen nicht mehr gegeben sind, kann die Mediation jederzeit beendet werden.

Bei Konflikten mit geringem Streitwert schreibt das Gesetz in vielen Bundesländern ein obligatorisches Schlichtungsverfahren vor. Erst wenn dieses scheitert, geht ein Streit vor Gericht. In den meisten Fällen wird das Güteverfahren allerdings durch das vorherige Beantragen eines Mahnbescheids umgangen.

Schiedsgutachten

Die Stellungnahme eines Schiedsgutachters stellt eine Möglichkeit dar, einzelne Konfliktpunkte am Bau ohne staatliches Gericht zu lösen. Es eignet sich unter anderem zur Klärung der Verantwortlichkeit für Mängel, aber auch zum Feststellen von Art und Umfang der durch den Bauunternehmer geschuldeten Leistungen.

Der Schiedsgutachter ist dabei in der Lage, sowohl rechtliche Fragen zu klären als auch Tatsachen festzustellen. Den Vertragsparteien kommt es dabei zu, im Vorfeld möglichst genau die Fragestellung festzulegen und zu klären, inwieweit sie das Schiedsgutachten als rechtsverbindlich anerkennen wollen. In diesem Fall ist das Einlegen von Rechtsmitteln beziehungsweise Anrufen einer weiteren Instanz ausgeschlossen.

Was die Person des Schiedsgutachters angeht, einigen sich die Parteien im Idealfall auf einen neutralen und kompetenten Gutachter. Darüber hinaus besteht die Möglichkeit, diesen von einer dritten Stelle, etwa einer Industrie- und Handelskammer (IHK) benennen zu lassen beziehungsweise ein Gremium aus mehreren Schiedsgutachtern einzusetzen.

Dieses Verfahren bietet den Vorteil, dass man in Sachen Gutachter nicht der Wahl ausgeliefert ist, die das Gericht trifft. Außerdem geht dieses Verfahren deutlich schneller und ist kostengünstiger. Nachteile: Beide Parteien müssen bereit sein, ihren Streit auf die Weise beizulegen – das Verfahren lässt sich nicht erzwingen. Zudem hemmt ein Schiedsgutachterverfahren nicht ohne Weiteres die Verjährung.

Schiedsgerichtsverfahren

Geht es darum, nicht nur einzelne Fragen zu klären, sondern einen Streit unter Ausschluss des Gerichtes endgültig beizulegen, kommt ein Schiedsgerichtsverfahren in Betracht. Ähnlich wie beim Schiedsgutachten werden baurechtlich und bautechnisch qualifizierte Schiedsrichter eingeschaltet. In Effizienz und Schnelligkeit der

INFO Die SO Bau – ein Verfahren zur außergerichtlichen Konfliktlösung

Mit der Schlichtungs- und Schiedsordnung für Baustreitigkeiten (SO Bau) bietet die ARGE Baurecht im Deutschen Anwaltverein (DAV) Baubeteiligten ein zweistufiges Verfahren an, mit dem sie Konflikte außergerichtlich lösen können. Die SO Bau gilt nicht automatisch, sondern muss vereinbart werden – entweder als Ganzes oder in Teilen, zum Beispiel nur die Schlichtung. Die Vereinbarung sollte bereits bei Vertragsabschluss getroffen werden, wenn alle Beteiligten noch den Willen zu konstruktiver, erfolgs- und ergebnisorientierter Zusammenarbeit haben.

Zunächst wird eine Schlichtung angestrebt, bei der alle Parteien gehört und Vorschläge für eine gütliche Einigung unterbreitet werden. Dies kann während der Bauphase, aber auch nach deren Abschluss geschehen. Scheitert die Schlichtung, kann ein Schiedsverfahren eingeleitet werden. Dazu einigen sich die Kontrahenten auf ein unparteiisches Gremium, dessen spätere Entscheidung als verbindlich anerkannt wird. Im Gegensatz zum Gerichtsprozess besteht das Schiedsgericht ausschließlich

aus erfahrenen Baurechtsexperten. Das Verfahren führt damit meist sehr viel schneller und damit bei deutlich geringeren Kosten zu einem für alle Beteiligten tragbaren Ergebnis. Darüber hinaus enthält die SO Bau Regelungen zur Beweiserhebung.

Die Sachverständigen werden von Schlichtern beziehungsweise Schiedsrichtern bestellt. Die beteiligten Parteien haben dabei ein Vorschlagsrecht. An dieses sind Schlichter oder Schiedsrichter jedoch nur dann gebunden, wenn sich die Parteien ausdrücklich auf einen bestimmten Sachverständigen geeinigt haben.

Grundsätzlich soll der Sachverständige öffentlich bestellt und vereidigt sein. Er trifft die erforderlichen Feststellungen zu Fragen der fach- und sachgerechten Ausführung, der Vollständigkeit von Vorunternehmerleistungen, des Vorhandenseins von Mängeln, Kosten der Beseitigung etc. Der Sachverständige ist unter Anleitung des erfahrenen Baurechtlers für die Beilegung oder Entscheidung der meisten Konflikte aus Bauverträgen unverzichtbar.

Entscheidung ist ein Schiedsgericht den staatlichen Gerichten oftmals überlegen. Ein deutlicher Vorteil von Schiedsgerichten ist zudem, dass sich Schiedsgerichte

in aller Regel nur mit einem Streitfall auseinander zu setzen haben und entsprechend rasch, gut vorbereitet und unbürokratisch agieren können.

Eine Kostenersparnis darf man sich von Schiedsgerichtsverfahren allerdings nicht erwarten. Insbesondere, wenn sich die Vertragsparteien entscheiden, ein Schiedsgericht mit mehreren Mitgliedern einzusetzen, sind die Kosten im Vergleich zu einem erstinstanzlichen Verfahren vor einem Landgericht höher. Hintergrund: Die Vergütung der Schiedsrichter, die die Aufgaben eines Richters übernehmen, orientiert sich an den Vergütungssätzen von Rechtsanwälten, wobei der Vorsitzende eines meist aus drei Personen bestehenden Schiedsgremiums nochmals einen Zuschlag verlangt.

Gut zu wissen: Etliche Institutionen und Vereine stellen einen Rahmen zur Organisation und zum Ablauf eines Schlich-

tungs- und Schiedsgerichtsverfahrens bereit, unter anderem die:

- Schiedsgerichtsordnung der Deutschen Institution für Schiedsgerichtsbarkeit
- Streitlösungsordnung der Deutschen Gesellschaft für Baurecht e. V.
- Schlichtungs- und Schiedsordnung für Baustreitigkeiten der Arbeitsgemeinschaft für Bau- und Immobilienrecht im Deutschen Anwaltverein

Es ist nicht möglich, gegen den Spruch des Schiedsgerichts Rechtsmittel einzulegen. Vielleicht hilft Bauherren aber die Tatsache weiter, dass auch die bei den ordentlichen Gerichten mögliche Berufung oder Revision ein Urteil nicht zwangsläufig besser oder gar gerechter macht.

INSOLVENZ DES VERTRAGSPARTNERS

Da hat man den richtigen Baupartner gefunden, jede Menge Zeit, Mühe und auch Geld investiert – und dann das: Der Vertragspartner ist plötzlich insolvent. Auf dem Grundstück steht ein halbfertiges Haus, alle Termine sind Makulatur – und keiner weiß, wie es weitergeht.

Insolvenz in der Bauphase

Gut zu wissen: Für seit 1. Januar 2009 abgeschlossene Verträge gesteht das Forderungssicherungsgesetz Bauherren eine Fertigstellungssicherheit (Bestellersicher-

heit) in Höhe von fünf Prozent des Vergütungsanspruchs zu. Wird der Vertrag so verändert oder ergänzt, dass der Preis des Hauses um mehr als zehn Prozent steigt, muss die Baufirma mit der nächsten Abschlagszahlung eine weitere Sicherheit einräumen – in Höhe von fünf Prozent des zusätzlichen Vergütungsanspruchs.

Diese Sicherheiten kann der Bauherr von der Abschlagszahlung einbehalten. Alternativ kann das Unternehmen eine Fertigstellungsbürgschaft oder Fertigstellungsgarantie-Versicherung einer Bank oder Versicherung vorlegen. Die Sicherheit muss bei der ersten Abschlagszahlung gestellt werden, also relativ früh in der Bauphase.

Bauexperten raten, bei Vertragsabschluss darauf zu drängen, die Fertigstellungsbürgschaft auf zehn Prozent aufzustocken – dazu ist allerdings die Zustimmung des Vertragspartners erforderlich.

Übrigens: Eine Fertigstellungsbürgschaft kann der Unternehmer nicht in seinen AGB ausschließen. Dies kann allenfalls durch Individualvereinbarung geschehen – also eine schriftliche Vereinbarung, die von beiden Seiten unterschrieben werden müsste. Natürlich sollte kein Bauherr seine Unterschrift unter ein solches Schriftstück setzen!

Mit der Abnahme muss der Bauherr die Sicherheit dann ganz oder teilweise zurückzahlen, abhängig davon, inwieweit sie in Anspruch genommen wurde. Er darf sie nicht für die Beseitigung von Mängeln verwenden, die erst nach der Abnahme auftreten.

Außerordentliche Kündigung

Die VOB/B gewährt dem Auftraggeber bei einer Insolvenz ein außerordentliches Kündigungsrecht. Der Vertrag kann demnach gekündigt werden, wenn der Auftragnehmer seine Zahlungen einstellt beziehungsweise das Insolvenzverfahren beantragt, eröffnet oder die Eröffnung mangels Masse abgelehnt wird.

Für reine BGB-Verträge existiert keine ausdrückliche Regelung. Man kann hier jedoch über einen fast zwangsläufig eintretenden Verzug des Auftragnehmers ebenfalls unproblematisch zu einer Vertragsauflösung gelangen.

Die bereits ausgeführten Leistungen sind zu den vereinbarten Preisen abzurechnen. Wegen kündigungsbedingt entstehender Mehrkosten stehen dem Auftraggeber Schadenersatzansprüche zu. Nach einer insolvenzbedingten Kündigung sind bestehende Forderungen auszugleichen. Auf der Seite des Auftraggebers sind dabei folgende Forderungen zu berücksichtigen:

- Mängelbeseitigungskosten;
- Mehrkosten, die für die Fertigstellung des Bauvorhabens anfallen;
- Verzugsschäden beziehungsweise Vertragsstrafen, die bis zum Tag der Kündigung angefallen sind.

Ein Sicherheitseinbehalt, der vertraglich vereinbart wurde, darf auch nach Insolvenz des Auftragnehmers für die vereinbarte Dauer einbehalten werden.

Alternative: Weiterbauen

Hat der Bauherr bereits Zahlungen geleistet, denen keine adäquaten Leistungen gegenüberstehen (Überzahlung) oder sogar den gesamten Kaufpreis vorab bezahlt, ist das Geld in aller Regel weg.

Eine außerordentliche Kündigung ist jedoch nicht die zwangsläufige Folge einer Insolvenz. Um größere wirtschaftliche Schäden zu vermeiden, können sich Auftraggeber, Auftragnehmer und Insolvenzverwalter beispielsweise darauf verständigen, das begonnene Bauvorhaben nach dem Insolvenzantrag gemeinsam zu Ende führen. Ein solches Wahlrecht des Insolvenzverwalters sieht die Insolvenzordnung (InsO) ausdrücklich vor.

Insolvenz in der Gewährleistungsfrist

Entdeckt der Bauherr innerhalb der Verjährungsfrist einen Mangel am Haus, sollte er diesen bei seinem Vertragspartner schriftlich rügen und Nachbesserung verlangen.

Doch was, wenn die Firma nicht mehr ohne Weiteres zu finden ist? Sie ist vielleicht umzogen, hat einen neuen Namen oder eine neue Rechtsform angenommen – oder wurde sogar insolvent beziehungsweise aufgelöst.

In solchen Fällen bleibt der Bauherr nicht zwangsläufig auf seinem Schaden sitzen. Um dem Unternehmen auf die Spur zu kommen, hilft oft eine Recherche im Internet. Bleibt es verschollen, besteht die Möglichkeit, das Handelsregister einzusehen. Dort ist jede Firma mit ihrem Sitz verzeichnet.

Neue Rechtsform

Der Blick ins Handelsregister hilft auch, wenn ein Unternehmen umgewandelt wurde oder seinen Betrieb eingestellt hat. Umwandlungen der Rechtsform haben meist steuerliche Gründe. So wird manchmal eine GmbH aufgelöst und in eine Kommanditgesellschaft (KG) überführt.

Diese neue Gesellschaft führt dann die Geschäfte der alten GmbH fort. Damit den Vertragspartnern der alten GmbH keine Nachteile entstehen, hat der Gesetzgeber umfassende Schutzvorschriften erlassen.

Firma in Liquidation

Nicht jeder Bauunternehmer vererbt oder verkauft seinen Betrieb, wenn er in Rente geht. Manche stellen die Arbeit ein und machen zu. Wie verfährt der Bauherr dann mit seiner Mangelrüge? Auch hier gibt das Handelsregister Auskunft – zumindest, soweit es sich um eine juristische Person (zum Beispiel AG, GmbH) und nicht um eine Personengesellschaft (zum Beispiel GbR) handelte. Dann nämlich steht im Handelsregister der Vermerk „in Liquidation". Das bedeutet: Die Gesellschaft wickelt nur noch die laufenden Geschäfte ab. Dazu wird ein Liquidator bestellt, an den sich der Bauherr wenden sollte.

Insolvenz als „GAU"

Am härtesten trifft es Bauherren, deren früherer Vertragspartner inzwischen insolvent ist. Die Firma, die für die Beseitigung des Mangels zuständig wäre, ist dann wirtschaftlich nicht mehr existent. Betroffene Bauherren sollten sich in solchen Fällen stets an den Insolvenzverwalter des Unternehmens wenden.

Allerdings bleiben Bauherren in dieser Situation erfahrungsgemäß auf ihrem Schaden sitzen. Der Insolvenzverwalter befriedigt zunächst die Ansprüche jener

Gläubiger, die noch Geld von dem Unternehmen zu bekommen haben. Gut, wenn der Bauherr dann bei Vertragsabschluss eine Gewährleistungssicherheit abgeschlossen hat. Diese springt in solchen Fällen ein.

Für Gewährleistungsansprüche können – wiederum vertraglich zu vereinbarende – Gewährleistungsbürgschaften von großem Nutzen sein. Da der insolvente Bauunternehmer in aller Regel für Mangelbeseitigungsarbeiten nicht mehr zur Verfügung steht, ist der Bauherr darauf angewiesen, die Arbeiten selbst durchzuführen oder ein anderes Unternehmen damit zu beauftragen. Für den entstehenden Aufwand kann die Gewährleistungsbürgschaft in Anspruch genommen werden.

Hat es der Bauherr versäumt, vertragliche Sicherungsmaßnahmen zu vereinbaren, kann die Insolvenz des Bauunternehmens eine überaus kostspielige Angelegenheit werden.

Insolvenz nach Ablauf der Gewährleistungsfrist

Grundsätzlich hat der Bauherr/Erwerber nach Ablauf der Gewährleistungsfrist

keine Ansprüche mehr an den Bauunternehmer. Juristisch korrekt formuliert: Dieser darf die Beseitigung von Mängeln dann ablehnen. Dies gilt entsprechend, wenn er nach der Gewährleistungsfrist insolvent wird.

Eine Ausnahme besteht jedoch für versteckte Mängel. Diese können unter Umständen auch nach der Gewährleistungsfrist noch anerkannt werden. Für versteckte Mängel gilt eine Gewährleistungsfrist von 30 Jahren. Allerdings können Bauherren vor Gericht nur selten beweisen, dass sie vom Vertragspartner arglistig getäuscht wurden.

Dasselbe gilt für ein sogenanntes Organisationsverschulden des Bauunternehmers. Dieses liegt vor, wenn Mitarbeiter beziehungsweise Subunternehmer Mängel verursacht haben, und der Bauunternehmer diese nicht durch einen Fachmann überwachen beziehungsweise kontrollieren ließ.

STIMMT DIE CHEMIE NICHT, ESKALIEREN KONFLIKTE DEUTLICH SCHNELLER

Streitigkeiten zwischen Bauherr und Bauunternehmer außergerichtlich beizulegen, kann Zeit und Geld sparen. Sabina Böhme, Fachanwältin für Bau- und Architektenrecht in Berlin und Mitglied der ARGE Baurecht im Deutschen Anwaltverein (DAV), weiß aber auch, wann es besser ist, keine faulen Kompromisse zu machen und einen Konflikt vor Gericht auszutragen.

Entstehen Ihrer Erfahrung nach mehr Streitigkeiten vor oder nach der Abnahme eines Hauses?
Das hält sich in meiner täglichen Praxis die Waage. Gestritten wird grundsätzlich in allen Bauphasen – nicht zuletzt während der Gewährleistungsfrist. Für mich ist es natürlich am sinnvollsten, wenn ich zu Beginn schon den Bauvertrag vorgelegt bekomme, um ihn auf Herz und Nieren zu prüfen. Nur dann kann ich noch Einfluss auf die Vertragsgestaltung nehmen. Eine solche Prüfung kostet bei Standardverträgen je nach Aufwand etwa 300 Euro – und ist gut investiertes Geld. Trotzdem sieht es in der Mehrzahl der Fälle so aus, dass Bauherren erst zu mir kommen, wenn sie Probleme an ihrem Haus bemerken, oft erst kurz vor der Abnahme. Dann stellen sie plötzlich fest, dass das Parkett hässlich aussieht oder ein Rollladen klemmt.

Welche Wünsche werden darüber hinaus häufiger an Sie herangetragen?
Manche Bauherren kommen zu mir und bitten mich, sie zusätzlich zu einem fach-

kundigen Sachverständigen zur Abnahme zu begleiten. Auch das ist durchaus zu empfehlen, denn bei dieser Gelegenheit steht immer die Frage im Raum, ob es sich bei Beanstandungen um wesentliche Mängel handelt oder nicht. Von dieser Unterscheidung hängt eine ganze Menge ab – nicht zuletzt auch finanziell. Auf der einen Seite sollte man der Baufirma Schlampereien nicht durchgehen lassen. Andererseits handelt sich ein Bauherr, der ohne triftigen Grund die Abnahme verweigert, unter Umständen eine Menge Ärger und hohe Folgekosten ein.

Neigen Bauherren, die sich fachlich besser auskennen, eher zum Streiten?
Schwer zu sagen. Grundsätzlich gibt es verschiedene Typen von Bauherren. Die einen sind eher misstrauisch und schauen den Arbeitern schon beim Gießen der Bodenplatte genau auf die Finger. Andere, die vielleicht selbst Hand- oder Heimwerker sind, kennen sich in Sachen Bauarbeiten relativ gut aus und genießen durch ihr bestimmtes Auftreten schnell den Respekt

RECHTSANWÄLTIN SABINA BÖHME hat die Erfahrung gemacht, dass viele Bauherren angesichts unsicherer Erfolgsaussichten und hoher Kosten einer außergerichtlichen Einigung zustimmen.

der Bauleitung. Wieder andere Bauherren sind dagegen eingeschüchtert, weil sie sich Bauleiter und Handwerkern fachlich nicht ebenbürtig fühlen. Sie neigen dazu, sich ganz auf den Vertragspartner zu verlassen. Das ist die eine Seite.

Auf der anderen Seite tickt natürlich auch nicht ein Bauleiter wie der andere. Es gibt immer wieder Vertreter ihrer Zunft, die vom menschlichen Umgang her äußerst schwierig sind und dem Bauherren das Gefühl geben, dass er nur stört.

Welchen Einfluss hat die „Chemie" zwischen Bauherr und Bauleiter?

Einen sehr großen – und noch immer sehr unterschätzten. Es stimmt wirklich: Wie man in den Wald hineinruft, so schallt es heraus. Bauleiter, die sich um den Bauherren beziehungsweise Käufer kümmern und fair mit ihm umgehen, schaffen von Vornherein ein besseres Klima. Dieses wiederum lässt viele Konflikte erst gar nicht entstehen oder ermöglicht eine schnelle Klärung. Die Gefahr, dass Meinungsverschiedenheiten eskalieren, sehe ich tatsächlich vor allem dann, wenn Bauherr und Bauleiter menschlich nicht miteinander können, also die Chemie nicht stimmt.

Gegen solche Animositäten ist vermutlich kaum ein Kraut gewachsen – doch wie lassen sich fachliche „Ungleichgewichte" im Verhältnis zwischen Bauherr und Bauleiter ausgleichen?

Grundsätzlich rate ich Bauherren, von Beginn an einen unabhängigen Experten mit der Kontrolle der Arbeiten zu beauftragen. Dieser stärkt ihm auf der Baustelle nicht nur den Rücken, sondern kennt sich in fachlichen Fragen einfach besser aus. Dieses Vorgehen gestaltet sich allerdings schwierig bis unmöglich, wenn jemand ein Haus von einem Bauträger kauft und gleich am Anfang eine Vertragsklausel unterschreibt, wonach er die Baustelle gar nicht betreten darf – von der Begleitung durch einen neutralen Experten ganz zu schweigen.

Nehmen solche Fälle nach Ihrer Beobachtung eher zu?

Ja, eindeutig. Ich habe seit geraumer Zeit den Eindruck gewonnen, dass Firmen verstärkt versuchen, sich unliebsame Nachfragen ihrer Kunden vom Hals zu halten. Dies ist offenbar eine Folge des permanent wachsenden Zeit- und Preisdrucks. Diskussionen mit Käufern halten da nur auf und sind zudem anstrengend. Eine entscheidende Ursache dieser Verweigerungshaltung ist nach meinem Dafürhalten auch die Spekulation der Firmen, dass sich etwaige Mängel erst nach Ende der Gewährleistungsfrist zeigen und sie nicht mehr dafür geradestehen müssen. Ich rate Käufern deshalb dringend davon ab, Klauseln zu akzeptieren, die ihnen Mitspracherechte oder sogar das Betreten der Baustelle verwehren. Ein Auftraggeber, der sein Haus erst zur Abnahme begutachten darf, kann Mängel möglicherweise gar nicht mehr entdecken, weil sie in der Zwischenzeit überbaut wurden. Der Käufer sollte sich auf jeden Fall die Möglichkeit vorbehalten, die Baustelle zu begehen – zumindest in größeren Abständen.

Welches ist der erste Schritt, wenn ein Bauherr mit einem Problem zu Ihnen in die Kanzlei kommt?

Als erstes höre ich mir natürlich an, was er mir zu erzählen hat. Anhand seiner Schilderung gewinne ich einen Eindruck davon, worum es sich in der Sache handelt, wie weit der Konflikt bereits fortgeschritten ist und wie die Chancen vor Gericht stehen würden. In manchen Fällen wird schnell klar, dass die Erfolgsaussichten eher gering sind, weil es sich beispielsweise gar nicht um einen gravierenden Mangel handelt. Auch am Kaufpreis gibt es in solchen Fällen nichts zu deuteln. Dann gibt es Mandanten, die wollen nur mal richtig Dampf ablassen, weil sie sich furchtbar über die Baufirma ärgern und über die Art, wie mit ihnen umgegangen wird. Wieder anderen geht es allein ums Prinzip, um das Gefühl, ungerecht behandelt zu werden. Solche Mandanten kommen in der Regel schwer ins Grübeln, wenn ich ihnen dann vorrechne, was ein Prozess kosten würde. Da ist ein außergerichtlicher Kompromiss oft die bessere und billigere Alternative.

Lenken die Mandanten dann angesichts der zu erwartenden Kosten eher

mal ein oder verzichten gar auf berechtigte Ansprüche?

Das Geld sitzt generell nicht so locker, wenn man gerade ein Haus baut oder gebaut hat. Da überlegt man sich schon sehr genau, ob man noch ein paar hundert oder sogar tausend Euro für Anwalts- und Prozesskosten investiert. Ich hüte mich außerdem davor, Mandanten bezüglich der Erfolgschancen eines Bauprozesses das Blaue vom Himmel zu versprechen. So etwas kann schnell schiefgehen. Am Ende legt die Gegenseite während der Verhandlung ein Dokument vor, das mein Mandant beim Sortieren seiner Unterlagen für unwichtig hielt und mir nicht gezeigt hat. Dann können vollmundige Versprechungen ganz schnell zum Bumerang werden. Zudem ist bei manchen Richtern nie vorherzusagen, wie sie sich während eines Prozesses verhalten. Es gibt Situationen, in denen plötzlich das ganze Verfahren kippt, und dann steht man auf einmal mit leeren Händen da.

Wenn es sich nun aber tatsächlich um einen klaren Fall handelt?

Gewinne ich den Eindruck, dass es sich bei den Beanstandungen meines Mandanten tatsächlich um Baumängel im engeren Sinn handelt, nehme ich Kontakt zur Gegenseite auf, in der Regel zu deren Anwalt. Hat der Bauherr dagegen bereits Geld einbehalten oder anderweitig Fakten geschaffen, so dass die Baufirma ihrerseits Geld von ihm fordert, kann es auch passieren, dass sich deren Anwalt an mich wendet.

Auf Anwaltsebene versuchen wir dann, zunächst die Sachlage zu klären und anschließend – soweit das möglich ist – die Kuh vom Eis zu holen.

Wie sieht das konkret aus – gibt es einen „Königsweg" der Einigung?
Dass ein Bauprozess sehr langwierig und oft auch teuer ist, ist jedem klar – vom Prozessrisiko mal ganz abgesehen. Deshalb strebe ich in jedem Fall zunächst eine außergerichtliche Einigung an. Dabei präferiere ich persönlich den sogenannten Anwaltsvergleich. Dabei handelt es sich um eine Vereinbarung, die Anwälte für ihre Mandanten treffen. Diese wird schriftlich fixiert und bei Gericht hinterlegt. Ein solcher Anwaltsvergleich hat für beide Seiten bindende Wirkung und ist einem vollstreckbaren Titel vergleichbar. Er kann zum Beispiel beinhalten, dass der Mangel mit vertretbarem Aufwand beseitigt wird – oder aber, dass dem Bauherren eine Wertminderung zugestanden wird.

Was passiert, wenn Sie sich mit dem Anwalt der Gegenseite partout nicht einigen können?
Dann schaue ich mir an, was der Vertrag aussagt. Wurde für Streitfälle ein außergerichtliches Vorverfahren vereinbart, also eine Mediation, Schlichtung oder ein Verfahren vor einem Schiedsgericht? Dies sollte schon ganz am Beginn geklärt werden. Ist das Kind erst einmal in den Brunnen gefallen, also ein Streit ausgebrochen, ist die Atmosphäre meist vergiftet. Dann ist es fast unmöglich, solche Regelungen nachzuholen. Nur am Rande sei bemerkt, dass auch das Vereinbaren einer außergerichtlichen Einigung keinerlei Erfolgsgarantie beinhaltet. Im Gegenteil: Nicht selten werden diese Versuche von Vertragsparteien für Spielchen missbraucht, die vor allem dazu dienen sollen, Zeit zu schinden. Außerdem steht manchmal am Ende kein durchsetzbarer Titel, sondern lediglich eine Vereinbarung. Ich bin deshalb solchen Methoden gegenüber eher skeptisch. Habe ich deshalb als Anwältin das Gefühl, ein Baumangel ist wesentlich, mein Mandant ist darüber hinaus im Recht und die Gegenseite stellt sich einfach nur stur, habe ich überhaupt kein Problem damit, die Sache vor Gericht auszufechten. Ich halte das für eine saubere und vor allem durchsetzbare Möglichkeit der Streitlösung.

Dennoch ist angesichts der Dauer und Kosten eines Gerichtsverfahrens etwa eine Schlichtung nicht von der Hand zu weisen, oder?
Bei Streitigkeiten während der Bauphase sollte man diese Alternative auf jeden Fall prüfen. Hier geht es für den Bauherren vor allem darum, keine unnötigen Folgekosten auflaufen zu lassen, wenn etwa die Bauarbeiten zum Erliegen kommen – beispielsweise weitere Mietzahlungen. Nach der Abnahme ist die Nutzung des Hauses durch einen Konflikt um Gewährleistungsansprüche in aller Regel nicht gefährdet, so dass dann der Zeitfaktor meist nicht mehr die entscheidende Rolle spielt.

ADRESSEN

Bauinformation und Bauberatung

Bauherrenschutzbund e. V.
Kleine Alexanderstraße
9–10
10178 Berlin
Tel. 030/3 12 80 01
Fax 030/31 50 72 11
www.bsb-ev.de

Verein zur Qualitäts-Controlle am Bau e. V.
Triftstraße 5
34355 Staufenberg
Tel. 05543/30 26 10
Fax 05543/3 02 61 11
www.vqc.de

Verband privater Bauherren e. V.
Chausseestraße 8
10115 Berlin
Tel. 030/2 78 90 10
Fax 030/27 89 01 11
www.vpb.de

wohnen im eigentum. die wohneigentümer e. V.
Thomas-Mann-Straße 5
53111 Bonn
Tel. 0228/7 21 58 61
Fax 0228/7 21 58 73
www.wohnen-im-eigentum.de

Institut Bauen und Wohnen
Wippertstraße 2
79100 Freiburg
Tel. 0761/1 56 24 00
Fax 0761/15 62 47 90
www.institut-bauen-und-wohnen.de

Bundesministerium für Wirtschaft und Technologie
www.bmwi.de
Regeln zum Arbeitsschutz sowie Volltext der Baustellenverordnung, einer der rechtlichen Grundlagen für den Betrieb einer Baustelle (Suchbegriff „BaustellV")

Bundesinstitut für Bau-, Stadt- und Raumforschung im Bundesamt für Bauwesen und Raumordnung
www.bbsr.bund.de
Unter anderem kostenloser Download „Dritter Bericht über Schäden an Gebäuden" des Bundesministeriums für Verkehr, Bau und Stadtentwicklung (BMVBS) von 1995

Berufsgenossenschaft der Bauwirtschaft
www.bgbau.de
Informationen zum gesetzlichen Unfallschutz auf Baustellen

Gemeinschaftsprojekt des Verbraucherzentrale Bundesverbands e. V. und der KfW-Bankengruppe
www.baufoerderer.de
Unabhängiges und verbraucherorientiertes Informationsangebot zum Hausbau und -kauf

Verbraucherorientierte Wirtschaftsauskünfte
www.schufa.de
Informationen zur wirtschaftlichen Situation von Unternehmen, unter anderem aus der Bauwirtschaft (Schufa-Unternehmensauskunft)

Verband der Elektrotechnik, Elektronik und Informationstechnik e. V.
www.vde.com
Informationen zu Blitzschutz, Energieeffizienz und Gerätekauf (Verbraucherservice)

Bundesanstalt für Arbeitsschutz und Arbeitsmedizin
www.baua.de
Unter anderem Technische Regeln für Gefahrstoffe, Informationen für Bauherren zur Baustellenverordnung

Prüforganisation DEKRA
www.dekra.de
Unter anderem kostenloser
Download „2. Dekra-Be-
richt zu Baumängeln an
Wohngebäuden" von 2008

**Institut für Fenster und Fassa-
den, Türen und Tore, Glas und
Baustoffe (ift Rosenheim)**
www.ift-rosenheim.de
Güterichtlinien für den
Fensterbau, Informationen
zu Fenstern, Fassaden, Türen und Toren

Online-Fachlexikon Bauwissen
www.baunetzwissen.de
Herstellerunabhängige
Informationen zu Materia-
lien, Bauweisen und tech-
nischen Installationen

**Stichwortsammlung des Portals
www.baumarkt.de**
www.das-baulexikon.de
Lexikon mit ca. 13 000 Be-
griffen rund ums Bauen,
Abkürzungs-, Holz- und
Gefahrstoff-Lexikon

Juristischer Informationsdienst
www.dejure.org
Gesetzesdatenbank mit
270 Gesetzen (u.a. BGB,
VOB/B, EEG, HOAI,
MaBV), Verlinkungen zu
aktueller Rechtsprechung

Stiftung Warentest
www.test.de/bauberatung
Unter dieser Adresse lässt
sich die Tabelle „Persönliche Bauberatung bei die-
sen Organisationen" (1 Seite) herunterladen.

Verbraucher allgemein

Stiftung Warentest
Lützowplatz 11–13
10785 Berlin
Tel. 030/2 63 10
Fax 030/26 31 27 27
email@stiftung-warentest.de
www.stiftung-warentest.de

**Verbraucherzentrale Bundesver-
band e. V. (vzbv)**
Markgrafenstraße 66
10969 Berlin
Tel. 030/25 80 00
Fax 030/25 80 02 18
info@vzbv.de
www.vzbv.de

Verbraucherzentralen

**Verbraucherzentrale Baden-
Württemberg e. V.**
Paulinenstraße 47
70178 Stuttgart
Tel. 0711/66 91 10
Fax 0711/66 91 50
info@vz-bawue.de
www.verbraucherzentrale-
bw.de

Verbraucherzentrale Bayern e. V.
Mozartstraße 9
80336 München
Tel. 089/53 98 70
Fax 089/53 75 53
info@verbraucherzentrale-
bayern.de
www.verbraucherzentrale-
bayern.de

Verbraucherzentrale Berlin e. V.
Hardenbergplatz 2
10623 Berlin
Tel. 030/21 48 50
Fax 030/2 11 72 01
mail@verbraucherzentrale-
berlin.de
www.vz-berlin.de

**Verbraucherzentrale Branden-
burg e. V.**
Templiner Straße 21
14473 Potsdam
Tel. 0331/29 87 10
Fax 0331/2 98 71 77
info@vzb.de
www.vzb.de

Verbraucherzentrale Bremen e. V.
Altenweg 4
28195 Bremen
Tel. 0421/16 07 77
Fax 0421/1 60 77 80
info@vz-hb.de
www.vz-hb.de

Verbraucherzentrale
Hamburg e. V.
Kirchenallee 22
20099 Hamburg
Tel. 040/24 83 20
Fax 040/24 83 22 90
info@vzhh.de
www.vzhh.de

Verbraucherzentrale
Hessen e. V.
Große Friedberger Straße
13–17
60313 Frankfurt am Main
Tel. 069/9 72 01 00
Fax 069/97 20 10 50
vzh@verbraucher.de
www.verbraucher.de

Neue Verbraucherzentrale in
Mecklenburg-Vorpommern e. V.
Strandstraße 98
18055 Rostock
Tel. 0381/2 08 70 50
Fax 0381/2 08 70 30
info@nvzmv.de
www.nvzmv.de

Verbraucherzentrale Nieder-
sachsen e. V.
Herrenstraße 14
30159 Hannover
Tel. 0511/91 19 60
Fax 0511/9 11 96 10
info@vzniedersachsen.de
www.vzniedersachsen.de

Verbraucherzentrale Nordrhein-
Westfalen e. V.
Mintropstraße 27
40215 Düsseldorf
Tel. 0211/3 80 90
Fax 0211/3 80 91 72
vz.nrw@vz-nrw.de
www.vz-nrw.de

Verbraucherzentrale Rheinland-
Pfalz e. V.
Seppel-Glückert-Passage
10
55116 Mainz
Tel. 06131/2 84 80
Fax 06131/28 48 66
info@vz-rlp.de
www.vz-rlp.de

Verbraucherzentrale
Saarland e. V.
Trierer Straße 22
66111 Saarbrücken
Tel. 0681/50 08 90
Fax 0681/5 00 89 22
vz-saar@vz-saar.de
www.vz-saar.de

Verbraucherzentrale
Sachsen e. V.
Brühl 34–38
04109 Leipzig
Tel. 0341/69 62 90
Fax 0341/6 89 28 26
vzs@vzs.de
www.vzs.de

Verbraucherzentrale Sachsen-
Anhalt e. V.
Steinbockgasse 1
06108 Halle/Saale
Tel. 0345/2 98 03 29
Fax 0345/2 98 03 26
info@vzsa.de
www.vzsa.de

Verbraucherzentrale Schleswig-
Holstein e. V.
Andreas-Gayk-Straße 15
24103 Kiel
Tel. 0431/59 09 90
Fax 0431/5 90 99 77
info@verbraucherzentrale-
sh.de
www.verbraucherzentrale-
sh.de

Verbraucherzentrale
Thüringen e. V.
Eugen-Richter-Straße 45
99085 Erfurt
Tel. 0361/55 51 40
Fax 0361/5 55 14 40
info@vzth.de
www.vzth.de

MUSTERDOKUMENTE

Mängelrüge

Absender / Auftraggeber (Name / n und Anschrift)

....

Auftragnehmer / Vertragspartner (Name und Anschrift)

....

Ort, Datum

Bauvertrag vom ....
Bauvorhaben ....

Anzeige / Rüge von Baumängeln

Sehr geehrte Damen und Herren,

bis heute haben sich an Ihrer Werkleistung folgende Mängel gezeigt:

1.
....

2.
....

3.
....

Ich/Wir fordere/fordern Sie hiermit auf, diese Mängel bis spätestens
.... zu beseitigen. Um die dafür notwendigen Arbeiten zu koordinieren, bitte(n) ich / wir um rechtzeitige telefonische Terminabsprache.

Mit freundlichen Grüßen

....

Unterschrift

Mängelrüge mit Setzen einer Nachfrist

Absender / Auftraggeber (Name / n und Anschrift)

....

Auftragnehmer / Vertragspartner (Name und Anschrift)

....

                                                  Ort, Datum

Bauvertrag vom ....

Bauvorhaben ....

Erneute Aufforderung zur Mängelbeseitigung

Sehr geehrte Damen und Herren,

mit Schreiben vom .... hatte(n) ich / wir Sie zur Beseitigung
Ihrer mangelhaften Werkleistung aufgefordert. Entgegen dieser Aufforderung haben Sie bis heute die Mängel nicht beseitigt.

Ich/Wir setze(n) Ihnen daher hiermit nochmals eine Frist zur Mängelbeseitigung bis zum ....

Sollte diese Frist ergebnislos verstreichen, werde(n) ich/wir ein anderes
Unternehmen mit der Mängelbeseitigung beauftragen und Ihnen die Kosten in Rechnung stellen.

Mit freundlichen Grüßen

....

Unterschrift

Forderung eines Kostenvorschusses zur Mängelbeseitigung

Absender / Auftraggeber (Name / n und Anschrift)

....

Auftragnehmer / Vertragspartner (Name und Anschrift)

....

Ort, Datum

Bauvertrag vom ....
Bauvorhaben ....

Anspruch auf Kostenvorschuss zur Mängelbeseitigung

Sehr geehrte Damen und Herren,

leider haben Sie die Ihnen gesetzten Fristen verstreichen lassen, ohne die mangelhafte Werkleistung zu beseitigen.

Anbei übersende(n) ich/wir Ihnen deshalb einen Kostenvoranschlag, wonach die Mangelbeseitigungskosten vorläufig ...... EUR betragen. Ich/Wir fordere/fordern Sie nunmehr auf, diesen Betrag als Kostenvorschuss bis spätestens .... an mich/uns zu zahlen.

Sollte auch diese Frist fruchtlos verstreichen, werde(n) ich/wir gerichtliche Hilfe in Anspruch nehmen.

Mit freundlichen Grüßen

....

Unterschrift

Aufforderung zur Mängelbeseitigung mit Androhung der Auftragsentziehung nach VOB/B

Absender/Auftraggeber (Name/n und Anschrift)

....

Auftragnehmer/Vertragspartner (Name und Anschrift)

....

Ort, Datum

Bauvertrag vom ....

Bauvorhaben ....

Mängel an Werkleistung / Androhung der Auftragsentziehung

Sehr geehrte Damen und Herren,

leider musste(n) ich/wir feststellen, dass die von Ihnen erbrachte Werkleistung folgende Mängel aufweist:

1.

....

2.

....

3.

....

Ich / Wir fordere/fordern Sie hiermit auf, diese Mängel zu beseitigen. Dafür setzen wir Ihnen eine Frist bis ....

Sollte diese Frist fruchtlos verstreichen, so werde(n) ich/wir den zwischen Ihnen und mir/uns bestehenden Bauvertrag kündigen. Dies hätte zur Folge, dass Sie die Kosten für die Mängelbeseitigung sowie die Kosten für die Vollendung der Werkleistung zu tragen hätten (vgl. § 8 Nr. 3 VOB/B).

Mit freundlichen Grüßen

....

Unterschrift

Absender / Auftraggeber (Name / n und Anschrift)

....

Auftragnehmer / Vertragspartner (Name und Anschrift)

....

Ort, Datum

Bauvertrag vom ....

Bauvorhaben ·· ....

Kündigung des Bauvertrags

Sehr geehrte Damen und Herren,

mit Schreiben vom.... . ... hatte(n) ich / wir Sie aufgefordert, Ihre mangelhafte und damit vertragswidrige durch eine mangelfreie Werkleistung zu ersetzen.

Hierzu hatte(n) ich/wir Ihnen eine angemessene Frist gesetzt und angekündigt, dass ich/wir Ihnen bei fruchtlosem Ablauf den Auftrag entziehe(n). Die Frist ist nunmehr abgelaufen. Ich/Wir kündige(n) Ihnen deshalb hiermit den zwischen uns geschlossenen Bauvertrag gem. § 8 Nr. 3 Abs. 1 VOB/B.

Ich/Wir teile(n) Ihnen weiter mit, dass ich/wir zu Ihren Lasten den noch nicht vollendeten Teil Ihrer Werkleistung durch eine andere Firma ausführen lasse(n). Dies gilt auch für Ihre mangelhafte Werkleistung.

Für die Weiterführung der Arbeiten werde(n) ich/wir Ihre
[ ] Geräte
[ ] Gerüste
[ ] folgende Einrichtungen: ....
[ ] die angelieferten Stoffe und Bauteile
in Anspruch nehmen.

Im Gegenzug steht Ihnen hierfür eine angemessene Vergütung zu, mit der ich/wir jedoch bereits jetzt die Aufrechnung erkläre(n). Sobald uns die Abrechnung über die Mehrkosten vorliegt, werde(n) ich / wir Ihnen diese innerhalb der Frist des § 8 Nr. 4 VOB/B zusenden.

Mit freundlichen Grüßen

....

Unterschrift

Schlichtungs- und Schiedsgerichtsvereinbarung (Quelle: ARGE Baurecht im DAV)

1. Herr/Frau/Firma

....

(Auftraggeber)

und

2. Herr/Frau/Firma

....

(Aufragnehmer)

– nachstehend Parteien genannt –

schließen folgende Schlichtungs- u. Schiedsgerichtsvereinbarung:

I. Ausschluss des ordentlichen Rechtswegs
1. Alle Streitigkeiten zwischen den Parteien im Zusammenhang mit dem Vertrag vom .... sollen unter Ausschluss des Rechtswegs zu den ordentlichen Gerichten durch ein Schiedsgericht auf der Grundlage der Schlichtungs- und Schiedsordnung für Baustreitigkeiten (SOBau) der Arbeitsgemeinschaft für Bau- und Immobilienrecht im Deutschen AnwaltVerein (ARGE Baurecht) entschieden werden.
2. Kommt es nicht zur Durchführung des schiedsrichterlichen Verfahrens, steht den Parteien wegen Ansprüchen auf Kostenerstattung aus einem durchgeführten isolierten Beweisverfahren der Rechtsweg zu den ordentlichen Gerichten offen.

II. Schlichter/Schiedsrichter
1. Für die Schlichtung (§§ 8 ff. SOBau) benennen die Parteien folgende(n) Schlichter:

....

2. Für das schiedsrichterliche Verfahren (§§ 14 ff. SOBau) vereinbaren die Parteien
[ ] ein Einzelschiedsgericht
[ ] ein Dreier-Schiedsgericht
(Zutreffendes bitte ankreuzen, anderenfalls gilt bei einem Streitfall bis zu EUR 100.000,– das Einzelschiedsgericht, im Übrigen das Dreier-Schiedsgericht als vereinbart).

3. Als Schiedsrichter benennen die Parteien:

....

III. Verfahren
1. Ort des schiedsrichterlichen Verfahrens im Sinne des § 1043 ZPO ist

....

Das Schiedsgericht kann an jedem anderen geeigneten Ort tagen.
2. Im isolierten Beweisverfahren getroffene tatsächliche Feststellungen sind für das schiedsrichterliche Verfahren bindend im Sinne der §§ 412, 493 ZPO (§ 13 Abs. 2 SOBau).
3. Mit dem Zugang des Antrags auf Einleitung des isolierten Beweisverfahrens beim Schlichter/Schiedsrichter wird die Verjährung gehemmt.
4. Die Parteien verpflichten sich, sich gegenseitig über einen Anschriftenwechsel zu informieren.

IV. Einbeziehung Dritter
1. Der Auftragnehmer wird, soweit dies sachgerecht und er hierzu tatsächlich und rechtlich in der Lage ist, seine Nachunternehmer verpflichten, sich dieser Vereinbarung zu unterwerfen. Für den Fall der Streitverkündung sind sie zu verpflichten, dem Verfahren mit allen Interventionswirkungen nach § 68 ZPO beizutreten. Der Nachunternehmer soll diese Verpflichtung auch seinen Nachunternehmern mit der Verpflichtung zur Weitergabe auferlegen.
2. Der Auftraggeber wird die sonstigen Baubeteiligten, soweit dies sachgerecht und tatsächlich und rechtlich möglich ist, in diese Vereinbarung einbeziehen. Er soll jedem der sonstigen Baubeteiligten auferlegen, deren Nachunternehmer gem. Ziff. 1 in diese Vereinbarung einzubeziehen.
3. Soweit für die Einbeziehung Dritter die Zustimmung der jeweils anderen Partei dieser Vereinbarung erforderlich ist, wird diese hiermit erteilt. Die SOBau ist dieser Vereinbarung als Anlage beigefügt.

Ort, Datum

....

(Auftraggeber)

Ort, Datum

....

(Aufragnehmer)

Schiedsrichtervertrag (Quelle: ARGE Baurecht im DAV)

Herr/Frau/Firma

....

und

Herr/Frau/Firma

....

– nachfolgend die Parteien genannt –

schließen mit

....

(Schiedsrichter)

folgenden Schiedsrichtervertrag:

I. Präambel

Die Parteien haben sich durch Schlichtungs- u. Schiedsvereinbarung vom verpflichtet, alle Streitigkeiten aus dem Vertrag vom unter Ausschluss des Rechtswegs zu den ordentlichen Gerichten durch ein Schiedsgericht auf der Grundlage der Schlichtungs- und Schiedsordnung für Baustreitigkeiten (SOBau) der Arbeitsgemeinschaft für Bau- und Immobilienrecht im DeutschenAnwaltVerein (ARGE Baurecht) entscheiden zu lassen. Der Schiedsrichter (Zutreffendes bitte ankreuzen)
[ ] wurde durch Vereinbarung vom zum Einzelschiedsrichter bestellt
[ ] wurde von einer Partei als Beisitzer eines Dreier-Schiedsgerichts bestellt
[ ] wurde zum Vorsitzenden eines Dreier-Schiedsgerichts bestellt
[ ] wurde durch den Präsidenten des DeutschenAnwaltVereins zum Einzelschiedsrichter (§ 15 Abs. 3 Satz 2 SOBau)/zum Beisitzer eines Dreier-Schiedsgerichts (§ 15 Abs. 4 Satz 2 SOBau)/zum Vorsitzenden des Dreier-Schiedsgerichts (§ 15 Abs. 5 Satz 2 SOBau) bestellt.
Der/die Schiedsrichter hat/haben mit Schreiben vom .... die Bereitschaft zur Annahme des Schiedsrichteramts erklärt.

II. Beauftragung/Bevollmächtigung des/der Schiedsrichter

Die Parteien beauftragen den/die Schiedsrichter, im schiedsrichterlichen Verfahren auf der Grundlage der SOBau tätig zu werden. Sie bevollmächtigen den/die Schiedsrichter, nach Maßgabe der SOBau zur Beweisaufnahme Sachverständige und Zeugen auf Kosten und für Rechnung der Parteien hinzuzuziehen und Gutachten und sonstige Auskünfte einzuholen. Über die beabsichtigten Maßnahmen und deren voraussichtliche Kosten, insbesondere im isolierten Beweisverfahren sollen die Parteien vorab informiert werden.

III. Pflichten des / der Schiedsrichter(s)

1. Der / die Schiedsrichter verpflichtet(n) sich gegenüber den Parteien zu Unparteilichkeit, Unabhängigkeit und umfassender Verschwiegenheit.
2. Kann / können der / die Schiedsrichter sein/ihr Amt nicht oder nicht zügig ausüben, teilt(en) er/sie dies den Parteien unverzüglich mit.
3. Der / die Schiedsrichter darf / dürfen im Falle der Einbeziehung Dritter in das schiedsrichterliche Verfahren (§ 6 SOBau) seine / ihre Zustimmung nur dann versagen, wenn die Einbeziehung rechtsmissbräuchlich wäre.

IV. Haftung des/der Schiedsrichter(s)

Der/die Schiedsrichter haftet(en) wie ein staatlicher Richter.

V. Honorar des/der Schiedsrichter(s)

1. Das Honorar des / der Schiedsrichter(s) richtet sich nach dem Rechtsanwaltsvergütungsgesetz. Die Vergütung des Einzelschiedsrichters und des Vorsitzenden eines Dreier-Schiedsgerichts bemisst sich nach Teil 3 Abschnitt 2 des Vergütungsverzeichnisses nach dem Zeitaufwand. Der Stundensatz beträgt ..... EUR / Stunde zuzüglich Umsatzsteuer in gesetzlicher Höhe nach Pauschalvereinbarung in Höhe von ..... EUR zuzüglich Umsatzsteuer in gesetzlicher Höhe.
2. Die Parteien tragen alle notwendigen Auslagen des/der Schiedsrichter(s) sowie die durch Anhörung von sachkundigen Personen und Sachverständigen, die Einholung von Gutachten und sonstigen Auskünften entstehenden Kosten. Der / die Schiedsrichter kann/können in jedem Stadium des Verfahrens angemessene Vorschüsse anfordern.
3. Die Parteien haften dem / den Schiedsrichter(n) gegenüber als Gesamtschuldner.

Ort, Datum

....

(Schiedsrichter)

Ort, Datum

....

(Parteien)

Schlichtervertrag (Quelle: ARGE Baurecht im DAV)

Herr / Frau / Firma

....

und
Herr / Frau / Firma

....

– nachfolgend die Parteien genannt –
schließen mit

....

(Schlichter)
folgenden Schlichtervertrag:

I. Präambel

Die Parteien haben sich durch Vereinbarung vom auf der Grundlage der
Schlichtungs- und Schiedsordnung für Baustreitigkeiten (SOBau) der Arbeitsgemeinschaft für Bau- und Immobilienrecht im DeutschenAnwalt-
Verein (ARGE Baurecht) zur Durchführung eines Schlichtungsverfahrens
verpflichtet: Sie streben unter Mitwirkung eines Schlichters für auftretende Streitigkeiten eine zügige außergerichtliche Einigung an.

II. Beauftragung/Bevollmächtigung des Schlichters

1. Die Parteien beauftragen den Schlichter, auf Antrag einer Partei ein
Schlichtungsverfahren mit dem Ziel einer gütlichen Einigung auf der
Grundlage der SOBau (§§ 8 ff.) durchzuführen.
2. Ferner beauftragen die Parteien den Schlichter, auf schriftlichen Antrag
einer Partei die Begutachtung durch einen Sachverständigen (§§ 11 ff.
SOBau Teil III) anzuordnen, insbesondere zur Feststellung
– des Zustandes eines Bauwerkes einschließlich der Ermittlung des Bau-
tenstandes
– der Ursache eines Schadens, eines Baumangels, einer Behinderung
oder Bauverzögerung
– des Aufwandes für die Beseitigung des Schadens oder des Baumangels
oder der Kosten, die durch die Behinderung oder Bauverzögerung entstanden sind.
Die Parteien bevollmächtigen den Schlichter, zu diesem Zweck Sachverständige auf Kosten und für Rechnung der Parteien zu beauftragen. Die
Höhe der Kosten soll vorab mit den Parteien abgestimmt werden.

III. Pflichten des Schlichters

1. Der Schlichter verpflichtet sich gegenüber den Parteien zu Unparteilichkeit, Unabhängigkeit und umfassender Verschwiegenheit. Er darf in

einem späteren schiedsrichterlichen Verfahren nicht als Zeuge für Tatsachen benannt werden, die ihm während des Schlichtungsverfahrens offenbart werden.

2. Der Schlichter sichert zu, dass er zur zügigen Durchführung der Schlichtung in der Lage ist. Kann der Schlichter sein Amt nicht wahrnehmen, teilt er dies den Parteien unverzüglich mit.

3. Haben die Parteien mehrere Schlichter bestellt, sind diese verpflichtet, ihre Aufgaben im Interesse einer zügigen Abwicklung zu koordinieren.

IV. Haftung des Schlichters
Der Schlichter haftet gegenüber den Parteien wie ein staatlicher Richter.

V. Vorzeitige Beendigung des Schlichtervertrages
Parteien und Schlichter können den Schlichtervertrag jederzeit kündigen. Der Schlichter darf nur dann kündigen, wenn gewährleistet ist, dass die Parteien rechtzeitig eine andere Person als Schlichter beauftragen können, es sei denn, dass ein wichtiger Grund für die unzeitige Kündigung vorliegt. Kündigt der Schlichter ohne wichtigen Grund zur Unzeit, hat er den Parteien den daraus erwachsenden Schaden zu ersetzen.

VI. Honorar
Das Honorar des Schlichters richtet sich
[ ] nach dem Rechtsanwaltsvergütungsgesetz
[ ] nach Zeitaufwand. Der Stundensatz beträgt .... EUR /Stunde zuzüglich Umsatzsteuer in gesetzlicher Höhe
[ ] nach Pauschalvereinbarung in Höhe von .... EUR zuzüglich Umsatzsteuer in gesetzlicher Höhe.

2. Die Parteien tragen alle notwendigen Auslagen des Schlichters sowie die durch Anhörung von sachkundigen Personen und Sachverständigen, die Einholung von Gutachten und sonstigen Auskünften entstehenden Kosten. Der Schlichter kann in jedem Stadium des Verfahren angemessene Vorschüsse anfordern.

3. Die Parteien haften dem Schlichter gegenüber als Gesamtschuldner.

Ort, Datum

....

(Schlichter)

Ort, Datum

....

(Parteien)

REGISTER

Danksagung

Bei der Entstehung dieses Ratgebers haben uns zahlreiche Personen ihre Sachkenntnis und Erfahrungen aus der Praxis zur Verfügung gestellt. Für fachliche Hilfe und Unterstützung danken wir:

Dipl.-Bauing. (FH) **Uwe Bohl**, DEKRA Automobil GmbH, Industrie, Bau und Immobilien, Saarbrücken

RA **Holger Freitag**, Berlin

Dipl.-Ing. (FH) **Manfred Hoffmann**, DEKRA Automobil GmbH, Industrie, Bau und Immobilien, Saarbrücken

Dipl.-Ing. **Heiko Püttcher**, TÜV NORD, Hannover

Dipl.-Ing. **Reimund Stewen**, Verband privater Bauherren e. V., Köln

Dipl.-Ing. **Reinhard Klinkmüller**, Verband privater Bauherren e. V., Regionalbüro Landau-Neustadt/Südpfalz

Gaston Lemmé, Bausachverständiger/Dozent, Michendorf

Günther Nussbaum-Sekora, unabhängiger und zertifizierter Bau-Sachverständiger, Wien

Dipl.-Ing. **Norbert Pangert**, öffentlich bestellter und vereidigter Sachverständiger, Hamm

Architekt **Hartmut Schiller**, Neumarkt/Opf.

Fotos zur Veranschaulichung der beschriebenen Baumängel und -schäden haben freundlicherweise zur Verfügung gestellt:

Götz Autenrieth, Fachmann für Energie, Mängel und Betriebskosten in Gebäuden, Berlin

Thomas Karsten/Alexandra Erhard, karhard architektur + design, Berlin

IMPRESSUM

© 2013 Stiftung Warentest, Berlin

Stiftung Warentest
Lützowplatz 11–13
10785 Berlin
Telefon 0 30/26 31–0
Fax 0 30/26 31–25 25
www.test.de
email@stiftung-warentest.de

USt.-IdNr.: DE136725570

Vorstand: Hubertus Primus
Weiteres Mitglied der Geschäftsleitung:
Dr. Holger Brackemann
(Bereichsleiter Untersuchungen)

Programmleitung: Niclas Dewitz
Autor: Christian Eigner
Projektleitung / Lektorat: Uwe Meilahn
Korrektorat: Dr. Brigitte Schöning, Osnabrück
Fachliche Beratung: Lothar Beckmann, Team II, Stiftung Warentest
Dipl.-Bauing. (FH) Uwe Bohl, DEKRA Automobil
GmbH, Industrie, Bau und Immobilien, Saarbrücken
RA Holger Freitag, Berlin
Dipl.-Ing. (FH) Manfred Hoffmann, DEKRA Automobil
GmbH, Industrie, Bau und Immobilien, Saarbrücken
Dipl.-Ing. Heiko Püttcher, TÜV NORD, Hannover
Dipl.-Ing. Reimund Stewen, Verband privater Bauherren e. V., Köln

Korrektorat: Dr. Brigitte Schöning, Osnabrück
Titelentwurf: Susann Unger, Berlin
Layout: Pauline Schimmelpenninck Büro für
Gestaltung, Berlin
Grafik und Satz: Martina Römer, Berlin
Bildredaktion: Marie Danner
Produktion: Vera Göring

Bildnachweis – Titel: Getty Images/Photographer's
Choice **Innenteil:** Fotolia / Firma V (Seite 14);
flashpics (Seite 39); Gina Sanders (Seite 15, 16); Günter Menzl (Seite 76); Ingo Bartussek (Seite 20, 85, 200,
201); Kzenon (Seite 34); Marina Lohrbach (Seite 215);
Peter Atkins (Seite 208); photo 5000 (Seite 7, 56); stefanfister (Seite 90, 192, 204); Ursula Deja (Seite 6);
XtravaganT (Seite 6) / GettyImages / Adam Burton
(Seite 44); Ross Chandler (Seite 8) / istockphoto /
BanksPhotos (Seite 39, 84, 196) / WeberHaus (Seite
22) / Architekt Hartmut Schiller, Neumarkt/Opf. (Seite
098, 102, 106, 110, 168) / DEKRA Automobil GmbH –
Industrie, Bau und Immobilien Seite 19, 100, 104, 112,
116, 118, 120, 122, 130, 132, 136, 142, 144, 150, 152,
154, 162, 178) / Dipl.-Ing. Norbert Pangert, öffentlich
bestellter und vereidigter Sachverständiger, Hamm
(Seite 124) / Gaston Lemmé, Bausachverständiger/
Dozent, Michendorf (Seite 134, 180) / Günther Nussbaum-Sekora, unabhängiger und zertifizierter Bau-
Sachverständiger, Wien (Seite 158) / privat (Seite 41,
53, 73, 87) / Thomas Karsten/Alexandra Erhard, karhard architektur + design, Berlin (Seite 114, 148, 164,
172, 174, 182) / U. Meilahn, Berlin (Seite 140) / Verband privater Bauherren e.V. (Seite 93, 203) / Verband
privater Bauherren e.V.(VPB) (Seite 128, 138, 160, 176,
184, 188) / Verband privater Bauherren e.V./Regional-
büro Bremen (Seite 096) / Verband privater Bauherren
e.V./Regionalbüro Landau (Seite 156) / Verband privater Bauherren e.V./Regionalbüro Landau-Neustadt/
Südpfalz – Reinhard Klinkmüller Seite 108, 126, 146,
166, 170, 186, 190) / Yorck Maecke (Seite 217)

Verlagsherstellung: Rita Brosius (Ltg.), Susanne Beeh
Litho: tiff.any GmbH, Berlin
Druck: AZ Druck und Datentechnik GmbH, Berlin/
Kempten

ISBN: 978-3-86851-069-0